Christian Westphalen

Canon EOS 5DS/5DS R
Technik und Best Practices

Liebe Leserin, lieber Leser,

Ihre Erwartungen an Ihre neue Kamera sind sicher hoch – schließlich verspricht die EOS 5DS/5DS R eine herausragende Bildqualität und zahlreiche Profifeatures. Doch auch Ihre Kamera hat hohe Erwartungen an Sie als Fotograf! Denn sie setzt technisches Verständnis und fotografisches Können voraus, wollen Sie das Potenzial der Kamera auch voll ausschöpfen.

Christian Westphalen steht Ihnen bei der Herausforderung, die EOS 5DS/5DS R souverän zu beherrschen, zur Seite! Als Profifotograf arbeitet er seit vielen Jahren mit Canon-Kameras. Mit kritischem und erfahrenem Blick für Technik und Praxistauglichkeit hat er das neueste Modell aus der Riege der professionellen Canon-Kameras einem umfassenden Alltagstest unterzogen. Nutzen Sie nun seine dabei gewonnenen Erkenntnisse für Ihre eigene Fotopraxis mit der EOS 5DS/5DS R: Konfigurieren Sie den Autofokus auch für anspruchsvolle Motivsituationen optimal, erzielen Sie auch bei schwierigen Lichtverhältnissen überzeugende Ergebnisse, und steigern Sie mit Blitzlicht die Bildqualität. Und natürlich erfahren Sie auch, welche Objektive die Anforderungen des hochauflösenden Sensors erfüllen. Holen Sie immer das Beste aus Ihrer Kamera heraus!

Wir haben dieses Buch mit größtmöglicher Sorgfalt hergestellt. Sollten Sie dennoch einen Fehler finden oder wenn Sie Fragen, Lob oder konstruktive Kritik äußern möchten, so freue ich mich, wenn Sie mir schreiben. Nun wünsche ich Ihnen jedoch erst einmal viele Wow-Erlebnisse mit Ihrer neuen Kamera! Ich bin sicher, dass sich dieses Buch dabei als hilfreicher Begleiter für Sie erweist.

Ihre Julia Ehinger
Lektorat Rheinwerk Fotografie

julia.ehinger@rheinwerk-verlag.de
www.rheinwerk-verlag.de

Rheinwerk Verlag • Rheinwerkallee 4 • 53227 Bonn

Inhalt

Vorwort 10

1 Die Canon EOS 5DS/5DS R konfigurieren 13

1.1 Features und Highlights 15
1.2 Unterschied zwischen der EOS 5DS/5DS R 20
    Funktionsweise und Wirkung des Tiefpass- bzw.
    Tiefpassaufhebungsfilter 20
    Moirés entfernen 22
1.3 Erste individuelle Konfiguration der EOS 5DS/5DS R 32
    Einstellungen im Einstellungsmenü »Set Up« 32
    Einstellungen im Aufnahmemenü »Shoot« 36
    Einstellungen im Autofokusmenü »AF« 38
    Einstellungen in den Individualfunktionen 38
    Einstellungen in »My Menu« 45
    Einstellungen im Wiedergabemenü »Play« 46

2 Autofokus und Schärfe 51

2.1 Schärfe verstehen 52
    MTF-Kurven 52
    Objektivfehler und Blende 54
    Die hyperfokale Entfernung 56
    Schärfentiefe und Zerstreuungskreis 57
    Bildgröße und Schärfe 58
2.2 Die Autofokustechnik 59
    Phasendetektionsmethode 59
    Die Linear- und Kreuzsensoren 61
    iTR-AF-System 63
    AF im Livebild- und Videomodus (Kontrastmessung) 65

2.3	Mit dem Autofokus arbeiten	67
	Die passende Autofokus-Betriebsart finden	67
	Manuelle Messfeldwahl	69
	Erweiterte Messfelder nutzen	70
	Auswahl der Autofokusmessfelder einschränken	74
	Autofokusmessfelder speichern	74
2.4	Weitere Konfigurationsmöglichkeiten des Autofokus	77
	Standardeinstellungen im AI-Servo-Modus (Case 1 bis Case 6)	77
	AF-Parameter des AI-Servo-Modus anpassen	82
	AI-Servo-Priorität festlegen	83
	AF-ON-Taste nutzen	85
	AF-Hilflicht verwenden	86
2.5	Ursachen für Unschärfe und Autofokusprobleme	87
	Falsches Scharfstellen	87
	Flächen ohne Muster	89
	Zu wenig oder zu viel Licht	90
	Optische Einflüsse wie Luftspiegelungen	90
	Verwacklungsunschärfe	91
	Frontfokus/Backfokus	92
2.6	Motive manuell scharfstellen	98
	Manuelles Scharfstellen und Autofokus kombinieren	98
	Manueller Fokus im Livebild-Modus	99

3 Belichtung 103

3.1	Belichtungsmessverfahren	104
	Mehrfeldmessung	105
	Selektivmessung	106
	Spotmessung	107
	Mittenbetonte Integralmessung	108
	Belichtungsmessung im Livebild-Modus	109
	EXKURS Filmen mit der Canon EOS 5DS/5DS R	110

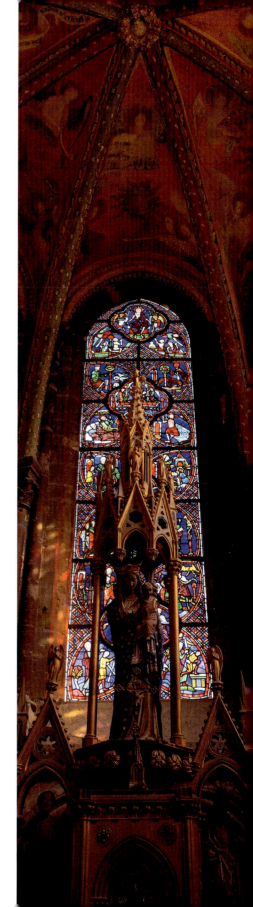

3.2 Die Belichtungsprogramme 115
    Vollautomatik-Modus 115
    P – Programmautomatik 115
    Tv – Blendenautomatik (Zeitvorwahl) 116
    Av – Verschlusszeitautomatik (Blendenvorwahl) 117
    M – Manuelle Belichtung 118
    B – Bulb 120
    Auto ISO 122
    C – Individual-Speicherung 123

3.3 Weitere Optionen zur Anpassung der Belichtung 131
    Belichtungskorrektur 131
    Messwertspeicherung 132
    Safety Shift 133
    Belichtungsreihen (AEB) 134
    Histogramm 135
    Expose to the Right 136
    Überbelichtungswarnung 138
    Automatische Belichtungsoptimierung 139
    Tonwert Priorität (D+) 139
    Mehrfachbelichtung 140
    HDR-Modus 141
    Rauschreduzierung bei Langzeitbelichtungen 142
    High ISO Rauschreduzierung 143
    Spiegelvorauslösung 143
    Anti-Flacker-Aufnahmen 144
    EXKURS Belichtungsgrundlagen in aller Kürze 146

3.4 Der Weißabgleich 154
    Farbtemperatur 154
    Automatischer Weißabgleich 156
    Weißabgleich einstellen 158
    Manueller Weißabgleich 159

3.5 Schwarzweißaufnahmen 167

4 Objektive für die Canon EOS 5DS/5DS R ... 173

4.1 Die Anforderungen der EOS 5DS/5DS R ... 174
Abbildungsqualität ... 174
Lichtstärke ... 175
Liste geeigneter Objektive von Canon und Fremdherstellern ... 176

4.2 Objektive am Vollformat ... 180
Bildwinkel ... 180
Crop-Faktor ... 181
APS-C-Objektive an der EOS 5DS/5DS R ... 183
Vollformat-Objektive von Fremdherstellern einsetzen ... 184
Zoom oder Festbrennweite? ... 185
Objektivaufbau ... 186
Ausstattung von Objektiven ... 188
Objektivfehler ... 192
Bokeh ... 196

4.3 Das richtige Objektiv für jede Aufnahmesituation ... 198
Normalobjektive ... 199
Weitwinkelobjektive ... 200
TS-E-Objektive ... 202
Fisheye-Objektive ... 203
Teleobjektive ... 204
Superteleobjektive ... 205
Makroobjektive ... 208

4.4 Nützliches Zubehör für Objektive ... 218

5 Blitzfotografie ... 225

5.1 Blitz und Schärfe ... 227

5.2 Das Funkblitzsystem in der Praxis ... 228
Das Blitzmesssystem E-TTL II ... 229
Blitzbelichtungsmesswert speichern ... 230
Blitzbelichtungskorrektur ... 231
Synchronzeit ... 233

High-Speed-Synchronisation (HSS)	233
Synchronisation auf den zweiten Verschluss	234
Vollmanuelle Blitztechnik	235
Funktionsumfang der verschiedenen Mastersteuerungen	240
Hochgeschwindigkeitsblitz	244

5.3 Externe Blitzgeräte im Überblick 251

- Speedlite 430EX III-RT 251
- Speedlite 600EX-RT 252
- Speedlite-Transmitter ST-E3-RT 254
- Yongnuo YN-560 IV 254
- Nissin-MF-18-Ringblitz 255

Testgrafik zur AF-Feinabstimmung 264
Index 265

BEST PRACTICE

Arbeiten mit großen Raw-Dateien	25
WLAN nutzen mit der EOS 5DS/5DS R	48
AF-Feinabstimmung mit der EOS 5DS/5DS R	93
Tipps für die Schärfeoptimierung	100
Nachtfotografie	125
HDR-Fotografie	162
Empfehlungen zur Kameraeinstellung	169
Makrofotografie	210
Ein Objektivsystem aufbauen	222
Mehrere Funkblitze verwenden	247
GPS-Daten in Bilder einbetten	257

Vorwort

Vielleicht haben Sie ähnliche Erfahrungen wie ich gemacht, als Sie zum ersten Mal mit Ihrer EOS 5DS/5DS R gearbeitet haben: Erste Rückschauen in der 1:1-Ansicht lösen erst Unglauben aus, dann Begeisterung. Gelegentlich auch Verwirrung, weil der Bildausschnitt auf dem Monitor im Verhältnis zum Gesamtbild so klein ist, dass man mit einem »Wo bin ich?« reagiert. Irgendwann gesellt sich dann ein leichtes Unbehagen dazu, weil im Bild so viel mehr zu sehen ist, als das Auge erfassen kann. Wer den Film »Blow Up« von Michelangelo Antonioni aus dem Jahr 1966 gesehen hat, kann das vielleicht noch besser nachvollziehen. Später ertappte ich mich dabei, wie ich in den Pyrenäen einfach ein Foto aufnahm und hineinvergrößerte, um entfernte Tiere besser bestimmen zu können. Und dabei benötigte ich nicht einmal eine längere Brennweite als die eines Normalobjektivs.

Ich habe lange auf eine Kamera wie die EOS 5DS/5DS R gewartet und bin mit der Kamera gleich nach der Markteinführung auf eine Fotoreise nach Frankreich und Spanien gefahren. Die EOS 5DS R in meinem Fall hat sich dabei als erstaunlich alltagstauglich gezeigt, trotz 50,6 Megapixel ist sie schnell und lichtempfindlich genug, um fast jeder Situation gewachsen zu sein. Der AF spielt ohnehin in der Profiliga, die Belichtungsmessung endlich auch. Inzwischen sind auch sehr viele Objektive gut genug für 50 Megapixel und auch die Bildbearbeitungsrechner kommen zügig mit den enormen Dateigrößen zurecht. Es ist sicher richtig, dass ich die Auflösung nicht in jeder Situation wirklich benötige, aber ich möchte auch nicht mehr darauf verzichten. Die Reserven für die Bildbearbeitung sind dafür einfach zu gut und es ist schwierig, vorsätzlich mit schlechterer Bildqualität zu arbeiten, wenn ich mit gleichem Aufwand die beste haben kann.

Der größte Nachteil der Kamera ist, dass sie meine anderen Kameras deklassiert hat. In meinem Fotodesign-Studium habe ich am liebsten mit Hasselblad und SINAR gearbeitet, also mit Mittel- und Großformatkameras. In den letzten Jahren habe ich deshalb oft mit digitalen Mittelformatkameras geliebäugelt, aber das ist nun erst einmal vorbei. Die EOS 5DS/5DS R kommt selbst in ihren schwächeren Eigenschaften wie etwa dem Dynamikumfang der Qualität einer Mittelformatkamera erstaunlich nahe, in den allermeisten Eigenschaften übertrifft Sie das Mittelformatangebot deutlich. Damit meine ich zum Beispiel den Autofokus, das Objektivangebot und die Bildwiederholrate. Und so schnell, robust und gut bedienbar wie die EOS 5DS/5DS R ist keine Mittelformatkamera. Selbst die Schärfentiefe kann trotz des im Vergleich zum Mittelformat etwas kleineren Sensorformats geringer ausfallen, weil die für das Vollformat erhältlichen Objektive deutlich lichtstärker sind.

Die EOS 5DS R wird für die nächsten Jahre meine Hauptkamera bleiben, weil sie praktisch alles in sehr guter Qualität meistert und sie das Vertrauen in sie als zuverlässige Allround-Kamera verdient hat. Ich habe mich in den letzten Monaten und bei einer fünfstelligen Bildanzahl lediglich dreimal über die Kamera geärgert: Zweimal war ich selbst schuld und einmal ein defektes USB-Kabel. Die Kamera selbst hat also bisher einen perfekten Job gemacht, und Zuverlässigkeit ist für einen Profi mit Abstand die wichtigste Kameraeigenschaft – neben einer überzeugenden Bildqualität natürlich.

Ich habe versucht, in diesem Buch alles zusammenzufassen, was Sie an Know-how benötigen, um mit Ihrer EOS 5DS oder 5DS R viel Freude zu haben und auch in den Grenzbereichen noch zu guten Bildern zu kommen. Sie werden feststellen, dass die Kamera alles hat, um Sie dabei zu unterstützen, und dass Canon durch die jahrzehntelange Erfahrung mit der professionellen Fotografie ein wirklich gutes Werkzeug entwickelt hat, das sich nach etwas Eingewöhnung sehr vertraut anfühlen wird.

Wichtige Neuigkeiten, die sich erst nach Drucklegung des Buches ergeben, werde ich wie immer in meinem Blog (*http://fotoschule.westbild.de*) veröffentlichen.

Christian Westphalen

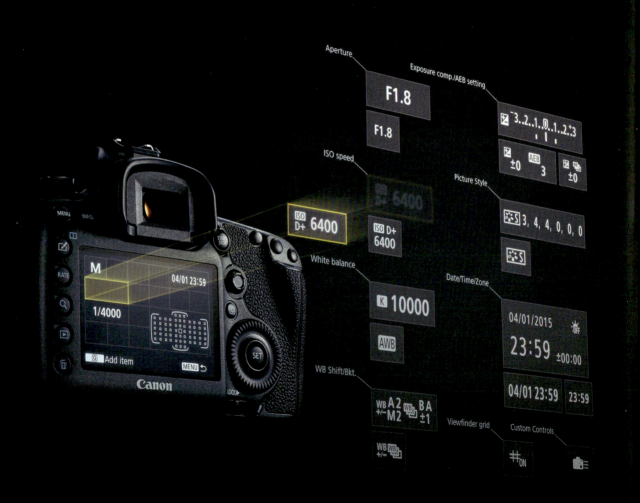

Kapitel 1
Die Canon EOS 5DS/5DS R konfigurieren

Features und Highlights   **15**

Unterschied zwischen der EOS 5DS/5DS R   **20**

Erste individuelle Konfiguration der
EOS 5DS/5DS R   **32**

Best Practise

▸ Arbeiten mit großen Raw-Dateien   **25**

▸ WLAN nutzen mit der EOS 5DS/5DS R   **48**

1 Die Canon EOS 5DS/5DS R konfigurieren

EOS 5DS und EOS 5DS R

Im Buch werde ich, wenn beide Kameras gemeint sind, immer nur »5DS« schreiben, um den Lesefluss nicht zu stören. Wenn es speziell um die EOS 5DS oder EOS 5DS R geht, werde ich das ausdrücklich erwähnen.

Canon hat sich Zeit damit gelassen, eine hochauflösende DSLR auf den Markt zu bringen, und hinter vorgehaltener Hand war ein »Wenn wir das machen, dann machen wir es richtig« zu hören. In der Tat gehört mehr dazu, als einen hochauflösenden Sensor in ein vorhandenes Gehäuse einzubauen. Das Gehäuse darf die Schärfe nicht wieder durch den Spiegelschlag zunichtemachen, und das Objektivangebot muss in der Lage sein, die Sensorauflösung wirklich zu nutzen. Schon nach den allerersten Testaufnahmen war mir klar, dass Canon sein Ziel erreicht hat. Nach drei Wochen auf Reisen mit der neuen Kamera war ich erstaunt, wie zuverlässig die Kamera in der Lage war, die versprochene Bildqualität auch umzusetzen, selbst bei schwierigen Bedingungen. Dabei ist sie keine Spezialkamera geworden, die zwar eine großartige Bildqualität liefert, aber sich für viele Motivsituationen nicht einsetzen ließe, wie es zum Beispiel oft bei Mittelformatkameras der Fall ist. Die EOS 5DS eignet sich gut als Universalkamera, mit der Sie Ihre gesamte fotografische Arbeit abdecken können. Wenn Sie dabei bestimmte physikalische Grenzen beachten und gute Objektive verwenden, werden Sie dabei die volle Qualität der Kamera ohne großen Aufwand nutzen können. Und selbst wenn Sie das nicht tun, werden die Bilder auch nicht schlechter als mit irgendeiner anderen Kamera; etwaige Fehler werden nur offensichtlich in einer 1:1-Darstellung, im Druck mit identischer Abbildungsgröße ergibt sich kein sichtbarer Unterschied durch die Bildfehler.

Falls Ihnen jemand etwas von der »Megapixellüge« erzählen möchte und davon, dass 50 Megapixel auf einem Sensor mit Vollformat überhaupt nicht nutzbar sein sollten, können Sie diese Person gerne zu einer Vergleichsbildaufnahme einladen. Ich selbst habe einen Auflösungsvergleich zwischen der Nikon D800E (36 Megapixel), der Sony A7RII (42 Megapixel) und der EOS 5DS (50 Megapixel) gemacht, alle mit dem Sigma 50 mm f1,4 [Art], weil dieses für jede Kamera verfügbar oder adaptierbar war. Die Sensorauflösung schlägt sich deutlich in der Bildauflösung nieder: Bei höherer Bildauflösung wurden Details wie entfernte Autokennzeichen plötzlich lesbar, die es bei geringerer Bildauflösung nicht waren.

1.1 Features und Highlights

Canon hat die EOS 5DS konsequent für eine optimale Bildqualität im Fotobereich gebaut. Das wird daran deutlich, dass der Sensor zwar neue Maßstäbe in der Bildqualität setzt, im Videobereich aber der Standard der EOS 5D Mark III beibehalten und aus Platzgründen sogar auf den Mikrofonausgang verzichtet wurde. Zu ihren Highlights zählen neben dem 50,6-Megapixel-Sensor sicher auch der Profi-AF und die deutlich verbesserte Belichtungsmessung.

Die Auflösung von 50,6 Megapixel ist im Vollformatbereich bei Markteinführung der Kamera unübertroffen, auch im Segment der Mittelformatkameras mit CMOS-Sensor bietet nur die neu vorgestellte Sensoreinheit IQ3 von Phase One eine höhere Auflösung (100 Megapixel), ältere CCD-Mittelformatrückteile unterstützen bis 80 Megapixel. Eine Mittelformatkamera wie die Hasselblad H5D 50c schafft aber nur 1,5 Bilder/s (EOS 5DS: 5 Bilder/s), hat einen für DSLR-Verhältnisse bescheidenen AF, eine kürzeste Belichtungszeit von 1/800 s (EOS 5DS: 1/8 000 s) und kostet ungefähr das Siebenfache. Die Sensordiagonale ist auch nur 1,3-mal größer als bei der EOS 5DS. Eine Kamera wie die Hasselblad ist ohne Zweifel eine hervorragende Kamera, die etwa beim Dynamikumfang noch Vorteile gegenüber der EOS 5DS hat, aber die EOS 5DS bietet dafür einen AF aus der absoluten Profiliga, das größte Objektivangebot des Marktes, ein führendes Blitzsystem und umfassende und bezahlbare Zubehöroptionen. Die EOS 5DS verbindet also eine mit dem digitalen Mittelformat vergleichbare Bildqualität mit der Alltagstauglichkeit einer DSLR. Die 50,6 Megapixel sind auch kein »Marketinggag«, sondern lassen sich im fotografischen Alltag problemlos in eine deutlich höhere Bildqualität umsetzen. Der Unterschied zwischen meiner EOS 5D Mark III und meiner EOS 5DS R war bei Vergleichsaufnahmen so groß, dass ich meine EOS 5D Mark III bereits verkauft habe, obwohl sie bei sehr hohen ISO-Werten und in der Bildwiederholfrequenz noch leichte Vorteile bietet. Aber selbst der Dynamikumfang der EOS 5DS ist fast eine Blendenstufe größer geworden.

Der Auflösungsgewinn im Vergleich zur EOS 5D Mark III ist enorm. Hier ein Vergleich der Abbildungsgrößen bei gleicher Druckauflösung.

[Kapitel 1: Die Canon EOS 5DS/5DS R konfigurieren]

Auch wenn für den ein oder anderen die Vorstellung der EOS 5DS recht plötzlich kam, so hatte Canon bereits 2010 einen Prototypen des 50-Megapixel-Sensors vorgestellt und 2015 geäußert, dass seit 2010 alle Objektive bereits im Hinblick auf diesen Sensor entworfen wurden. Doch die Sensorentwicklung ist noch lange nicht an ihrem Ende angelangt, und so vermute ich, dass das neu vorgestellte EF 35 mm f1,4L USM II bereits für noch hochauflösendere Sensoren entwickelt wurde. Zumindest wurde es 2015 gemeinsam mit einem 250-Megapixel-APS-H-Sensor gezeigt, und ein 120-Megapixel-Sensor im Vollformat wurde von Canon auf die gleiche Weise präsentiert, wie 50 Megapixel fünf Jahre zuvor. Wahrscheinlich werden so hochauflösende Sensoren aber nicht mehr mit dem Bayer-Muster arbeiten, sondern alle drei Farbkanäle mit einem Pixel aufzeichnen können, so dass die tatsächliche Pixelgröße gar nicht so stark schrumpft, wie die Auflösungswerte vermuten ließen.

In jedem Falle bedeutet das, dass Canons Objektivpalette bestens vorbereitet ist auf die EOS 5DS und kommende Objektive sich sogar als von der Kamera unterfordert erweisen könnten. Aber nicht nur Canon hat sich auf hochauflösenden Sensoren eingestellt – Firmen wie Sigma, Tamron und Zeiss haben ebenfalls Objektive auf den Markt gebracht, die perfekt mit der EOS 5DS harmonieren (siehe hierzu Kapitel 4, »Objektive«, ab Seite 174).

Mit fünf Bildern pro Sekunde ist die EOS 5DS natürlich nicht sehr schnell, mehr als die daraus resultierenden Raw-Bilder mit einer Größe von 253 Megapixel pro Sekunde jagt momentan aber keine DSLR durch ihre Prozessoren. Durch die trotz der sehr hohen Auflösung sehr geringen technischen Einschränkungen und des ausgereiften Bedienkonzepts ist die Kamera alltagstauglich wie kaum eine andere. Wer bereits eine Canon-DSLR besessen hat, wird sich sofort zu Hause fühlen und sich trotzdem über manche Neuerung freuen.

Ich möchte noch einmal zusammenfassen, was die EOS 5DS ausmacht. Im Wesentlichen sind das folgende Eigenschaften:

- ▶ 50,6-Megapixel-CMOS-Sensor, der höchstaufgelöste Sensor bei einer Vollformatkamera überhaupt bei Markteinführung
- ▶ Profi-Autofokus mit 61 Messfeldern, davon 41 Kreuzsensoren
- ▶ Belichtungsmessung mit 150 000 RGB und IR-Pixel, die auch für das Verfolgen der Motive im Autofokus verwendet werden kann (EOS iTR AF)

- 100%-Sucher mit großem Informationsangebot, Sie müssen die Kamera nur selten vom Auge nehmen, um genügend umfangreiche Rückmeldung über Ihre Einstellungen zu erhalten.

«
Die Magnesiumlegierung macht den Body der EOS 5DS sehr robust.

- robustes Profigehäuse mit Wetterabdichtung und speziellen Verstärkungen gegen Vibrationen für die hochauflösende Fotografie
- Verschluss und Spiegelmechanismus wurden für die hochauflösende Fotografie angepasst (der Spiegel wird in der letzten Bewegungsphase abgebremst, um weniger Erschütterung zu verursachen).
- größtes Objektivangebot des Marktes
- leistungsstarkes Blitzsystem mit Funksteuerung
- doppelter Kartenschacht für CF- und SD-Karten

In ihren weiteren Features gleicht sie einer EOS 5D Mark III, die auf den neuesten Stand gebracht wurde; Flackererkennung, Sucheranzeigen, Schattenqualität, Konfigurationsmöglichkeiten sind so, wie man sie von den besten und neuesten Canon-Modellen kennt, gerade im letzten Punkt aber noch einmal deutlich verbessert.

Mit Blick auf die technische Leistungsfähigkeit sowie auf ihre Ergonomie und durchdachte Benutzerführung ist die EOS 5DS derzeit eine der besten Kameras des gesamten Fotomarktes. Zu Recht wurde sie von der EISA zur besten professionellen DSLR-Kamera 2015/2016 gewählt.

≈
Der Spiegel der EOS 5DS wird in der letzten Phase des Hochklappens abgebremst, um Erschütterungen des Gehäuses zu vermindern.

[Kapitel 1: Die Canon EOS 5DS/5DS R konfigurieren]

«
Um dieses Bild der Caldera de Taburiente auf La Palma doppelseitig in bester Druckauflösung verwenden zu können, werden 12,7 Megapixel benötigt, also gerade einmal ein Viertel der von der EOS 5DS zur Verfügung gestellten Auflösung.

70 mm | 1/160 s | f7,1 | ISO 100

1.2 Unterschied zwischen der EOS 5DS/5DS R

Die EOS 5DS und die EOS 5DS R unterscheiden sich nur im Tiefpassfilter. Während die EOS 5DS einen herkömmlichen Tiefpassfilter vor dem Sensor hat, wie Sie das auch von jeder anderen EOS-DSLR bislang kennen, besitzt die EOS 5DS R eine Variante, die die Wirkung genau dieses Filters wieder aufhebt (der sogenannte *Tiefpassaufhebungsfilter*).

Funktionsweise und Wirkung des Tiefpass- bzw. Tiefpassaufhebungsfilter

Ein *Tiefpassfilter* (auch *AA*- oder *Antialiasing-Filter* genannt) streut das auftreffende Licht ganz leicht, um dem Sensor die korrekte Farbinterpretation des eintreffenden Lichts zu erleichtern und bestimmte Artefakte wie Moirés zu vermeiden. Der lediglich helligkeitsempfindliche Sensor besitzt für die Farberkennung ein RGB-Muster aus Farbfiltern vor den einzelnen Pixeln. Diese Farbfilter sind im sogenannten *Bayer-Muster* angeordnet, das doppelt so viele grüne wie rote und blaue Pixel aufweist, weil das menschliche Auge Grüntöne viel genauer auseinanderhalten kann als rote und blaue Farbtöne. Mit dem Tiefpassfilter trifft ein Lichtstrahl immer mehrere Pixel, so dass die Kamera leicht die tatsächliche Lichtfarbe feststellen kann (EOS 5DS), weil der Lichtstrahl immer durch die roten, grünen *und* blauen Filter des Bayer-Musters geht. Wird dieser Filter durch den Tiefpassaufhebungsfilter (EOS 5DS R) wieder aufgehoben, erhöht sich die Schärfe, es kann aber vermehrt zu Artefakten wie Moirés kommen, weil die Kamera nicht exakt feststellen kann, ob ein Pixel aufgrund von Farb- oder Helligkeitsänderungen einen anderen Wert aufweist. Denn hier geht, optimale

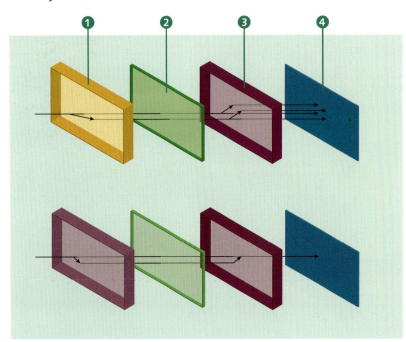

Bei der EOS 5DS (oben) wird ein Lichtstrahl erst durch einen Tiefpassfilter ❶ in zwei aufgespalten, passiert dann den IR-Sperrfilter ❷ und wird danach durch einen zweiten ❸ Tiefpassfilter in vier Strahlen aufgespalten, bevor er auf den Sensor ❹ trifft. Bei der EOS 5DS R (unten) ist dieser erste Tiefpassfilter um 90° gedreht eingebaut, dadurch führt er die beiden Lichtstrahlen wieder zu einem einzigen zusammen (deswegen wird er Tiefpassaufhebungsfilter genannt). Bei scharfer Abbildung trifft er also nur einen statt vier Pixel auf dem Sensor.

Schärfe vorausgesetzt, ein Lichtstrahl nur durch einen roten, grünen *oder* blauen Filter hindurch.

Denn wenn nun ein scharfer, also nicht gestreuter Lichtpunkt auf ein rotes Filterpixel trifft, dann kann die Kamera erst einmal nicht wissen, ob es sich um ein örtlich sehr begrenztes weißes Licht handelt, oder ob es rotes Licht ist, das durch den grünen und blauen Filter nicht durchgelassen wurde. Der Tiefpassfilter der EOS 5DS weitet einen weißen oder in diesem Bespiel roten Lichtstrahl auf 2 × 2 Pixel aus, so dass das Bayer-Muster mit allen Farbfiltern genutzt wird. Wenn das Licht weiß war, bekommen alle vier Pixel hinter dem Bayer-Filter etwas ab, wenn das Licht – wie hier – rot ist, nur das rote Pixel. Die Kamera kann die Lichtfarbe auf diese Weise also sicher unterscheiden.

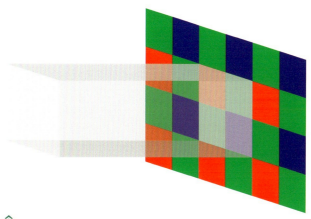

Bei der EOS 5DS trifft der auf vier Pixel aufgespaltene Lichtstrahl das ganze Bayer-Muster.

Bei der EOS 5DS R hingegen passiert das Licht in diesem Beispiel nur das rote Filterpixel, da wegen des Tiefpassaufhebungsfilters das Licht nicht gestreut wird, und die Kamera würde sich deshalb wahrscheinlich für ein rotes Pixel im Bild entscheiden, wobei auch hier die Kamerasoftware noch Entscheidungen trifft und die benachbarte Bildinformation auswertet. Dieses einzelne rote Pixel würde in den 50,6 Millionen Megapixeln wahrscheinlich untergehen, ohne wahrgenommen zu werden. Problematischer sieht die Sache aus, wenn ein Hell-Dunkel-Muster in einer der Sensorauflösung ähnlichen Auflösung

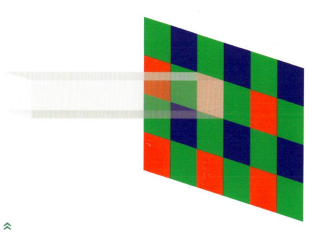

Bei der EOS 5DS R trifft der wieder auf ein Pixel zusammengeführte Lichtstrahl ein Pixel mit nur einer Farbfilterung.

interpretiert werden muss. Das kann zum Beispiel bei feinen Stoffen oder Jalousien in einem Hochhaus der Fall sein, bei Vogelfedern oder Gittern und Wellblechfassaden. Hier können dann deutlich sichtbare Moirés entstehen.

Mit einem Tiefpassfilter hingegen kann die Kamera durch die breit gestreuten Lichtstrahlen also sicherer die richtigen Farben des Motivs bzw. der einzelnen Lichtstrahlen bestimmen. Der Tiefpassfilter hat aber nicht nur Vorteile, denn er verringert die mögliche Maximalauflösung dadurch ein wenig, dass er die einzelnen Lichtstrahlen streut. Allerdings nicht um den Faktor vier, weil ja die Nachbarstrahlen auch dieselbe 2-mal-2-Matrix auf dem Bayer-Muster treffen und so jedes Pixel trotzdem eigene Helligkeitsinformationen erhält. In der 1:1-Darstellung ist die verringerte Maximalauflösung bei fein aufgelösten Motiven jedoch sichtbar.

Wenn Sie zum Beispiel viel auf Hochzeiten fotografieren und an einem Tag sehr viele Bilder machen, die Textilien zeigen, dann werden Sie wahrscheinlich eine EOS 5DS gewählt haben, weil diese bei nur geringem Schärfeverlust Ihre Nachbearbeitungszeit verringert, weil Sie keine oder kaum Moirés entfernen müssen. Wenn Sie hingegen Landschaftsfotografien groß ausgeben wollen oder allgemein eher wenige Bilder in perfekter Qualität aufnehmen wollen, so dass es auf die Bearbeitungszeit nicht so sehr ankommt, dann liegt die EOS 5DS R nahe. Ich selbst habe die EOS 5DS R gekauft, weil mir auch noch das letzte Quäntchen Qualität wichtig war und ich andere Kameras besitze, die einen Tiefpassfilter eingebaut haben, auf die ich ausweichen kann. Die Unterschiede zwischen der EOS 5DS und der EOS 5DS R sind in der Praxis nicht gravierend, auch die EOS 5DS liefert eine enorm hohe Schärfe, und die EOS 5DS R produziert nur in begründeten Ausnahmefälle Moirés, die im Übrigen auch bei der EOS 5DS nicht ganz ausgeschlossen sind.

Warum es den Tiefpassaufhebungsfilter gibt

Sie fragen sich jetzt vielleicht, warum dieser Aufwand mit den zwei Filtern bei der EOS 5DS R überhaupt betrieben wird, wo man beide doch genauso gut einfach weglassen könnte, um den gleichen Effekt zu erzielen. Das hat schlicht einen produktionstechnischen Grund, denn auf diese Weise ist der Strahlengang des Lichts bei der EOS 5DS und EOS 5DS R identisch, bei beiden Kameras trifft das Licht also an identischem Ort auf Glas, und die Dicken der passierten Filter sind identisch. So bleiben die Unterschiede in der Produktion minimal, und die Objektive arbeiten gleich gut mit beiden Kameras zusammen. Bei Kameras, die es mit und ohne Tiefpassfilter gibt, ist das durchaus üblich – Nikon hat das bei seiner D800/D800E genauso gelöst.

Moirés entfernen

Mit dem in der EOS 5DS verwendeten Bayer-Muster können sich durch Helligkeitsunterschiede, die nah an der Sensorauflösung liegen, störende Farbstreifen im Bild ergeben. Die EOS 5DS hat – wie Sie bereits wissen – im Gegensatz zur EOS 5DS R nur einen Tiefpassfilter eingebaut, der die unterschiedlichen Farbfilter des Bayer-Musters mit gleichmäßigeren Helligkeitsverteilungen versorgt. Das ist vornehm ausgedrückt für: der das Bild leicht unscharf macht. Die EOS 5DS R besitzt, wie schon beschrieben, zusätzlich zum Tiefpassfilter einen Tiefpassaufhebungsfilter, der diesen Effekt wieder zunichtemacht. Aus diesem Grund ist die EOS 5DS R anfälliger für Moirés, aber die Bildergebnisse sind auch etwas schärfer.

Normalerweise würde an dieser Stelle ein Bildausschnitt von einem Foto, das mit der EOS 5DS R aufgenommen wurde, folgen, zusammen mit der Anleitung, wie Sie das Moiré im Raw-Konverter wieder entfernen. Bei Durchsicht der im unteren fünfstelligen Bereich liegenden Anzahl von Raw-Bildern, die ich mit dieser Kamera aufgenommen habe, war allerdings keines dabei, bei dem dieser Effekt augenfällig wurde. Die kleinen Moirés, die sich manchmal in diesen Bildern befanden – zum Beispiel bei Vogelfedern oder entfernten Wellblechgebäuden oder Jalousien in Hochhäusern – wurden bereits in der Standardansicht von Lightroom unsichtbar gemacht. Als ich den Regler Farbe im Reiter Details von 25 auf 0 stellte, konnte ich Moirés sichtbar machen, die aber immer noch zu subtil für den Druck waren. CaptureOne und DXO sind eher noch besser bei der standardmäßigen Moiré-Entfernung als Lightroom. Deswegen verwende ich hier ein Beispiel von der Canon EOS 5D Mark II.

In dem stark vergrößerten Ausschnitt einer Aufnahme mit der Canon EOS 5D Mark II ist zu sehen, wie die Jalousien Farbmuster erzeugen, die mit dem Motiv nichts zu tun haben (links). In dem rechten Bild habe ich die Moirés mit dem Korrekturpinsel in Lightroom entfernt.

Schritt für Schritt
Moirés in Lightroom entfernen

Um Moirés in Lightroom zu entfernen, gehen Sie wie folgt vor:

[1] Moiré-Pinsel anwenden
Rufen Sie im ENTWICKELN-Modul mit der K-Taste den Korrekturpinsel bzw. Moiré-Pinsel auf.

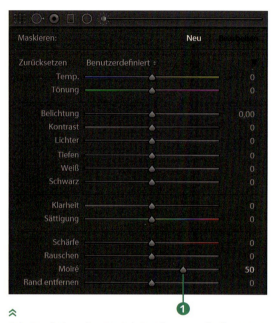

⌃
Die Funktion der Moiré-Entfernung finden Sie in den Einstellungen des Korrekturpinsels.

[2] Moirés entfernen
Stellen Sie den Regler MOIRÉ ❶ auf einen positiven, nicht zu kleinen Wert, zum Beispiel 50. Malen Sie nun über den Bildbereich, der die Moirés zeigt. Die Pinselgröße können Sie mit dem Mausrad bzw. Wischen beim Mac verändern.

[3] Farbauflösung verbessern
Wenn Sie das Moiré abgedeckt haben, verändern Sie den Reglerwert: Wenn Sie ihn verringern, verbessert sich die Farbauflösung; wenn Sie ihn vergrößern, verschwinden auch großflächigere Moirémuster.

BEST PRACTICE
Arbeiten mit großen Raw-Dateien

Die EOS 5DS liefert Dateigrößen, die man vorher nur aus dem Mittelformatbereich kannte, ist aber in der Lage, deutlich mehr Bilder pro Sekunde als die schnellste Mittelformatkamera aufzunehmen. So kommen schnell Datenmengen zusammen, mit denen die Arbeit nur noch Spaß macht, wenn Sie Ihr Computersystem optimiert haben.

Computer und Anwendungen optimieren

Moderne Computer kommen mit den großen Dateien der EOS 5DS sehr gut zurecht, wenn Sie ein paar Dinge beachten und konfigurieren:

SSDs einsetzen | Alle Ihre Bilddaten auf SSDs (*Solid State Drive*) zu speichern, ist im Moment noch deutlich teurer, als herkömmliche Festplatten einzusetzen. Das ist auch gar nicht nötig, da die wirklich zeitkritischen Daten, von denen Sie viele in kurzer Zeit aufrufen, ohnehin nur die Vorschauen sind. Um schnell durch die Verzeichnisse in Bildbearbeitungsprogrammen wie Lightroom oder Capture One gehen zu können, sollten Sie die Vorschaudateien bzw. den Cache auf eine SSD legen.

Vorschauen speichern | Eine Vorschau einer 50,6-Megapixel-Datei zu berechnen, dauert auch auf einem schnellen Rechner ein wenig. Sie sollten die Speicherdauer dieser Vorschau daher anpassen, so dass sie nicht neu berechnet werden muss, wenn Sie das Verzeichnis später ein weiteres Mal durchsehen möchten. Wählen Sie dazu zum Beispiel in Lightroom unter BEARBEITEN • KATALOGEINSTELLUNGEN im Bereich DATEIHANDHABUNG für die Option 1 : 1-VORSCHAUEN AUTOMATISCH VERWERFEN den Wert NIE. Wenn Sie nach der Bearbeitungsphase kaum noch an die Raw-Daten gehen, reicht auch NACH 30 TAGEN.

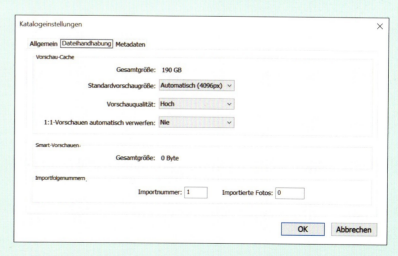

Hier wurde in Lightroom die Vorschaugröße für einen 4K-Monitor optimiert; kleinere Werte sparen Speicherplatz und etwas Rechenzeit.

[Best Practice: Arbeiten mit großen Raw-Dateien]

Cache verwenden | Wenn Sie in Lightroom den Reiter BEARBEITEN öffnen, berechnet Lightroom die Vorschauen anhand der Originaldaten neu, und zwar mit allen vorgenommenen Anpassungen. Bei vielen Bearbeitungsschritten ist das etwas langsam. Lightroom kann die berechneten Vorschauen aber in einem Cache speichern, so dass Ihnen sofort die fertige Vorschau zur Verfügung steht. Die Einstellung finden Sie unter BEARBEITEN • VOREINSTELLUNGEN • DATEIVERWALTUNG • CAMERA RAW CACHE-EINSTELLUNGEN. Sie können hier bis zu 200 GB als Cache zuweisen.

Grafikkarte nutzen | Moderne Bildbearbeitungsprogramme nutzen verstärkt die Rechenleistung der Grafikkarte, weil dort oft deutlich mehr Rechenleistung verfügbar ist als im Hauptprozessor. Während in einem Hauptprozessor 4–12 Rechenkerne parallel an den Aufgaben arbeiten können, sind es in der Grafikkarte oft etliche Hundert. Die Nutzung der Grafikkarte ist in den meisten Programmen standardmäßig abgeschaltet, um Probleme mit inkompatibler Hardware zu vermeiden. Meist können Sie darüber zumindest bei bestimmten Funktionen einen deutlichen Geschwindigkeitszuwachs erzielen, ohne dass dies irgendwelchen Nachteile in der Stabilität der Anwendung mit sich brächte. Machen Sie aber einen Test, ob die Verwendung der Grafikkarte tatsächlich etwas bringt. Lightroom CC wird bei der Verwendung von ein paar älteren AMD-Grafikkarten sogar langsamer als ohne Grafikkartenunterstützung.

» *In Lightroom sollten Sie das Häkchen bei GRAFIKPROZESSOR VERWENDEN (VOREINSTELLUNGEN • LEISTUNG) setzen.*

Sie finden diesen Punkt in den verschieden Programmen an folgenden Orten:
- Lightroom: BEARBEITEN • VOREINSTELLUNGEN • LEISTUNG
- Photoshop: BEARBEITEN • VOREINSTELLUNGEN • LEISTUNG oder BEARBEITEN • VOREINSTELLUNGEN • DATEIHANDHABUNG • CAMERA RAW VOREINSTELLUNGEN • LEISTUNG

- Capture One: BEARBEITEN • VOREINSTELLUNGEN • ALLGEMEIN • HARDWAREBESCHLEUNIGUNG (OPENCL VERWENDEN) auf für DISPLAY und VERARBEITEN auf AUTO setzen
- DXO Optics Pro: BEARBEITEN • PROGRAMMEINSTELLUNGEN • LEISTUNG • Häkchen vor GPU-BESCHLEUNIGUNG und OPENCL setzen

NAS-Speicher verwenden | Dass Sie in Lightroom mit kleinen Katalogen arbeiten sollten, um gute Geschwindigkeit zu erhalten, ist ein Gerücht. Ich kann mit über 490 000 Bildern im Katalog sehr flüssig arbeiten – nützlich ist hier aber ein sogenannter *NAS-Speicher*. Dort liegen die Bilder für den direkten Zugriff, Katalog und Vorschauen liegen aber lokal auf einer SSD. Ein NAS-Speicher (Network Attached Storage) ist ein Festplattenarray, das über das Netzwerk verfügbar ist, so dass Sie auch mit mehreren Computern gut auf den Datenbestand zugreifen können. Der Vorteil liegt auch darin, dass Sie das NAS so betreiben können, dass der Ausfall von ein oder zwei Festplatten den Datenbestand nicht gefährdet (RAID Level 6 bedeutet, dass zwei defekte Festplatten ausgetauscht werden können und die Daten erhalten bleiben). Das ist natürlich kein Ersatz für ein Backup, sorgt aber für eine recht stabile Produktionsumgebung. Die Festplatten wachsen gerade schneller, als Sie mit dem Datenproduzieren nachkommen können, in ein paar Jahren wird es Festplatten geben, die Sie in Ihrem Leben nicht mehr selbst vollfotografieren können. 50,6 Megapixel lassen sich also nicht nur in der Kamera, sondern auch im Computer schon sehr gut handhaben, 100 000 Raw-Dateien passen heute schon leicht auf eine 8-TB-Platte, und ein einigermaßen moderner Rechner ist schnell genug für die Bildbearbeitung.

Hinweis

OpenCL steht für Open Computing Language, eine Plattform, die die Leistung von Grafikprozessoren für normale Rechenaufgaben zur Verfügung stellt. Bislang sind nur wenige Teile der Programme dafür optimiert worden, aber der Trend hält an, so dass mit jedem Update die beschleunigten Bereiche größer werden.

⌃
Wenn die Datenmengen groß werden und Ausfallsicherheit wichtig wird, ist ein NAS sinnvoll. Das DS 1815+ von Synology kann bis zu 64 TB verwalten. (Bild: Synology)

Systemempfehlung

Wenn Sie sich einen neuen Rechner kaufen möchten, sollte er für die schnelle Arbeit mit großen Dateien folgende Anforderungen erfüllen:
- schneller Mehrkernprozessor wie zum Beispiel Intel-i7-4- oder 6-Kern-Prozessor
- mindestens 16 GB RAM
- eine SSD mit mindestens 512 GB für Bildcaches und System
- schnelle Grafikkarte mit 4K-Auflösung und Display-Port-Ausgang

- mindestens eine große Festplatte (ab 4 TB) und eine weitere gleich große externe für regelmäßige Backups; nach Möglichkeit eine weitere Platte, die Sie außer Haus als externes Backup lagern
- 64-Bit-Windows-System oder OS X

Große Bildschirmauflösungen verwenden | Wenn Sie einen Bildschirm in Full-HD-Auflösung verwenden, dann sehen Sie in der 100%-Darstellung bei einer 50,6-Megapixel-Datei gerade einmal 4% des Bildes. Wenn Sie eine Neuanschaffung eines Monitors planen, sollten Sie darüber nachdenken, einen 4K-Monitor zu kaufen. Dieser beherrscht immerhin die vierfache Auflösung und macht die Beurteilung der Bildschärfe und des Gesamteindrucks einfacher. Zudem können Sie die Bildübersichten besser beurteilen, weil Sie bereits in der kleinen Darstellung deutlich mehr erkennen. Zwei-Bildschirm-Lösungen sind ebenfalls sinnvoll; so können Sie auf dem einem Bildschirm die Bildübersicht und auf dem anderen Bildschirm das Vollbild anzeigen lassen, oder das Vollbild auf dem einen und die 1:1-Darstellung auf dem anderen.

Das kleinere der beiden hellen Rechtecke zeigt den Bildausschnitt, den ein Monitor mit einer Auflösung von 1920 × 1200 Pixeln in der 100%-Ansicht darstellen kann, das größere denjenigen, den ein 4K-Monitor schafft.

[Best Practice: Arbeiten mit großen Raw-Dateien]

Raw-Konverter wählen

So wie man in der analogen Fotografie mit verschiedenen Filmen unterschiedliche Ergebnisse erhält, beeinflusst in der Digitalfotografie auch die Wahl des Raw-Konverters das fertige Bild. Manche Schwächen eines Raw-Konverters erkennt man erst, wenn man auch andere ausprobiert hat. Den besten Raw-Konverter gibt es nicht, es ist eher eine Frage des persönlichen Geschmacks.

Sie sind bei der EOS 5DS nicht auf einen Raw-Konverter festgelegt.

Lightroom | Adobe Photoshop Lightroom hat eine enorme Verbreitung gefunden, ist schnell, hat eine gute Bildverwaltung und kann inzwischen auch HDR und Panoramen erzeugen. Zudem ist es in Verbindung mit Photoshop für 11,89 €/Monat als Abo zu haben (Stand Januar 2016). Es gibt also keinen Grund, Lightroom nicht einzusetzen. Allerdings sollten Sie sich andere Raw-Konverter in Ruhe anschauen, denn so, wie man früher verschiedene Filme einsetzte, können Sie heute mit unterschiedlichen Raw-Konvertern andere und manchmal bessere Ergebnisse erzielen.

Lightroom hat leider die Kameraprofile für die EOS 5DS nicht optimal eingestellt, denn die Schattenbereiche saufen ab, und die unteren Bereiche der Tonwertkurse wurden zu weit heruntergezogen. Allerdings können Sie den Fehler recht einfach selbst beheben, indem Sie in den GRUNDEINSTELLUNGEN den Regler TIEFEN anheben.

Capture One | Die Farbdifferenzierung ist bei Capture One oft besser als bei Lightroom, Sie können sich die Arbeitsfläche viel weitergehender anpassen und haben auch einen größeren Spielraum bei der Farbanpassung, so dass Sie auch bei stark farbigem Licht oder Bildern mit 720-nm-Infrarotfilter noch brauchbare Ergebnisse erzielen können. Im Vergleich sehen Lightroom-Bilder oft etwas matt aus, und das Capture One-Ergebnis ist lebendiger.

DXO Elite Pro | DXO Elite Pro unterstützt nicht die Dateiformate mRAW und sRAW der EOS 5DS. Seine Stärke liegt in der Objektivkorrektur; die Objektivprofile sind in der Lage, am Bildrand mehr zu schärfen als in der Bildmitte, gleichen so die zum Rand hin abfallende Schärfe besser aus als zum Beispiel Lightroom. Der Bearbeitungsspielraum ist ähnlich groß wie bei Capture One, und die Anbindung an Lightroom ist gelungen. Die Bilder wirken in der Standardeinstellung manchmal etwas überschärft, aber das ist anpassbar.

Digital Photo Professional (DPP) | Dieser Raw-Konverter ist im Lieferumfang jeder Canon-DSLR enthalten. Er liefert Ergebnisse, die der kamerainternen Bildverarbeitung ähnlich sind, geht aber in den Einstellungsoptionen darüber hinaus. Wer ältere Versionen als langsam und instabil erlebt hat, sollte sich die aktuelle Version noch einmal unvoreingenommen ansehen. Der Konverter ist schnell und benutzerfreundlich geworden, die Bildqualität ist gut, und er hat verborgene Eigenschaften, die man nicht erwartet. So ist DPP der einzige Konverter, der einen Korrekturmechanismus gegen den Farblängsfehler von Objektiven (LoCa) mitbringt. Natürlich nur für Canon-Objektive, Fremdanbieter werden nicht berücksichtigt, aber dafür ist DPP kostenlos.

Phocus | Der kostenlose Raw-Konverter von Hasselblad ist nur auf dem Mac sinnvoll, weil er unter Windows nur Raw-Dateien von Hasselblad unterstützt. Auf dem Mac aber setzt er auf dem Raw-Konverter von OS X auf, der auch die 5DS-Raw-Dateien bearbeiten kann. Wer Farbkalibrations-Targets besitzt, kann ohne zusätzliche Software Kameraprofile erstellen. Die Ergebnisse sind recht natürlich, der Konverter scheint aber der Entwicklung ein wenig »hinterherzuhinken«.

Raw Therapee | Dieser Konverter ist wirklich freie Software, d. h. nicht nur kostenfrei, sondern Open Source. Die Benutzeroberfläche ist nicht ganz so anfängerfreundlich und bietet mehr Durchblick auf die technischen Details, aber wer einen technischen Hintergrund mitbringt, wird an dem Konverter Freude haben. Die Kameraanpassung ist noch nicht optimal, so erscheinen zum Beispiel Rottöne oft ein wenig bonbonfarben und auch in der Stabilität kann Raw-Therapee noch nicht ganz mit den kommerziellen Alternativen mithalten.

Die kostenpflichtigen Raw-Konverter Lightroom, Capture One und DXO Elite Pro können Sie 30 Tage lang kostenlos testen. Ob Sie einen weiteren Raw-Konverter erwerben, müssen Sie selbst entscheiden. Die kostenlose Testphase nutzen und ausprobieren, was die verschiedenen Konvertern aus den Raw-Aufnahmen Ihrer EOS 5DS herausholen, sollten Sie in jedem Fall. Ich persönlich schätze Lightroom für den guten Workflow und die schnelle Arbeitsmöglichkeit. Öfter verwende ich aber Capture One, weil mir die Farbumsetzung besser gefällt. Ich würde Ihnen auch empfehlen, Canons Digital Photo Professional zunächst einmal genauer unter die Lupe zu nehmen, vor allem, wenn Sie hauptsächlich mit Canon-Objektiven arbeiten.

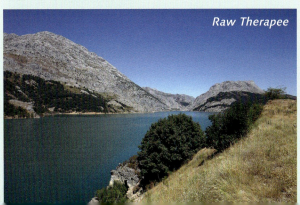

«⌃
Dieselbe Raw-Aufnahme habe ich mit den Standardeinstellungen der auf den vorherigen Seiten vorgestellten Raw-Konverter entwickelt.

1.3 Erste individuelle Konfiguration der EOS 5DS/5DS R

Die EOS 5DS ist sehr weitgehend konfigurierbar, und ihre Menüs sind zwar gut strukturiert, aber auch sehr umfangreich. Einige Einträge sind selbsterklärend, andere eher unwichtig. Im Folgenden finden Sie deshalb einen Überblick über die wichtigsten Konfigurationsmöglichkeiten der EOS 5DS, die in meinen Augen eine hohe Praxisrelevanz haben und die Sie aus diesem Grund am besten gleich zu Beginn einstellen. Hierbei gehe ich so vor, wie ich die Kamera beim ersten Gebrauch auch einstelle – ich beginne also mit dem Einstellungsmenü und arbeite mich dann über das Aufnahmemenü bis zum Wiedergabemenü vor. Die erklärungsbedürftigeren Einstellungen zu Belichtung und Autofokus finden Sie in den entsprechenden Kapiteln (siehe Kapitel 2, »Autofokus und Schärfe«, ab Seite 52 und Kapitel 3, »Belichtung«, ab Seite 104).

> **Überblick Kameramenüs**
>
> Einen ausführlicheren Überblick über die Kameramenüs können Sie auf der Webkatalogseite zu Ihrem Buch (*www.rheinwerk-verlag.de/4007*) herunterladen. Scrollen Sie hierzu auf der Katalogseite ganz nach unten, bis Sie den Kasten »Materialien zum Buch« sehen, und klicken dann auf »Zu den Materialien«. Bitte halten Sie Ihr Buchexemplar bereit, um die Datei zum Download freizuschalten.

> **Aufnahmen des LCD-Monitors**
>
> Die im Buch abgebildeten Aufnahmen, die den LCD-Monitor im Livebild- oder Videomodus zeigen, weichen unter Umständen von der Originalansicht Ihrer EOS 5DS ab. Diese Abweichung ist technisch bedingt, da das Signal für die Aufzeichnung des Monitorbildes nicht so übertragen wird, wie es auf dem Kameramonitor aussieht. Die Abweichungen beziehen sich aber lediglich auf die optische Anordnung einiger Elemente, inhaltlich zeigen die Abbildungen genau die Informationen, die auch in der Originalansicht verfügbar sind.

Einstellungen im Einstellungsmenü »Set Up«

Wichtige Grundeinstellungen wie Datum und Uhrzeit oder auch der Dateiname legen Sie in den drei Einstellungsmenüs fest. Für die Praxis wichtig ist ebenso die Möglichkeit, eine Sensorreinigung durchzuführen oder sich über Ladezustand des Akkus zu informieren.

Dateiname (SET UP1) | Hier können Sie die ersten drei oder vier Zeichen des Dateinamens selbst einstellen. Der erste Buchstabe ist nur sichtbar, wenn Sie im sRGB-Farbraum arbeiten, in Adobe RGB wird er durch einen Unterstrich ersetzt. Die Funktion ist sinnvoll, wenn Sie Ihr Bildautorenkürzel immer im Dateinamen haben möchten.

Autom. Drehen (SET UP1) | Ihre EOS 5DS erkennt, ob ein Bild im Quer- oder im Hochformat aufgenommen wurde. Standardmäßig wird ein Bild im Hochformat automatisch um 90 Grad gedreht, so dass es aufrecht steht. Ich empfehle, die automatische Drehung nur für die Bildbearbeitung aktiv zu lassen, weil Ihnen das später viel Arbeit am Rechner abnimmt, nicht aber am Kameramonitor, weil das Bild dann nur sehr klein angezeigt würde. Wenn Sie aber senkrecht nach unten fotografieren, schalten Sie die Option lieber aus, weil die Ergebnisse der Drehautomatik sonst zufällig sind.

⌃
Das automatische Drehen ist nur für den Computermonitor sinnvoll.

Karte formatieren (SET UP1) | Diese Funktion gibt den gesamten Speicher einer Speicherkarte wieder frei, und zwar auch denjenigen, der vielleicht von einer anderen Kamera belegt wurde und der über BILDER LÖSCHEN nicht erreicht würde. Die Fotos werden durch das Formatieren nicht wirklich gelöscht, sondern lediglich die sogenannte *FAT* (*File Allocation Table*), also eine Art Inhaltsverzeichnis. Mit spezieller Software lassen sich die auf der Karte immer noch befindlichen Fotos wieder sichtbar machen, sofern sie nicht zwischendurch von anderen Bilddaten überschrieben wurden.

Ich selbst lösche nur über die Funktion, weil sie die Kamera auch von anderen Daten befreit – das ist sinnvoll, wenn Sie mit verschiedenen Kamerasystemen arbeiten. Wenn Sie das Häkchen vor FORMAT NIEDRIGER STUFE setzen, werden die Bilddaten allerdings tatsächlich gelöscht.

Datum/Zeit/Zone (SET UP2) | Bereits beim ersten Einschalten der Kamera werden Sie aufgefordert, die Werte für Datum und Uhrzeit einzustellen. In dieses Menü müssen Sie dann nur wieder gehen, wenn Sie die Zeitzone wechseln oder bei der Umstellung von Sommer- und Winterzeit – die Umstellung erfolgt nicht automatisch. Diese Einstellung sollten Sie in jedem Fall kontrollieren, auch um sauber mit externen GPS-Tracks arbeiten zu können (siehe auch ab Seite 255).

⌃
In den Sucher sollten Sie nur die für Sie wichtigen Informationen einblenden lassen.

Sucheranzeige (SET UP2) | Bei Bedarf können Sie im Sucher eine elektronische Wasserwaage und Gitter für das Ausrichten von Motiven anzeigen. Zudem können Sie die einzelnen Sucheranzeigen ausblenden. Ich empfehle, die Wasserwaage standardmäßig einzublenden; so müssen Sie das Bild später nicht am Rechner geraderichten, was auch ein wenig Schärfe und Bildfläche kostet.

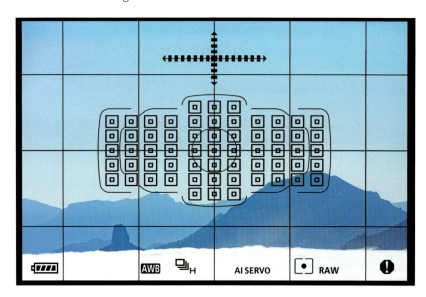

» *Das Sucherbild der EOS 5DS können Sie weitgehend anpassen.*

Videosystem (SET UP3) | Die Einstellungen zum Videosystem sind nur dann von Bedeutung, wenn Sie Videoaufnahmen erstellen. Bei der Auswahl Für PAL werden bei einem Video 25 oder 50 Bilder pro Sekunde aufgezeichnet, während bei NTSC 30 oder 60 Bilder aufgenommen werden können.

Wenn Sie die Aufnahmen später auf dem Rechner betrachten, können Sie NTSC wählen, da mehr Bilder zur Verfügung stehen, was eine flüssigere Wiedergabe ermöglicht. Das Brennen auf DVD erfordert aber 25 Bilder pro Sekunde, und so sollten Sie dafür PAL als Videosystem wählen. Ich empfehle, hier NTSC mit 30 Bildern pro Sekunde einzustellen, weil diese Videos auf einem Monitor, der meist mit 60 Hz arbeitet, so am flüssigsten aussehen.

Info Akkuladung (SET UP3) | Über den Menüpunkt Info Akkuladung lassen Sie sich den Ladezustand des oder der Akkus (im Batteriegriff) anzeigen. Ich setze mir diese Funktion immer sofort ins My Menu (siehe dazu den Abschnitt »Einstellungen in ›My Menu‹ ab Seite 45), weil man sie in der Praxis sehr oft verwendet.

Sensorreinigung (SET UP3) | Hier konfigurieren Sie die Sensorreinigung, dabei haben Sie folgende Optionen:

Autom. Reinigung
Standardmäßig ist die automatische Reinigung aktiviert, und dies sollte unbedingt so bleiben. Die Kamera reinigt beim Ein- und Ausschalten automatisch den Sensor.

Jetzt reinigen
Wenn Staubpartikel hartnäckiger auf dem Sensor verweilen, helfen oft zusätzliche Reinigungsvorgänge.

Manuelle Reinigung
Wenn die automatische Reinigung nicht ausreicht, müssen Sie manuell eingreifen. Damit Sie mit einem Blasebalg oder speziellen Reinigungstüchern an den Sensor gelangen, müssen Sie erst den Spiegel hochklappen. Rufen Sie dazu die Funktion Manuelle Reinigung auf, und bestätigen Sie das Hochklappen des Spiegels mit OK. Falls diese Funktion ausgegraut sein sollte, schalten Sie den HDR-Modus aus, der diese Funktion blockiert. Der Spiegel klappt erst beim Ausschalten der Kamera wieder herunter.

Hier müssen Sie zwar nichts umstellen, sollten sich aber die Funktion als wichtig merken.

Schnelleinstellung anpassen (SET UP3) | Durch Drücken der INFO.-Taste kommen Sie hinter dem festen Schnelleinstellungsbildschirm, den Sie mit Q erreichen, in einen weiteren, den Sie frei einrichten können. Diese Funktion wurde ganz neu mit der 5D S eingeführt. Ich empfehle, diese Funktion nicht zum Anfang zu konfigurieren, sondern erst dann, wenn Sie im laufenden Betrieb festgestellt haben, welche Einstellungsmöglichkeiten Sie gerne im schnelleren Zugriff haben möchten.

« Die konfigurierbare Schnelleinstellung wurde erst mit der EOS 5DS eingeführt. Den Schnelleinstellungsbildschirm können Sie sich komplett selbst konfigurieren.

Copyright-Informationen (SET UP4) | Hier geben Sie die Copyright-Informationen ein, die bei jedem Bild in die Exif-Daten geschrieben werden. Das sollten Sie jetzt sofort erledigen.

« Die Copyright-Informationen sollten von Anfang an in jedem Bild stehen.

[Kapitel 1: Die Canon EOS 5DS/5DS R konfigurieren] 35

Einstellungen im Aufnahmemenü »Shoot«

Im umfangreichen Aufnahmemenü finden Sie neben den Einstelloptionen für die Bildqualität, den Weißabgleich und den ISO-Wert eine Vielzahl weiterer Einstellungen. Um die Kamera auch hier gleich zumindest minimal zu konfigurieren, empfehle ich Ihnen die folgenden Einstellungen:

> **Navigation durch das Menü**
>
> In den Menüs können Sie sich mit den Wahlrädern oder dem Multi-Controller bewegen. Zum nächsten Menü-Tab springen Sie schnell mit der Q-Taste, Sie bestätigen Einträge mit der SET-Taste und können mit der INFO.-Taste manchmal eine Hilfeseite (gedrückt halten und mit dem Schnellwahlrad scrollen) oder ein Untermenü aufrufen.

Bildqualität (SHOOT1) | Die erste und wichtigste Einstellung kommt auch gleich zu Beginn des ersten Aufnahmemenüs: Die Bildqualität ist im Auslieferungszustand auf »L«, d. h. das große JPEG, eingestellt. Stellen Sie sie gleich auf RAW um, denn sonst können Sie die Bildqualität Ihrer 5DS nicht voll ausnutzen. Diese Einstellung können Sie auch über den Schnelleinstellungsbildschirm vornehmen.

Auslöser ohne Karte betätigen (SHOOT1) | Diese Funktion sollten Sie nur beim Kameratest einschalten, ansonsten können Ihnen die ersten Bilder einer Serie verlorengehen, weil Sie erst danach merken, dass Sie die Karten noch außerhalb der Kamera haben. Das passiert sogar Profis manchmal.

Farbraum (SHOOT2) | Falls Sie auch JPEGs aufnehmen, können Sie hier den Standardfarbraum wählen. Ich empfehle Adobe RGB, weil dieser Farbraum größer ist und mehr von den durch die EOS 5DS darstellbaren Farben abdeckt. Wenn Sie aber Bilder in Umgebungen ohne Colormanagement verwenden, kann es sein, dass sRGB bessere Ergebnisse liefert, weil zum Beispiel auch heute noch manche Fotobelichter von sRGB als Standardfarbraum ausgehen und die eingebetteten Farbprofile gar nicht lesen können.

⌃
Der eingestellte Farbraum ist nur für das JPEG-Format wichtig.

Tonwert Priorität (SHOOT3) | Mit Hilfe der Tonwert Priorität kann die Lichtzeichnung verbessert werden. Sie gewinnen eine knappe Blendenstufe Tonwertumfang im Lichterbereich, verlieren aber ein wenig Qualität in den Schatten, und der ISO-Bereich wird auf ISO 200–6 400 eingeschränkt. Da der Dynamikumfang der EOS 5DS etwas kleiner ist als bei den Mitbewerbern, lohnt es sich, die TONWERT PRIORITÄT standardmäßig aktiviert zu lassen. Einzig bei hohen ISO-Werten oder bei dunkleren Motiven, bei denen kein Ausfressen der Lichter zu befürchten ist, können Sie sie auch wieder abschalten. Ich verwende die TONWERT PRIORITÄT in der Mehrzahl der Aufnahmesituationen und empfehle, sie gleich einzuschalten.

⌃
Die Tonwertpriorität erweitert den Dynamikumfang der EOS 5DS auch im Raw.

⌞
Die Tonwertpriorität verbessert auch im Raw die Lichterzeichnung, lässt hier zum Beispiel die Wolken nicht so schnell ausfressen.

160 mm | f5 | 1/200 s | ISO 200

Spiegelverriegelung (SHOOT4) | Um durch den Spiegelschlag nicht zu leicht unscharfen Aufnahmen zu kommen, können Sie den Spiegel zeitversetzt hochklappen. Sie sollten diese Funktion zwar nicht gleich aktivieren, aber dennoch von Anfang an im Hinterkopf behalten, weil sie Ihnen helfen kann, die optimale Bildqualität aus Ihrer EOS 5DS herauszuholen. Mehr dazu in Kapitel 3, »Belichtung«.

⌃
Die aktivierte Spiegelverriegelung sorgt dafür, dass der Verschluss erst zeitverzögert nach dem Spiegelschlag geöffnet wird und sorgt so für eine bessere Schärfe.

⌞
Wenn Sie die BELICHTUNGSSIMUL. deaktivieren, haben Sie immer ein gut sichtbares Livebild. Auch bei der Blitzfotografie sollten Sie DEAKTIVIEREN wählen, weil das Dauerlicht oft viel zu dunkel für die Bildbetrachtung ist.

Belichtungssimul. (SHOOT5: LV FUNC.) | Bei aktivierter Belichtungssimulation wird das Livebild so angezeigt, dass es in der Helligkeit der späteren Aufnahme entspricht. Deaktivieren Sie die Belichtungssimulation, wird im Monitor unabhängig vom späteren Ergebnis immer ein optimal belichtetes Bild angezeigt. Eine Kombination aus den Modi AKTIV und UNTERDRÜCKT stellt die Option WÄHREND dar. Hier ist die Belichtungssimulation unterdrückt, und es wird im Monitor stets ein korrekt belichtetes Vorschaubild angezeigt. Erst wenn Sie die Schärfentiefe-Prüftaste drücken, erscheint das

den Belichtungseinstellungen entsprechende Bild. Das funktioniert aber nur, wenn Sie diese Taste nicht anders belegt haben.

Im Modus B (Bulb) wird die Belichtungssimulation automatisch unterdrückt, damit Sie das Motiv auch vor der Aufnahme gut im Monitor erkennen können. Wenn Sie den Livebild-Modus hauptsächlich zum Scharfstellen verwenden oder viel mit Blitz arbeiten, dann empfehle ich, die BELICHTUNGSSIMULATION auf DEAKTIVIEREN zu stellen, da Sie dann immer ein gut betrachtbares Bild erhalten.

Einstellungen im Autofokusmenü »AF«

Das Autofokusmenü werde ich in Kapitel 2, »Autofokus und Schärfe«, ab Seite 52 komplett in der Praxis erklären. Eine Funktion, die Sie am Anfang ausführen sollten, ist die AF-Feinabstimmung im Menü AF5; mit ihr passen Sie Ihre Objektive perfekt an die EOS 5DS an, um eine hohe Schärfe auch bei weit geöffneten Blenden zu erhalten (siehe den Abschnitt »AF-Feinabstimmung mit der EOS 5DS/5DS R« ab Seite 93 in Kapitel 2).

Einstellungen in den Individualfunktionen

Neben den Menüfunktionen stehen mit den Individualfunktionen weitere Einstellungsmöglichkeiten zur Verfügung. So können Sie zum Beispiel bestimmte Tasten mit anderen Funktionen belegen oder die Funktionsweise der Belichtungsmessung auf Ihre Bedürfnisse abstimmen. Im Folgenden liste ich die Funktionen auf, die meiner Erfahrung nach am besten von Beginn an konfiguriert werden sollten.

Bracketing-Sequenz (C.FN1: EXPOSURE) | Hier legen Sie fest, in welcher Reihenfolge die Belichtungsreihe aufgenommen werden soll. Ich verwende »–0+«, das hat den Vorteil, dass Sie eine Belichtungsreihe im Raw-Konverter auf einen Blick gut erkennen, weil sich ein Dunkel-Hell-Verlauf ergibt.

» *Belichtungsreihen erkennen Sie in Lightroom gut, wenn Sie die Bilder der Helligkeit nach sortiert aufgenommen haben.*

Safety Shift (C.Fn1: Exposure) | Wenn zum Beispiel im Modus Tv die von Ihnen eingestellte Verschlusszeit zu einer unterbelichteten Aufnahme führen würde, kann die Kamera dies selbst korrigieren, wenn Sie Safety Shift aktivieren. Sie können aussuchen, ob die Kamera lieber den ISO-Wert oder die Blende und Verschlusszeit anpassen soll. Letzteres hilft in noch mehr Fällen, weil die Kamera bei ISO 100, f1,2 und 1/8000s den ISO-Wert nicht mehr heruntersetzen, aber die Blende etwas weiter schließen kann. In der Praxis rettet diese Funktion manche Aufnahme. Ich schalte sie bei einer neuen Kamera immer gleich auf den Modus Tv/Av.

⌃
Safety Shift kann Ihnen die Belichtung Ihres Bilds retten.

Einstellung Blendenbereich (C.Fn2: Exposure) | Hier können Sie den Blendenbereich, den die EOS 5DS einstellt, nach oben und unten begrenzen. Dass ist zum Beispiel sinnvoll, um im Aufnahmemodus Tv zu verhindern, dass die Kamera Blenden wählt, bei denen die Beugungsunschärfe deutlich wird. Gerade bei Verwendung einen 2fach-Extenders sind sonst schon einmal Blendenwerte von f45 möglich. Ich empfehle, den Blendenbereich nach oben auf f22 zu begrenzen.

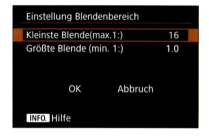

⌃
Wenn Sie den Blendenbereich nach oben begrenzen, können Sie auf diese Weise die Beugungsunschärfe vermindern.

Custom-Steuerung (C.Fn3: Others) | Mit Hilfe der Funktion Custom-Steuerung können Sie verschiedene Tasten am Kameragehäuse mit den von Ihnen gewünschten Funktionen belegen. Da die Kundenanpassungen per Definition individuell sind, will ich sie hier komplett erläutern und nur »leise« Empfehlungen geben. Falls Sie vorher eine EOS 5D Mark III oder eine EOS 7D Mark II besessen haben, können Sie gleich anfangen, die Kamera nach Ihren Erfahrungen anzupassen. Alle anderen werden wahrscheinlich nach ein paar Tausend Aufnahmen mit der EOS 5DS ein besseres Gespür dafür haben, welche Einstellungen die richtigen sind.

⌃
Über die Custom-Steuerung können Sie nicht nur die Tasten neu belegen, sondern auch ganze Funktionsgruppen zusammengefasst mit einer Taste aktivieren.

«
Hinter der Custom-Steuerung verbergen sich sehr viele Einstellungsmöglichkeiten.

Damit Sie wissen, welche Taste Sie verändern, ist diese im Display orange markiert. Folgende Funktionen stehen Ihnen zur Verfügung:

[Kapitel 1: Die Canon EOS 5DS/5DS R konfigurieren]

Messung und AF Start
Standardmäßig starten Sie durch halbes Herunterdrücken des Auslösers sowohl die Autofokus- als auch die Belichtungsmessung. Der Auslöser ist also mit zwei Funktionen doppelt belegt (Messung und AF Start).

Messung Start
Wenn Sie die Belichtungsmessung von der Fokusmessung trennen möchten, um eine bessere Kontrolle über die Einstellungen zu haben, können Sie die Autofokusfunktion des Auslösers deaktivieren. Wählen Sie dazu die Option Messung Start aus.

AE-Speicherung
Alternativ können Sie die AE-Speicherung nutzen, die so lange aktiviert ist, wie Sie den Auslöser halb herunterdrücken. In diesem Fall findet weder eine Autofokus- noch eine Belichtungsmessung statt.

AF-Stopp
Unter Umständen findet der Autofokus keinen Schärfepunkt, wodurch der Auslöser blockiert ist und Sie kein Foto machen können. Wenn Sie die AF-Stopp-Funktion nutzen, können Sie trotz fehlender Schärfe bei gedrückter Funktionstaste auslösen. Sehr praktisch ist die Funktion im Zusammenspiel mit dem Autofokusmodus AI Servo AF, denn so können Sie den Autofokus jederzeit stoppen und den aktuell ermittelten Schärfepunkt auch bei einem leichten Kameraschwenk nutzen. Ansonsten würde der AI Servo AF durch die Kamerabewegung unter Umständen einen ungewollten Fokuspunkt wählen.

FE-Speicherung
Belegen Sie eine Taste mit der FE-Speicherung, wird die anhand einer Belichtungsmessung ermittelte Blitzstärke gespeichert.

ONE SHOT ↔ AI SERVO
Die praktische Umschaltung ONE– SHOT ↔ AI SERVO ist sehr nützlich, wenn Sie häufig wechselnde Motive fotografieren, für die jeweils die andere Autofokus-Betriebsart besser geeignet ist. Ich selbst lege diese Funktion gerne auf die Abblendtaste (Schärfentiefe-Kontrolltaste genannt), um so schnell umschalten zu können, wenn unerwartete Geschehnisse eintreten wie zum Beispiel schnell anfliegende Vögel.

⌃
Die AF-ON-Taste zu belegen, ist wegen ihrer ideal erreichbaren Lage besonders sinnvoll.

SCHÄRFENTIEFE-KONTROLLE
Diese Funktion schließt die Blende auf die Arbeitsblende, so dass Sie die Schärfentiefe beurteilen können. Im Sucher sieht das Bild bei kleinen Blendenwerten trotzdem schärfer aus als im fertigen Bild, weil die Mattscheibe nicht wirklich »matt« ist.

START BILDSTABILISIERUNG
Standardmäßig wird die Bildstabilisierung – falls ein Bildstabilisator am Objektiv vorhanden und eingeschaltet ist – beim halben Herunterdrücken des Auslösers durchgeführt. Das ist in vielen Fällen auch sinnvoll, da die Gefahr verwackelter Aufnahmen bei längeren Verschlusszeiten sinkt. Allerdings verbraucht der Bildstabilisator auch Strom, und bei Aufnahmen mit einem Stativ oder Kameraschwenks bei Videoaufnahmen kann der Stabilisator sogar für unerwünschte Effekte sorgen. Die EOS 5DS bietet daher die Möglichkeit, den Bildstabilisator dauerhaft auszuschalten, bei Bedarf aber per Knopfdruck wieder zu aktivieren.

AUFN. GESPEICH. AF-FUNKT.SCHALTEN
Sie können das Verhalten des Autofokus, beispielsweise die AI SERVO REAKTION, individuell anpassen. Um nun schnell auf die einmal gespeicherten Funktionen zurückgreifen zu können, belegen Sie eine gewünschte Taste mit dieser Funktion. Über die INFO.-Taste können Sie detailliert festlegen, welche Autofokusparameter aktiviert werden sollen. Was genau die einzelnen Einstellungen bewirken, erfahren Sie in Kapitel 2, »Autofokus und Schärfe«.

AUFN.FUNKTION REGISTR./AUFRUFEN
Sie können verschiedene Aufnahmeparameter wie Verschlusszeit, Blende, ISO-Empfindlichkeit oder die Messmethode konfigurieren und so für spätere Aufnahmen schnell auf diese Einstellungen zurückgreifen. Da es ein wenig mühsam ist, gängige Einstellungen wie Blende oder Verschlusszeit über das Menü festzulegen, können Sie alternativ die derzeit in der Kamera eingestellten Parameter nutzen. Um die festgelegten Einstellungen für ein Foto zu verwenden, halten Sie die entsprechende Funktionstaste während der Aufnahme gedrückt.

Mit Hilfe der Funktion AUFN. FUNKTION REGISTR./AUFRUFEN können Sie sehr viele Funktionen zusammenfassen und auf eine Taste legen.

ONE-TOUCH BILDQUALITÄT
Die Funktion ONE-TOUCH BILDQUALITÄT stellt eine gewünschte alternative Bildqualität für das jeweils nächste Foto ein. Wenn Sie nun die

entsprechende Funktionstaste drücken, blinkt im LCD-Panel auf der Kameraoberseite das Symbol für die zuvor eingestellte Bildqualität auf. Drücken Sie die Funktionstaste erneut, schaltet die Kamera zurück auf Ihre Standardbildqualität-Einstellungen.

One-touch Bildqualität (halten)

Möchten Sie mehrere Aufnahmen mit der alternativen Qualität erstellen, wählen Sie diese Funktion aus.

Auf gesp. AF-Messf. schalten

Wie Sie ein Autofokusmessfeld gespeichert haben, können Sie mit Hilfe dieser Funktion auf dieses Messfeld wechseln. Über die INFO.-Taste können Sie die Option Schalten, wenn Taste gehalten festlegen. Wenn Sie nun den Auslöser halb herunterdrücken und gleichzeitig die zugeordnete Funktionstaste gedrückt halten, erfolgt die Fokussierung auf dem gespeicherten Messfeld. Sobald Sie die Funktionstaste loslassen, erfolgt die Fokussierung auf dem ursprünglichen Messfeld. Alternativ wählen Sie die Option Bei jedem Tastendruck schalten, denn hier genügt das einmalige Drücken der Funktionstaste, um das gespeicherte Fokusmessfeld zu aktivieren. Drücken Sie die Funktionstaste erneut, um zum ursprünglichen Messfeld zurückzukehren.

Entsperren bei gedrückter Taste

Sie können durch Drücken der gewünschten Funktionstaste die Sperre aller über die LOCK-Taste deaktivierten Bedienelemente kurzfristig deaktivieren.

Movie-Servo-AF unterbrechen

Wenn bei Filmaufnahmen ein kontinuierlicher AF zeitweise zu ungewünschten Ergebnissen führen würde, können Sie ihn per Taste unterbrechen.

Umschalten: Betr.AF/WB

Ist die Funktion aktiviert, können Sie mit Hilfe der M-Fn-Taste schnell zwischen den Einstellungen für die Funktionen Belichtungskorrektur – ISO Einstellungen, AF-Betrieb – Betriebsart und Weissabgleich – Messmodi wechseln. Für die M-Fn-Taste ist das eine praktische Zuweisung.

Zwisch. Ausschn./Seitenv. umsch.
Hier können Sie die verschiedenen Crop-Modi oder Seitenverhältnisse per Taste umschalten. Dies ist eventuell sinnvoll bei einem Zoom, das im Weitwinkel das Vollformat nicht auszeichnet, aber im Telebereich schon.

SET Einstelltaste
Häufig genutzte Einstellungsmöglichkeiten wie zum Beispiel den Bildstil können Sie der SET-Taste zuordnen. Das ist sehr hilfreich, da die Einstellungen zum Bildstil nicht über eine eigene Taste am Kameragehäuse vorgenommen werden können. Standardmäßig ist hier die Option OFF eingestellt, und so hat die SET-Taste im Aufnahmemodus keinerlei Funktionen. Wählen Sie die Optionen Bildqualität, Belicht. korr., Blitzeinstellungen oder Bildstil aus, um während des Fotografierens schnell auf die jeweiligen Einstellungsmenüs zugreifen zu können. Die Optionen MENU, Bildwiedergabe und Verg./Verkl. sind ohnehin bereits auf der Kamerarückseite verfügbar. Praktischer ist die Option ISO Einst., da die kleine Taste auf der Oberseite der Kamera manchmal schwer zu erreichen ist. Viel einfacher ist es, bei gedrückter SET-Taste das Hauptwahlrad zu drehen.

Gerade an der EOS 5DS ist aber eine 1:1-Rückschau sehr sinnvoll, da die Schärfe sonst nicht genau zu überprüfen ist; Verg./Verkl. auf diese Taste zu legen und mit der 1:1-Ansicht zu verbinden (siehe Seite 47), ist also empfehlenswert.

Die möglichen Funktionen der SET-Taste

Hauptwahlrad
Standardmäßig stellen Sie die Verschlusszeit im Aufnahmeprogramm M über das Hauptwahlrad ein. Möchten Sie mit dem Hauptwahlrad lieber die Blende steuern, wählen Sie die Option Av aus.

Schnellwahlrad
Über das Schnellwahlrad stellen Sie im Aufnahmemodus M den Blendenwert ein. Sofern Sie das Schnellwahlrad lieber für die Anpassung der Verschlusszeit nutzen möchten, wählen Sie die Option Tv aus. Wenn Sie häufig das Autofokusmessfeld manuell einstellen, bietet sich die Funktion Direktauswahl AF-Feld an, denn dadurch müssen Sie im Vorfeld nicht extra die Autofokus-Messfeldwahl-Taste drücken. Mit dem Schnellwahlrad lassen sich nun vertikale Messfelder auswählen. Alternativ können Sie über die Funktion Direktauswahl AF-Feld: vertikal die vertikalen Felder ansteuern. Sehr praktisch, insbeson-

Die Optionen für das Schnellwahlrad

dere beim Videodreh, ist die Option ISO EINST., denn so können Sie mit dem Schnellwahlrad die gewünschte ISO-Stufe einstellen. Zwar können Sie dadurch im Aufnahmeprogramm M die Blende nur noch recht umständlich über die Aufnahmefunktionen auf dem Display einstellen, aber da man gerade bei Videoaufnahmen in der Regel mit fester Blende arbeitet, ist dies weniger schlimm.

MULTI-CONTROLLER

Standardmäßig ist dem Multi-Controller keine Funktion zugeordnet, wenn Sie aber das Autofokusmessfeld manuell auswählen möchten, empfiehlt sich die Funktion DIREKTAUSWAHL AF-FELD. Dies spart den vorherigen Tastendruck auf die AUTOFOKUS-MESSFELDWAHL-Funktion, und im Gegensatz zum Schnellwahlrad können Sie alle verfügbaren Autofokusmessfelder ansteuern. Über die INFO.-Taste können Sie noch festlegen, ob beim Drücken des Multi-Controllers nach unten das zentrale Autofokusmessfeld (AUF ZENTR. AF-MESSF. SCHALTEN) oder ein zuvor gespeichertes Messfeld (AUF GESP. AF-MESSF. SCHALTEN) ausgewählt werden soll. Die Messfeldwahl mit dem Controller ist so praktisch, dass Sie sie standardmäßig aktivieren sollten.

Meine persönliche Konfiguration sieht wie folgt aus:
▸ Die SET-Taste ist auf Vergrößerung 100% gestellt. Das geht zwar auch mit der Vergrößerungstaste, aber diese liegt für mich etwas ungünstig.
▸ Die Schärfentiefe-Kontrolltaste schaltet zwischen ONE SHOT und AI SERVO um.
▸ Die M-Fn-Taste schaltet zwischen Blitzkorrektur, ISO, Betriebswahl, AF/WB und Messart um – so wird sie wirklich zur Multifunktionstaste.
▸ Die AF-ON-Taste belege ich mit AUFN.FUNKTION REGISTR./AUFRUFEN, und ich stelle die Kamera damit auf einen Modus für schnelle Action ein: AI Servo, kurze Zeiten, schneller AF.
▸ Den Multi-Controller belege ich mit der Direktauswahl des AF-Feldes.

⌃
Wenn Sie zu viel verstellt haben sollten, können Sie die Individualfunktionen auch wieder zurücksetzen.

Alle C.Fn löschen (C.FN4: CLEAR) | Mit diesem Eintrag bringen Sie alle Individualfunktionen wieder auf den Ausgangszustand, allerdings bleiben die Einstellungen unter CUSTOM-STEUERUNG erhalten.

Einstellungen in »My Menu«

Dies ist eine wichtige Möglichkeit, Ihre Arbeit mit der EOS 5DS zu beschleunigen und komfortabler zu gestalten. Die von Ihnen am häufigsten benötigten Funktionen können Sie hier zum schnelleren Zugriff zusammenfassen. Ich empfehle folgende Einträge für eine Erstkonfiguration:

- INFO AKKULADUNG
- KARTE FORMATIEREN
- TONWERT PRIORITÄT
- SPIEGELVERRIEGELUNG
- ISO-EMPFINDL. EINSTELLUNGEN
- STEUERUNG EXTERNES SPEEDLITE
- HDR-MODUS

Schritt für Schritt
My Menu konfigurieren

Im Folgenden erkläre ich Ihnen, wie Sie sich Registerkarten mit Ihren am häufigsten gebrauchten Funktionen anlegen.

[1] Registerkarte hinzufügen
Gehen Sie zum Reiter MY MENU: SET UP, und wählen Sie den Eintrag REGISTERKARTE MY MENU HINZUF. ❶. Wählen Sie mit dem Schnellwahlrad OK an, und bestätigen Sie mit der SET-Taste.

⌃
Zunächst müssen Sie eine Registerkarte hinzufügen.

[2] Funktionen auswählen
Drücken Sie erneut die SET-Taste, um den Menüeintrag KONFIG. auszuwählen. Im nächsten Bildschirm drücken Sie gleich wieder die SET-Taste, um ZU REGIST. POSITIONEN WÄHLEN ❷ aufzurufen.

«
Nach dem Hinzufügen einer Registerkarte können Sie die zu registrierenden Positionen auswählen.

[3] Funktionen speichern
Nun erscheint eine Gesamtliste der auswählbaren Einträge. Navigieren Sie mit dem Schnellwahlrad durch die Liste, wählen Sie einen Eintrag mit der SET-Taste aus, und wählen Sie im nächsten Bildschirm OK.

Nun landen Sie wieder in der Auswahlliste und können genau wie eben beschrieben weitere Punkte hinzufügen.

> **Meldung »Mehr Posten nicht speicherbar«**
>
> Wenn die Meldung MEHR POSTEN NICHT SPEICHERBAR. EINE POSITION LÖSCHEN erscheint, drücken Sie die SET-Taste, um die Meldung zu bestätigen, und die MENU-Taste, um wieder in das obere Menü zu gelangen. Sie müssen nun natürlich keine Einträge löschen, denn es lassen sich weitere MY MENU-Registerkarten anlegen.

[4] Reihenfolge der Funktionen ändern

Drücken Sie die MENU-Taste, um zum oberen Menü zu gelangen. Auf Wunsch können Sie nun REGIST. POSITIONEN SORTIEREN anwählen, um die Reihenfolge der Einträge zu verändern. Wählen Sie dazu den zu verschiebenden Eintrag mit der SET-Taste an, verschieben Sie ihn mit dem Schnellwahlrad, und legen Sie ihn mit der SET-Taste wieder ab. Wiederholen Sie das mit den anderen Einträgen, bis die gewünschte Sortierung erreicht ist.

⌃
Wenn die Funktion REGIST. POSITIONEN SORTIEREN aktiv ist, erscheinen zwei kleine Pfeile rechts vom Eintrag ❶.

> **Positionen verschieben**
>
> Sie können Positionen immer nur auf einer Registerkarte verschieben; wenn Sie eine Position von der einen auf die andere Registerkarte verschieben möchten, müssen Sie sie auf der ersten löschen und auf der zweiten hinzufügen.

[5] Weitere Registerkarte hinzufügen

Wenn Sie noch eine weitere Registerkarte hinzufügen möchten, wählen Sie erneut die Registerkarte MY MENU: SET UP an, die nun um eine Position nach hinten gerückt ist, da es ja nun die Registerkarte MY MENU1 gibt. Gehen Sie dann so vor, wie in den oberen Schritten beschrieben.

Sie können insgesamt fünf Registerkarten anlegen, aber irgendwann wird auch My Menu unübersichtlich. Ich beschränke mich daher auf zwei Registerkarten.

Einstellungen im Wiedergabemenü »Play«

Im Wiedergabemenü sind die Aktivierung der Überbelichtungswarnung sowie die Einstellung des Vergrößerungsfaktors für die Praxis zunächst einmal am wichtigsten. Darüber hinaus bieten das Wiedergabemenü noch viele weitere Möglichkeiten natürlich zur Steuerung der Wiedergabe, zur Einstellung der Histogrammanzeige sowie zur kamerainternen Bearbeitung von Raw-Aufnahmen.

Raw-Bildbearbeitung (PLAY1) | Diese Funktion sollten Sie sich merken: Sie können in der Kamera aus einem Raw ein JPEG berechnen. Das kann nützlich sein, wenn Sie schnell ein Bild umwandeln müssen und keinen Rechner zur Hand haben. Aber Achtung: Mit mRAW oder sRAW funktioniert dies nicht.

Mit der RAW-BILDBEARBEITUNG können Sie in der Kamera mit eigenen Einstellungen JPEGs berechnen lassen.

Die Raw-Bildbearbeitung in der Kamera bietet erstaunlich viele Möglichkeiten.

Überbelichtungswarnung (PLAY3) | Mit dieser Funktion werden überbelichtete Bereiche schwarz blinkend dargestellt. Die Funktion ist in der Praxis sehr nützlich, deshalb sollten Sie sie standardmäßig aktivieren.

Vergrößerung(ca.) (PLAY3) | Wenn Sie die Taste für Vergrößerungen auf der Kamerarückseite betätigen, wird das im Display angezeigte Foto standardmäßig um den Faktor zwei vergrößert dargestellt. Zum Überprüfen der Schärfe ist TATSÄCHL. GRÖSSE die beste Variante. Diese sollten Sie auch unbedingt einstellen, wenn Sie sicher sein wollen, dass Ihre Aufnahmen scharf geworden sind.

Die 1:1-Rückschau (TATS. GRÖSSE) ist die beste Methode, bei der Aufnahme die Schärfe zu überprüfen.

BEST PRACTICE
WLAN nutzen mit der EOS 5DS/5DS R

Die EOS 5DS hat kein WLAN eingebaut. Bei robusten Profikameras ist das heute auch noch recht selten, weil die soliden Metallgehäuse keine Funkwellen durchlassen. Trotzdem gibt es einige Möglichkeiten, die EOS 5DS über WLAN zu steuern oder Bilder über WLAN zu übertragen:

1. Eye-Fi-Karte oder kompatible SD-Karte mit eingebauter WLAN-Funktion: Die EOS 5DS unterstützt diese Karten über ihr Menü, deren Verwendungsmöglichkeit beschränkt sich aber auf Bildübertragung zum Computer oder zu Onlinediensten. Die Übertragungsleistung ist nicht immer zufriedenstellend; wenn Sie schnell viele Bilder übertragen wollen, sollten Sie zu anderen Lösungen greifen.
2. WFT-E7 Version 2: Der Wireless File Transmitter von Canon wird wie ein Batteriegriff unter die Kamera geschraubt. Anders als sein Name vermuten lässt, eignet er sich nicht nur zur Dateiübertragung, sondern auch zur Fernsteuerung der Kamera. Er ist schnell und zur professionellen Verwendung geeignet, hat aber zwei Nachteile: Erstens ist er mit ca. 750 € recht teuer, und zweitens muss er leider mit einem kleinen Kabel an den USB-3-Anschluss der Kamera angeschlossen werden. Es wäre wünschenswert, dass Canon diese Geräte in Zukunft wieder so wie den WFT-E4 II für die EOS 5D Mark II baut, der noch ohne überstehendes Kabel auskam und damit genauso kompakt und robust wie ein Batteriegriff war. Das Käbelchen ist eine Schwachstelle im harten Profieinsatz. Falls Sie noch einen WFT-E7 der ersten Generation haben, auch ihn können Sie nach einem Firmwareupdate mit einem USB-3-Kabel an der EOS 5DS verwenden.
3. WLAN-Router und App: Wenn Sie einen kleinen mobilen WLAN-Router per USB an die Kamera hängen und mit einer App für Ihr Tablet oder Smartphone steuern, erhalten Sie einen enormen Funktionsumfang und sehr gute technische Gesamtleistung für um die 60 €. Es gibt zwei verbreitete Lösungen, die beide mit dem WLAN-Router TP-Link TL-MR3040 arbeiten, DSLR Controller und qDSLR Dashboard. Während DSLR Controller nicht mehr weiterentwickelt zu werden scheint und die EOS 5DS noch nicht unterstützt, habe ich qDSLR Dashboard erfolgreich mit der EOS 5DS testen können. Die App arbeitet sowohl auf Android als auch auf

iOS und lässt sich ebenfalls mit Nikon- und Sony-Kameras verwenden. Selbst die Steuerung über den Computer (Windows, OS X oder Linux) ist möglich. Der Funktionsumfang ist größer als bei der Canon-eigenen App, die es auch nur für Kameras mit eingebautem WLAN wie zum Beispiel der EOS 70D gibt.

Die Benutzeroberfläche von qDSLR Dashboard auf dem iPhone

Um die Lösungen verwenden zu können, müssen Sie auf den WLAN-Router eine angepasste Firmware aufspielen, so dass dies eher für technisch ein wenig versierte Fotografen interessant ist. Sie können den Router zum Teil aber auch schon mit fertiger Firmware erwerben. Mit CamRanger gibt es zudem eine fertige Lösung für das iPad, die ähnlich aufgebaut ist, mit gut 300 € aber auch deutlich teurer. Der Router selbst ist kleiner als eine Zigarettenschachtel und läuft mit einem Akku, so dass die Lösung auch für den mobilen Einsatz geeignet ist. Informationen zu qDSLR Dashboard finden Sie unter http://dslrdashboard.info. Die App finden Sie für knapp 10 € in den App Stores von Google und Apple.

Kapitel 2
Autofokus und Schärfe

Schärfe verstehen 52

Die Autofokustechnik 59

Mit dem Autofokus arbeiten 67

Weitere Konfigurationsmöglichkeiten des Autofokus 77

Ursachen für Unschärfe und Autofokusprobleme 87

Motive manuell scharfstellen 98

Best Practice
- AF-Feinabstimmung mit der EOS 5DS/5DS R 93
- Tipps für die Schärfeoptimierung 100

2 Autofokus und Schärfe

Die EOS EOS 5DS besitzt eines der besten AF-Systeme überhaupt, stellt mit ihren 50,6 Megapixeln aber auch extreme Ansprüche an perfekte Schärfe. Wenn Sie verstehen, welche Faktoren die Schärfe beeinflussen und wie Sie das AF-System an Ihre Anforderungen anpassen können, können Sie das Potential der bei Markteinführung schärfsten Kamera unterhalb des High-End-Mittelformats (eine Phase One XF IQ3 80 MP liegt aber auch bei über 40 000 €) ausnutzen.

2.1 Schärfe verstehen

Schärfe ist eine Mischung aus Auflösung und Kontrast. An der Erzeugung von Schärfe ist aber nicht nur das Auflösungsvermögen des Sensors beteiligt, sondern auch die des Objektivs. Ein sehr gutes Objektiv ist in der Lage, auch bei sehr fein aufgelösten Mustern noch einen hohen Kontrast zu übertragen. Schlechtere Objektive vermindern den Kontrast deutlich bis hin zur Nichtauflösung feiner Muster; aus einen schwarzweißen Linienmuster wird so im Extremfall eine graue Fläche. Eine Scharfzeichnung am Rechner macht nichts anderes, als den Kontrast feiner Strukturen wieder zu erhöhen. An der Auflösung ändert sich dabei nichts, aber das menschliche Auge kann durch den höheren Eingangskontrast trotzdem mehr Details erkennen. Bei hohen ISO-Zahlen sinken Auflösung und Kontrast, weil das Bildsignal von Rauschen überlagert wird. Wenn man dieses Bildrauschen am Rechner minimiert, gehen auch feine Bilddetails verloren. Deswegen ist es auch in Bezug auf die Bildschärfe gut, mit möglichst geringen ISO-Werten zu arbeiten.

MTF-Kurven

Eine gute Basis, um die Abbildungs- und damit auch die Schärfeleistung eines Objektivs zu bewerten, sind sogenannte *MTF-Kurven* (MTF steht für *Modulation Transfer Function*, eine Funktion, die die Kontrastübertragung von der Bildmitte bis zur Bildecke abbildet). Dafür werden schwarzweiße Linienmuster fotografiert, und der Kontrast wird zwischen dem Schwarz und dem Weiß ausgemessen. Je unschärfer das Bild, desto geringer ist der Kontrast.

Typischerweise wird nicht nur eine Kurve gezeigt, sondern mehrere Varianten der Kurven für Offenblende sowie für Blende f8, aber auch für Linienmuster von zehn Linienpaaren und 30 oder 40 Linienpaaren pro Millimeter (lp/mm). Blende f8 wird deswegen gewählt, weil diese nah an der optimalen Blende ist, bei der ein Objektiv die beste Abbildungsleistung erreicht. 40 lp/mm entsprechen immer noch nur ca. einem Drittel der möglichen Maximalauflösung der EOS 5DS. Bei 5792 Pixel auf 24 mm Bildhöhe lassen sich 120 lp/mm darstellen (das ist die sogenannte *Nyquist-Grenze*). Oft werden diese vier Kurven jeweils einmal für Linienmuster gezeigt, die parallel zu einer Geraden, die durch die Bildmitte führt (sagittal), oder senkrecht zu dieser Geraden stehen (meridional), so dass insgesamt acht Kurven die Schärfeleistung eines Objektivs beschreiben. Je höher diese Kurven liegen, desto besser ist die Schärfe des Objektivs.

Dieses Linienmuster habe ich einmal mit dem aktuellen Sigma-Art-50-mm-Objektiv (oben) und einmal mit einem über vierzig Jahre alten Olympus Zuiko 55 mm f1,2 aufgenommen. Der Kontrast beim älteren Objektiv ist deutlich geringer, obwohl das Linienmuster doch sehr grob ist.

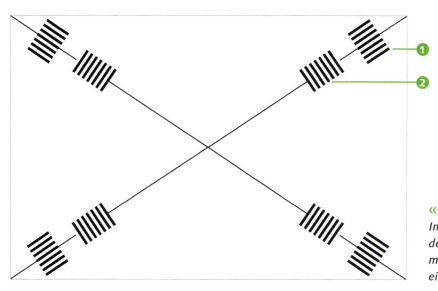

In diesem Beispiel finden Sie in den Bildecken ein sagittales Testmuster ❶ und etwas weiter innen ein meridionales Testmuster ❷.

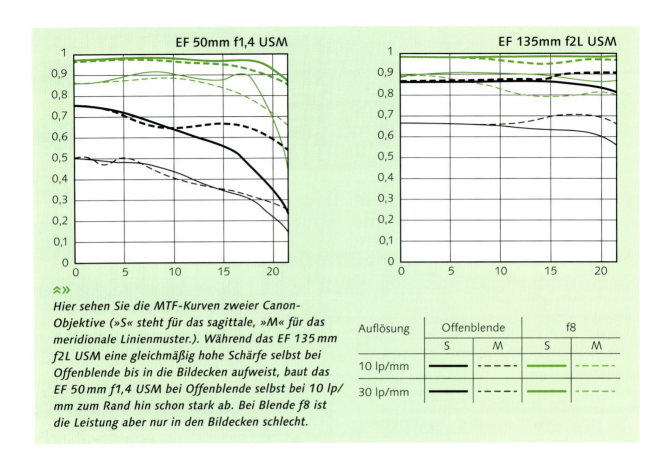

Hier sehen Sie die MTF-Kurven zweier Canon-Objektive (»S« steht für das sagittale, »M« für das meridionale Linienmuster.). Während das EF 135 mm f2L USM eine gleichmäßig hohe Schärfe selbst bei Offenblende bis in die Bildecken aufweist, baut das EF 50 mm f1,4 USM bei Offenblende selbst bei 10 lp/mm zum Rand hin schon stark ab. Bei Blende f8 ist die Leistung aber nur in den Bildecken schlecht.

Auflösung	Offenblende		f8	
	S	M	S	M
10 lp/mm	———	- - - -	———	- - - -
30 lp/mm	———	- - - -	———	- - - -

Dass die Kurven für Blende f8 durchweg höher liegen als die für Offenblende, liegt daran, dass die meisten Objektivfehler mit kleineren Blendenöffnungen abnehmen, weil das Strahlenbündel des eintreffenden Lichts schmaler wird und die meisten Lichtstrahlen gar nicht mehr durch den optisch schlechteren Objektivrand müssen (siehe zum Beispiel sphärische Aberration, ab Seite 194).

Beachten Sie aber, dass MTF-Kurven oft nur berechnet werden; sie stimmen dann zwar mit denen eines optimal zusammengebauten Objektivs überein, je nach Hersteller gibt es aber unterschiedlich starke Streuungen durch Schwankungen in der Produktion. Es lohnt sich also immer, ein Objektiv vor dem Kauf persönlich zu testen – ein paar Testaufnahmen im oder vor dem Fotogeschäft reichen dazu aus.

Objektivfehler und Blende

Die Objektivfehler vermindern sich bei Abblendung des Objektivs, allerdings nimmt die Beugungsunschärfe bei kleineren Blendenöffnungen zu. Die Beugungsunschärfe ist ein physikalisches Phänomen, das gute und schlechte Objektive gleichermaßen betrifft (siehe hierzu auch den Exkurs »Belichtungsgrundlagen in aller Kürze«, Abschnitt »Beugungsunschärfe« ab Seite 149). Es gibt also einen Blendenwert, bei dem eine weitere Abblendung des Objektivs sich nicht mehr positiv auf die Schärfe auswirken kann, weil die Beugungsunschärfe den Vorteil der verminderten Abbildungsfehler wieder auffrisst. Dieser Blendenwert wird als *kritische Blende* bezeichnet, das ist der Blendenwert, bei dem das Objektiv die höchste Schärfe aufweist. Allerdings ist dieser Blendenwert für die Bildmitte ein anderer als für den Bildrand.

Da Objektive am Bildrand schlechter auflösen, dauert es länger, bis die Beugungsunschärfe den optischen Schärfegewinn durch Abblendung wieder zunichtemacht. Wenn Sie ein Porträt aufnehmen, bei dem die Bereiche am Bildrand nicht in der Schärfe liegen, können Sie diese Tatsache völlig ignorieren; bei detailreichen Architekturaufnahmen ist die Randschärfe hingegen meist sehr wichtig, so dass Sie hier lieber bis f8 oder f11 abblenden sollten, um auch die Bildecken in optimaler Schärfe abzubilden.

Anzeige des Blendenwerts im Sucher oder Display

Ihre EOS 5DS zeigt anders als zum Beispiel eine Nikon immer die eingestellte und nicht die tatsächliche Blende an. Wenn Sie eine Nikon-Kamera mit einem Makroobjektiv mit einem eingestellten Blendenwert von f2,8 nehmen und die Entfernungseinstellung bis in den absoluten Nahbereich und Abbildungsmaßstab 1:1 verstellen, verdoppelt sich der angezeigte Blendenwert auf f5,6. Das liegt am Verlängerungsfaktor, der die Blende um den Faktor (Abbildungsmaßstab + 1)^2 verkleinert, bei 1:1 also um den Faktor 2. Dieser Effekt gilt natürlich auch bei Canon, wird aber nicht direkt im Display angezeigt (was im Übrigen auch verwirren könnte). Das heißt, wenn Sie zum Beispiel mit dem EF 100 mm f2,8L IS USM bei der kürzesten Entfernungseinstellung f11 eingestellt haben, dann arbeiten Sie tatsächlich schon mit f22 und werden Beugungsunschärfe sehen können. Das heißt nicht, dass Sie diese Blendenwerte niemals verwenden dürfen. Bei der Fotografie von Insekten ist zum Beispiel eine hohe Schärfentiefe manchmal wichtiger als eine perfekte Pixelschärfe (bei stärkerer Abblendung werden die Beugungsscheibchen größer als ein Pixel der EOS 5DS; während nun größere Bereiche in der Schärfe liegen, die Schärfentiefe also zunimmt, nimmt die Schärfe insgesamt leicht ab). Allerdings sollten Sie sich der Einbußen immer bewusst sein und nie zu stark abblenden, wenn Sie es nicht unbedingt müssen.

Die komplette Mathematik erspare ich Ihnen an dieser Stelle, es gibt aber eine gute Faustformel, die besagt, dass die kritische Blende bei einem guten Objektiv ungefähr bei dem Doppelten der Pixelbreite in µm (Mikrometer) liegt. Die EOS 5DS/5DS R hat eine Pixelbreite von 4,14 µm, die kritische Blende liegt also etwas über f8.

Das bedeutet, dass Sie das volle Auflösungsvermögen ihres Sensors nicht mehr ausnutzen, wenn Sie über Blende f9 abblenden, und dass Ihr Bild danach immer weicher und unschärfer wirken wird. In der Praxis können Sie das durch Nachschärfen in einem Bildbearbeitungsprogramm noch ein wenig ausgleichen, so dass Sie bei Bedarf durchaus mit f16 arbeiten können. Bei f22 werden Sie den Effekt aber in jedem Falle sehen.

Die hyperfokale Entfernung

Die hohe Auflösung des Sensors verbunden mit der nun schon bei kleineren Blendenwerten einsetzenden Beugungsunschärfe macht es noch wichtiger, dass Sie bewusst scharfstellen. Wenn Sie eine Landschaftsaufnahme mit 35 mm Brennweite von 3 m bis Unendlich scharf haben möchten, dann können Sie auf Unendlich scharfstellen und müssen dann auf f16 abblenden, um die 3 m in der Schärfezone zu halten. Das bringt aber den Nachteil mit sich, dass Sie damit eine Schärfezone erzeugen, die weit über Unendlich hinausgeht, und damit Schärfebereich verschenken. Besser ist es, wenn Sie genau zwischen 3 m und Unendlich scharfstellen, das wäre bei ca. 6,2 m. Dann müssen Sie nur noch bis f8 abblenden, um den vollen Bereich in der Schärfentiefe zu haben.

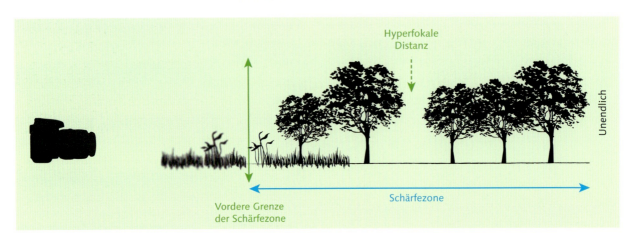

⌃
Wenn Sie den Schärfepunkt auf die hyperfokale Entfernung einstellen, reicht die Schärfentiefe von Unendlich bis zum für die Blende bestmöglichen Nahpunkt.

Diese Entfernung wird die *hyperfokale Entfernung* genannt, das ist die Entfernung, bei der aufgrund der eingestellten Blende der Schärfentiefebereich gerade bis Unendlich reicht. Wenn Sie ein Objektiv mit Entfernungsskala verwenden, können Sie einfach auf die Entfernung scharfstellen, die genau mittig zwischen dem gewünschten Nahpunkt und Unendlich auf der Skala liegt.

Schärfentiefe und Zerstreuungskreis

Der Rechnung zur Bestimmung der hyperfokalen Entfernung und damit der Berechnung der maximalen Schärfentiefe liegt ein Zerstreuungskreisdurchmesser von 0,025 mm zugrunde, wie er für große Vergrößerungen sinnvoll ist. Die Entfernungsskalen der Canon-Objektive gehen von einem etwas größeren Wert aus, bei großen Abbildungsgrößen wird der Entfernungsbereich, der als scharf wahrgenommen wird, also kleiner sein als der auf dem Objektiv angegebene. Wenn Sie diesen Zerstreuungskreisdurchmesser kennen, können Sie die Entfernungen, auf die Sie für eine maximale Schärfentiefe scharfstellen müssen, mit Hilfe eines Schärfentieferechners ganz einfach ausrechnen. Einen guten Schärfentieferechner finden Sie unter *www.erik-krause.de/schaerfe.htm*.

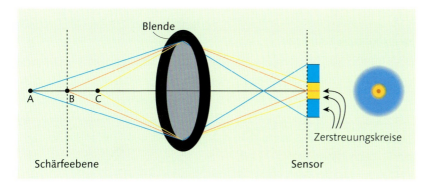

«
Punkte (B, C), die innerhalb der Schärfentiefe liegen, werden auf der Sensorebene als Kreise abgebildet, deren Durchmesser unterhalb des zulässigen Zerstreuungskreisdurchmessers (gelb) liegen. Bei Punkten außerhalb der Schärfentiefe wird der sich ergebende Durchmesser größer und die Abbildung damit sichtbar unscharf.

Der Zerstreuungskreis ist dabei der maximal zulässige Kreis, den ein in der Schärfe liegender Punkt ausfüllen darf. Alles, was größer als dieser Kreis ist, wird als nicht mehr scharf definiert. Wenn man den Zerstreuungskreis mit einem Pixel mit der Kantenlänge des Durchmessers gleichsetzen würde, dann würde alles, was bei einer Auflösung von 960 × 1 440 Pixeln exakt pixelscharf abgebildet wird, im fertigen Bild als noch in der Schärfentiefe liegend wahrgenommen. Diese Werte beziehen sich auf einen Fotoabzug von ca. 20 × 30 cm, den Sie in

» *Hier habe ich die Unendlicheinstellung des EF 85 mm f1,2L II auf die Markierung für f11 gestellt, um die hyperfokale Entfernung für diese Blende einzustellen.*

normalem Betrachtungsabstand in der Hand halten. Für kleinere Abzüge wird die Schärfentiefe größer wirken, während sie bei einer Großvergrößerung, an die Sie so nah herantreten, dass Sie das ganze Bild nicht mehr erfassen können, natürlich nicht ausreichen. Gerade das kann aber auch den Charme einer Großvergrößerung ausmachen, dass die Schärfeverläufe so stark getrennt sind, wie das früher nur mit einer Großbildkamera möglich war. Mit einer EOS 5DS arbeiten Sie in Bezug auf Schärfeleistung und Schärfeverlauf tatsächlich auf einem Niveau, das einer analogen Fachkamera wie einer Linhof oder SINAR in 13 × 18 cm oder 18 × 24 cm Negativformat entspricht.

Bildgröße und Schärfe

Wenn Sie eine Aufnahme der EOS 5DS 1:1 auf dem Monitor betrachten, werden Sie bei niedrigen Blendenwerten bereits kurz hinter der Schärfeebene einen Schärfeabfall feststellen. Wenn Sie das Bild nun auf 25% Darstellungsgröße verkleinern, scheinen viel größere Bereiche in der Schärfe zu liegen. Ebenso verhält es sich mit Unschärfen im Bild, die durch Fehlfokussierung oder Objektivfehler zustande kommen. Je größer die Bildausgabe, umso eher stören diese Unschärfen, während sie ab einer bestimmten Verkleinerung des Bildes gänzlich zu verschwinden scheinen. In der Praxis wird eine Aufnahme, bei der die Schärfe nicht perfekt sitzt, also noch für kleinere Abbildungsgrößen gut genug sein.

Das bedeutet auch, dass kleine Fehler in der Schärfe, die sich durch Motivbewegung, Verwackeln oder Objektivschwächen bzw. leicht falsche Scharfstellung ergeben, in einer 1:1-Darstellung viel besser sichtbar werden. Da Sie aber in vielen Fällen die Auflösungsreserven der EOS 5DS nicht ausnutzen müssen, sollten Sie das Bild in der benötigten Abbildungsgröße noch einmal beurteilen und gegebenenfalls am Rechner etwas nachschärfen. Ihr Bild ist nicht schlechter geworden als bei einer anderen Kamera mit geringerer Auflösung, die EOS 5DS ist nur besser und das erreichbare Schärfemaximum liegt höher.

2.2 Die Autofokustechnik

Das AF-System der EOS 5DS ist auf Augenhöhe mit den AF-Systemen der besten Profi-DSLRs. Das bringt allerdings mit sich, dass sie auch genauso viele Konfigurationsmöglichkeiten wie zum Beispiel eine EOS-1D X liefert. Auch wenn Sie mit nur wenigen Einstellungen den Großteil Ihrer Fotosituationen perfekt abdecken können, lohnt es sich, das AF-System zu verstehen, weil Sie dann auch in anspruchsvollen Situationen das Schärfepotential Ihrer Kamera voll ausnutzen können.

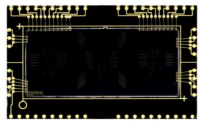

« *Das Autofokussystem besteht aus der Optik (links) und dem TTL-CT-SIR-Sensor. TTL-CT-SIR steht für »Through The Lens Cross Type Secondary Image Registration«. (Bilder: Canon)*

Das Fokussystem der EOS 5DS entspricht weitgehend dem der EOS 5D Mark III, der AF-Sensor ist praktisch der gleiche. Da aber die Prozessorleistung deutlich erhöht wurde und die Belichtungsmessung statt nur auf 63 Zonen, die nur kalte und warme Farben unterscheiden können, nun auf 150 000 RGB- und Infrarot-Pixel zugreifen kann, hat sich das Verfolgen von Motiven verbessert. Während ich bei der EOS 5D Mark III häufig den Fokusbereich auf die maximal notwendige Größe beschränkt habe, verlasse ich mich nun häufiger auf große Messzonen. Bei kleinen Motiven, wie entfernter fliegenden Vögeln, reicht jedoch die Erkennung nicht immer aus, und Sie sollten auf kleine Messzonen setzen.

Phasendetektionsmethode

Die Canon EOS 5DS nutzt zur Schärfeermittlung die sogenannte *Phasendetektionsmethode* (Phasen-AF-System). Das Prinzip ähnelt dem des menschlichen Auges, denn wir können Entfernungen in erster Linie durch das Stereosehen (also räumliches Sehen) abschätzen. Unsere beiden Augen erhalten bei Geradeausstellung abweichende Abbildungen eines Objekts in der Nähe. Die Augen versuchen durch eine Drehung nach innen diese möglichst deckungsgleich zu bekommen. Unser Gehirn setzt diese beiden Bilder zu einem zusammen und kann dabei auch die Entfernung des Gegenstandes bestimmen.

In der EOS 5DS übernimmt ein Linsensystem diese Aufgabe und teilt den Strahlengang des Objektivs vor dem AF-Sensor in zwei Hälften auf. Der Sensor vergleicht die Halbbilder, um die Entfernung messen zu können.

Ablauf in der Kamera | Das einfallende Licht gelangt durch das Objektiv in die Kamera, und der Großteil des Lichts wird durch den Spiegel in den Sucher umgeleitet. Da der Spiegel teildurchlässig ist, wird der Rest durch einen weiteren, auf der Rückseite befestigten Spiegel an die AF-Messeinheit am Boden der Kamera weitergeleitet. Jeder der Sensoren ist in Bereiche aufgeteilt, und jeder Bereich erfasst das Motiv aus einem leicht anderen Blickwinkel. Die zusammengesetzten Bilder dienen der Schärfeermittlung. Unterscheiden sich die Bilder, berechnet der Autofokus die Abweichung und gibt Befehle an das Objektiv, die Fokuslinsengruppe zu verschieben.

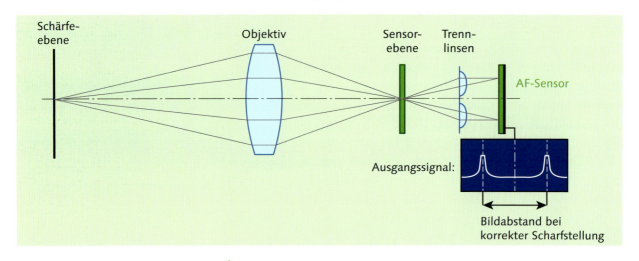

Das Phasen-AF-System teilt das Licht in zwei Strahlen auf und vergleicht die Teilbilder miteinander. So kann es den Abstand des Objektivs von der idealen Fokusposition, an der das Bild am schärfsten ist, ermitteln.

Das System ist dabei in der Lage, den Schärfepunkt vorherzusagen, bevor das Objektiv ihn erreicht, weil es weiß, wie weit der Fokusmotor noch bewegt werden muss, damit die beiden Abbilder auf dem AF-Sensor im idealen Abstand zueinander stehen werden. Zudem kann es unterscheiden, ob sich der Abstand verändert, weil das Objektiv fokussiert oder weil das Motiv sich bewegt. Selbst Geschwindigkeitsänderungen des Motivs kann es dabei messen und in Verbindung mit dem Belichtungsmesssensor, der das Motiv mit 150 000 Pixeln erfasst, auch der Bewegung des Motivs durch das Bild folgen. Wenn Sie in dunkler Umgebung fotografieren, sendet ein externer Blitz bei Bedarf ein Hilfslicht aus, das dem AF eine ebenso schnelle Scharfstellung wie bei Tageslicht ermöglicht.

Die Linear- und Kreuzsensoren

Die Canon EOS 5DS verfügt über 61 Autofokusmessfelder. Mit passenden Objektiven sind 41 davon als Kreuzsensoren nutzbar, während 20 – die Linearsensoren – nur auf waagerechte Linien reagieren (das bedeutet tatsächlich, dass sie für senkrechte Linien praktisch blind sind). Welche Sensoren in welchem Umfang zur Verfügung stehen, wird Ihnen im Sucher angezeigt. Die Kreuzsensoren werden beim Druck auf die ⊞-Taste dauerhaft beleuchtet, jene, die nur waagerechte Linien erkennen, blinken, und diejenigen, die nicht arbeiten, werden ausgeblendet. Beachten Sie, dass sich die Ausrichtung der Linearsensoren natürlich mitdreht, wenn Sie die Kamera um 90° drehen – sie sind im Hochformat dann für senkrechte Linien empfindlich.

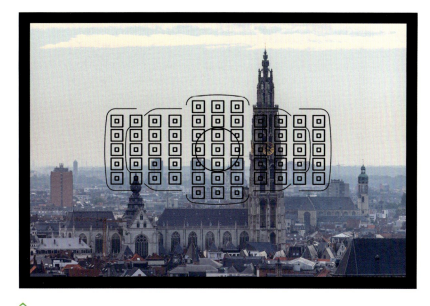

⌃
Die Sucherabdeckung der AF-Sensoren ist bei der EOS 5DS für eine Vollformatkamera sehr hoch.

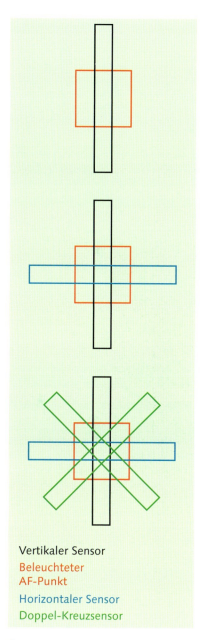

Vertikaler Sensor
Beleuchteter AF-Punkt
Horizontaler Sensor
Doppel-Kreuzsensor

⌃
Schematische Darstellung eines Linearsensors (oben), eines Kreuzsensors (Mitte) und eines Doppel-Kreuzsensors

[Kapitel 2: Autofokus und Schärfe] 61

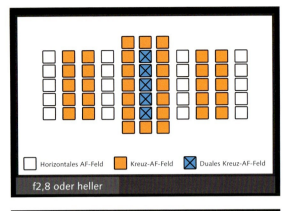

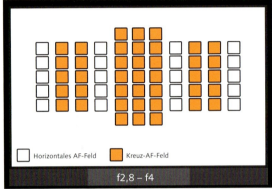

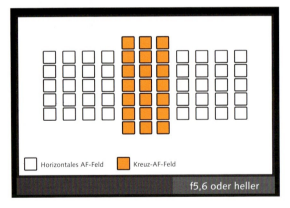

⌃
Die Grafiken zeigen gut, wie sich der Typ der AF-Sensoren abhängig von der Offenblende des verwendeten Objektivs ändert. Bis Offenblende f2,8 haben Sie fünf Doppel-Kreuzsensoren in der Mitte zur Verfügung. Bis Offenblende f4 sind alle Kreuzsensoren als solche zu verwenden. Bis Offenblende f5,6 ist nur noch der mittlere Block als Kreuzsensoren zu verwenden.

Die Leistungsfähigkeit eines Autofokusmessfeldes hängt zusätzlich vom eingesetzten Objektiv ab. Der Fokussierungssensor einiger Felder ist darauf ausgelegt, bei Objektiven mit einer Lichtstärke von 1:2,8 oder höher eine hochpräzise Scharfeinstellung zu erreichen. Dies trifft auf die fünf senkrechten Messfelder in der Mitte zu (siehe Abbildung links oben). Diese Kreuzsensoren werden als *Doppel-Kreuzsensoren* bezeichnet, da sie von einem zweiten, im Winkel von 45° gedrehten Kreuzsensor überlagert werden. Auf diese Weise können sie auch feine diagonale Strukturen perfekt erkennen. Für den Autofokus normalerweise kritische Motive können dadurch deutlich leichter fokussiert werden. Wenn die Offenblende zwischen 2,8 und 5,6 liegt, werden die Doppel-Kreuzsensoren zu normalen Kreuzsensoren.

Alle AF-Felder arbeiten als horizontale Sensoren bis f5,6. Die drei Spalten in der Mitte des AF-Sensors bleiben Kreuzsensoren ebenfalls bis f5,6. Unterhalb von f4 kommen die beiden mittleren Spalten der Seitenblöcke als Kreuzsensoren hinzu.

Nutzbare Messfelder sind abhängig vom Objektiv!

Zwar verfügt die EOS 5DS über 61 Messfelder, doch hängt die Anzahl der tatsächlich nutzbaren Messfelder vom eingesetzten Objektiv bzw. dessen Strahlengang hinter dem jeweiligen Objektiv ab und nicht nur von der Offenblende. Wenn Sie beispielsweise das EF 180 mm 1:3,5L Macro USM nutzen, stehen lediglich 33 Messfelder zur Auswahl. Auch alte Weitwinkelobjektive können die Sensoren zum Beispiel nicht ganz so gut ausnutzen, d. h., die äußeren Sensoren stehen dann überhaupt nicht zur Verfügung. Eine Übersicht für die Canon-Objektive finden Sie in der Canon-Bedienungsanleitung zur EOS 5DS.

Lichtstarke, hochwertige Objektive sind nicht nur zu bevorzugen, weil sie mehr Sensoren als Kreuz- oder sogar Doppel-Kreuzsensoren verwenden können. Sie machen es dem Autofokus der EOS 5DS bei der Schärfemessung auch sehr viel leichter als ältere und lichtschwächere Objektive. Denn: Je lichtstärker ein Objektiv ist, also je größer die Objektivöffnung ist, desto weiter können die Lichtstrahlen, die für die Schärfemessung verwendet werden, voneinander entfernt sein – sie fallen also in einem steilen Winkel ein, der schneller zu größeren Abweichungen führt, so dass die Scharfstellung wie mit einem Vergrößerungsglas erfolgen kann. Lichtstarke Objektive haben einen weiteren Vorteil für den AF: Bei schwachem Licht kommt der AF-Sensor umso später an seine Grenze, die die notwendige Beleuchtungsstärke für die Messung darstellt, je lichtstärker das Objektiv ist. In einem dunklen Raum wird der AF mit einem Objektiv mit f4 vielleicht schon hin und her fahren und keinen Schärfepunkt finden, während er bei f1,4 sofort sitzt.

Welches Objektiv welche Messfelder wie nutzen kann, finden Sie in der zum Lieferumfang gehörenden Bedienungsanleitung von Canon ab Seite 100 aufgeführt. Das nachzusehen oder sich gar für jedes Objektiv zu notieren, ist aber nicht notwendig, da die EOS 5DS, wie oben beschrieben, die Anzahl und die Art der verwendbaren Messfelder im Sucher anzeigt.

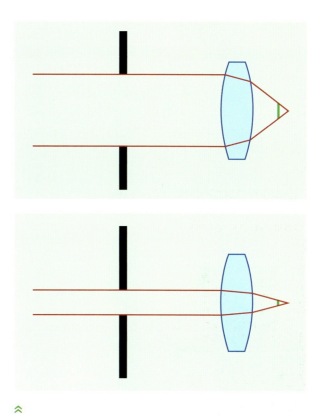

Bei einem Objektiv mit größerer Offenblende (oben) laufen die Strahlen hinter dem AF-Sensor-Objektiv steiler zusammen als bei einem mit kleinerer Offenblende (unten). Die messbaren Abweichungen (grün) fallen deswegen viel größer aus, und die AF-Einheit kann genauer und schneller scharfstellen. Da aber die Abweichungen auf dem Bildsensor zumindest bei Offenblende in gleichem Maße größer sind, ist diese Genauigkeit auch notwendig.

iTR-AF-System

Das AF-System der EOS 5DS wurde nicht nur in Bezug auf die Prozessorleistung verbessert. Die Informationen des aktuellen Belichtungsmesssystems werden dem AF-System zur Verfügung gestellt, um dessen Nachführung (englisch *tracking*) zu optimieren. Wie schon oben erwähnt, hat der Sensor der Belichtungsmessung 150 000 Pixel, die nicht nur den RGB-Bereich aufzeichnen, sondern zusätzlich Infrarotlicht erkennen kann. Dieses Infrarot sollten Sie nicht mit dem Licht

⌃ *Im Infrarotbereich wirken Gesichter sehr hell. Diese Tatsache nutzt die EOS 5DS zur Gesichtserkennung und unterstützt damit den AF.*

einer Wärmebildkamera verwechseln, diese arbeitet in einem viel langwelligeren Bereich. Bei dem Infrarotlicht, das der Messsensor aufzeichnet, handelt es sich um jenen Bereich, der sich direkt an das für uns noch sichtbare Rot anschließt. Dieser Wellenbereich wird von der Haut besonders gut reflektiert, so dass Gesichter im Infrarotbereich sehr hell erscheinen. Dadurch kann die EOS 5DS recht einfach Gesichter erkennen und automatisch auf diese fokussieren und belichten.

Aber auch die reine Farb- oder Helligkeitsinformation des Belichtungsmesschips kann für das iTR (*intelligent Tracking Recognition*) verwendet werden. Wenn Sie zum Beispiel einen Fußballspieler im gelben Shirt anvisieren, kann die Kamera ihm folgen, auch wenn er kurzzeitig von einem Spieler im roten Shirt verdeckt wird, zumindest wenn Sie den AF so konfiguriert haben, dass er nicht sofort umspringt (siehe hierzu Seite 78).

Leider bedeutet das Fokussieren auf die Gesichter nicht, dass automatisch auf ein Auge scharfgestellt wird. Mit lichtstarken Objektiven sollten Sie deswegen mit einem sehr kleinen Messfeld arbeiten, um genau auf das Auge scharfzustellen. Meiner Erfahrung nach reicht die Gesichtserkennung für die Scharfstellung bis Blende f4 aus, bei größeren Blendenöffnungen sollten Sie am besten mit dem Spot-AF direkt auf das bildwichtige Auge scharfstellen. Selbst dann kann es vorkommen, dass der AF auf die Spitzen der Wimpern und nicht auf die Iris scharfstellt, was bei 50 mm oder 85 mm bei f1,4 in der 1:1-Ansicht schon zu einem deutlich unscharfen Auge führt. Sie sollten also Ihre Bilder öfter per 1:1-Rückschau kontrollieren. Obendrein ist es bei Porträts immer eine gute Idee, viele Aufnahmen anzufertigen, denn der Gesichtsausdruck verändert sich ständig. Dann sind auch gelegentliche Schärfeabweichungen bei Offenblende nicht mehr so kritisch.

⌃ *Die Taste für die AF-Messfeldwahl* ❶ *ermöglicht das gezielte Auswählen eines bestimmten Bildbereichs für die Schärfeermittlung.*

« *Hier ließ sich der Spot-AF von den kontrastreichen Wimpern ablenken. Bei einem nahezu formatfüllenden Porträt mit 50 mm bei f1,4 wirkt das Auge dann unscharf.*

50 mm | f1,4 | 1/200 s | ISO 50 | vier externe Systemblitze

AF im Livebild- und Videomodus (Kontrastmessung)

Damit die gerade beschriebene Methode funktionieren kann, muss der Sensor das Bild über den heruntergeklappten Spiegel erhalten. Wenn Sie im sogenannten *Livebild-Modus* arbeiten und der Spiegel hochgeklappt ist, funktioniert diese Messmethode nicht. In diesem Fall muss eine sogenannte *Kontrastmessung* durchgeführt werden, bei der der Kontrast des Sensorbilds ausgewertet wird. Je höher der Kontrast, desto schärfer ist das Bild. Die Kontrastmessung funktioniert in einem größeren Bildbereich als der Phasen-AF, ist aber deutlich langsamer und eignet sich nicht gut für die Verfolgung bewegter Motive. Zudem verbraucht die Kamera im Livebild-Modus mehr Strom, und der Sensor wird stärker erwärmt. Allerdings ist die Scharfstellung noch genauer, so dass die Kontrastmessung bei unbewegten Motiven für eine noch höhere Bildschärfe als der Phasen-AF sorgen kann, denn es wird ja direkt auf dem Sensor und damit dem späteren Bild gemessen.

Im Kameradisplay erscheint ein größeres Messfeld, das sich über den Multi-Controller im Bild positionieren lässt. So können Sie auch auf Motive in einem weiten Bildbereich fokussieren, wobei sich das Messfeld jedoch nicht ganz bis in die Bildränder verschieben lässt. Die Abdeckung des AF-Bereiches liegt beim Phasen-AF bei gut 20 %, beim Kontrast-AF hingegen bei ungefähr 64 % der Bildfläche.

Zum Fokussieren im Livebild-Modus halten Sie die AF-ON-Taste ❷ so lange gedrückt, bis der Rahmen grün angezeigt wird. Alternativ können Sie auch den Auslöser halb herunterdrücken.

Im Livebild-Modus steht ein Messfeld zur Verfügung, das Sie mit Hilfe des Multi-Controllers positionieren können.

Sobald das Messfeld über dem Motiv steht, drücken Sie die AF-ON-Taste ❷ so lange, bis das Messfeld grün aufleuchtet und ein Signalton erklingt (falls Sie diesen nicht ausgeschaltet haben). Die Schärfeermittlung dauert in der Regel deutlich länger als mit der Phasendetektionsmessung, da die Kamera sich an die optimale Schärfe herantasten muss. Sie hören dies deutlich am Objektivmotor, der immer wieder nachjustiert wird, bis die richtige Schärfe gefunden ist. Falls dies nicht gelingt, leuchtet das Messfeld rot auf. In diesem Fall müssen Sie das Motiv von einem anderen Standpunkt aus erneut anvisieren.

Livebild-Modus mit Gesichtserkennung | Der Livebild-Modus ☺ + VERFOLG. arbeitet mit einer sogenannten *Gesichtserkennung*. Sobald die Kamera ein Gesicht im gewählten Bildausschnitt erkennt, wird ein entsprechendes Messfeld automatisch auf dem Gesichtsfeld positioniert. Die Scharfstellung erfolgt wieder über die AF-ON-Taste oder den halb heruntergedrückten Auslöser. Dieser Modus ist allerdings nur bei Aufnahmen einer einzelnen Person sinnvoll. Befinden sich mehrere Personen im Bild, kann sich die automatische Erkennung lediglich auf ein Gesicht festlegen.

Sie aktivieren den Modus ☺ + VERFOLG. über das Menü. Drücken Sie dazu die MENU-Taste, und nutzen Sie das Hauptwahlrad, um das fünfte Untermenü SHOOT5: LV FUNC. anzusteuern. Wählen Sie hier im Bereich AF-METHODE die erste Option, ☺ + VERFOLG.

» *Die Gesichtserkennung setzt das Messfeld automatisch auf ein im Bild befindliches Gesicht.*

Die Schärfe im Livebild-Modus kontrollieren | Auf dem doch recht kleinen Kameradisplay ist es sehr schwierig, zu kontrollieren, ob die automatische Schärfeermittlung korrekt erfolgt ist. Die Canon EOS

5DS bietet daher die Möglichkeit, das Vorschaubild 6fach oder 16fach zu vergrößern. Drücken Sie im Livebild-Modus die Zoomtaste 🔍 einmal, um die 6fache Vergrößerung anzuzeigen, ein zweites Mal für die 16fache Vergrößerung und ein drittes Mal für die normale Ansicht. Wenn Sie in der Custom-Steuerung die etwas günstiger liegende SET-Taste mit der Lupenfunktion belegt haben, funktioniert diese entsprechend.

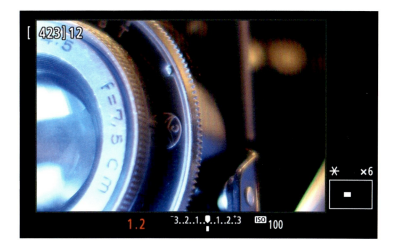

«
Ein vergrößerter Bildausschnitt erlaubt eine bessere Kontrolle der Schärfe.

2.3 Mit dem Autofokus arbeiten

Wenn Sie vor Ihrer EOS 5DS eine EOS-1 DX, EOS 5D Mark III oder EOS 7D Mark II besessen haben, wird Ihnen die Bedienung des AF sehr vertraut vorkommen. Wenn nicht, sollten Sie ein wenig Zeit investieren, um sich mit den Möglichkeiten des Autofokus vertraut zu machen, vor allem, wenn Sie schnell bewegte Motive mit einer möglichst hohen Trefferrate einfangen wollen.

Die passende Autofokus-Betriebsart finden

Der Autofokus verfügt über drei verschiedene Betriebsarten, von denen One-Shot AF die Standardeinstellung darstellt. Sie können die Betriebsart am schnellsten über das Hauptwahlrad einstellen, indem Sie zuvor die Taste Drive • AF betätigen.

One-Shot AF | Der Modus One-Shot AF eignet sich in erster Linie für statische Objekte, da der einmal ermittelte Schärfewert vor dem

⌃
Für (weitestgehend) unbewegte Motive ist der Modus One-Shot AF optimal, da die Schärfebestimmung in diesem Modus am präzisesten funktioniert.

95 mm | f4 | 1/100 s | ISO 400

Serienbildfunktion nutzen

Es empfiehlt sich bei bewegten Objekten, den Serienbildmodus zu aktivieren. Wenn Sie sich lediglich auf eine Aufnahme verlassen, ist die Wahrscheinlichkeit der Unschärfe sehr groß. Zudem wird die Scharfstellung meist genauer, je länger sich die Kamera mit einem Motiv befassen kann.

Auslösen nicht mehr verändert wird. Wenn Sie beispielsweise ein auf Sie zukommendes Fahrzeug durch halbes Herunterdrücken des Auslösers fokussieren, wird die danach erstellte Aufnahme vermutlich unscharf, besonders, wenn bis zum ganzen Herunterdrücken des Auslösers noch etwas Zeit vergeht.

Falls sich ein Motiv nur leicht oder langsam bewegt, wie zum Beispiel eine Person bei Porträtaufnahmen, steigt die Wahrscheinlichkeit knackscharfer Aufnahmen, wenn Sie nach dem Anfokussieren zügig auslösen. So bleibt die Zeitspanne zwischen Fokusermittlung und Bildaufnahme klein und die Bewegung dazwischen auch.

AI Servo AF | Der Modus AI Servo AF ermöglicht es, die Schärfe bei einem sich bewegenden Objekt automatisch nachzuführen. So kann die Kamera die Position des Motivs zum Auslösezeitpunkt vorausberechnen, was zu einer deutlich schnelleren Fokussierung führt. Wenn Sie alle Autofokusmessfelder für die Schärfeermittlung aktiviert haben, wird die Verfolgung des Objekts von einem Messfeld an das jeweils benachbarte weitergegeben.

Wenn Sie einem Motiv mit der Kamera folgen, ist eine Einengung der AF-Felder oft die bessere Wahl; so führen Sie die Kamera gar nicht erst in Versuchung, die Schärfe dort zu suchen, wo Sie sie nicht haben wollen. Sie müssen die ausgewählten AF-Felder dann aber kontinuierlich über dem Motiv halten, sonst stellt die Kamera auf den Hintergrund scharf.

Um die Bewegungsrichtung und Geschwindigkeit gut zu analysieren, braucht die EOS 5DS ungefähr eine halbe Sekunde. Bei bewegten Motiven werden die ersten Bilder einer Serie also schärfer, wenn Sie den Auslöser bereits etwas vorher halb heruntergedrückt haben, um der Kamera Zeit zu geben, eine Messreihe zu starten. Das bedeutet nicht, dass die EOS 5DS in der ersten halben Sekunde kein scharfes Bild hinbekommt, aber nach ca. einer halben Sekunde hat sie genauere Daten zu Geschwindigkeit und Geschwindigkeitsänderung des Motivs, zudem ist das Objektiv dann meist schon genauer eingestellt.

Die Präzision der Schärfeermittlung ist im Modus AI Servo AF nicht ganz so hoch, wie es bei One-Shot AF der Fall ist, und auch die Akkulaufzeit nimmt durch den ständigen Einsatz des Fokussiermotors etwas ab.

AI Focus AF | Der Modus AI Focus AF ist eine Art Kombination aus One-Shot AF und AI Servo AF. Je nach Motiv wird hier der geeignete Modus automatisch genutzt. Wenn Sie beispielsweise ein stehendes Fahrzeug an der Ampel fokussieren, geschieht dies über den präzisen One-Shot AF. Sobald das Auto anfährt, erkennt die Kameraautomatik diese Bewegung und führt die Schärfe automatisch nach.

Eine gute Alternative ist es, den Moduswechsel zwischen One-Shot AF und AI Servo AF auf die Abblendtaste zu legen. So können Sie schnell per Tastendruck auf sich verändernde Situationen reagieren und haben mehr Kontrolle über die Fokussierung.

Bei sich bewegenden Motiven wird die Schärfe im Modus AI Servo AF automatisch nachgeführt.
200 mm | f5,6 | 1/4000 s | ISO 320

Manuelle Messfeldwahl

Im Vollautomatikmodus bestimmt die EOS 5DS die AF-Felder, die zur Schärfebestimmung herangezogen werden, automatisch. In allen anderen Modi können Sie selbst festlegen, welche Messfelder verwendet werden sollen. Drücken Sie dafür die Taste für AF-Messfeldwahl ⊞, dann drücken Sie die M-Fn-Taste neben dem Auslöser, um den Fokusmodus zum Beispiel auf Einzelfeldwahl umzuschalten, und nun nutzen Sie das Haupt- und Schnellwahlrad, um das gewünschte Messfeld auszuwählen. Für die Schärfeermittlung wird dann ausschließlich das einzelne Messfeld herangezogen.

Ein Motiv, das erst still steht und sich dann eventuell bewegt, können Sie am besten über den Modus AI Focus AF anvisieren. Im Stillstand wird der präzise One-Shot AF genutzt, während bei Bewegung die automatische Schärfenachführung zum Einsatz kommt.
420 mm | f4 | 1/1250 s | ISO 800 | −1 2/3 LW

Erweiterte Messfelder nutzen

In den Standardeinstellungen der EOS 5DS wird bei der manuellen Autofokus-Messfeldwahl der sogenannte *Einzelfeld-Autofokus* (Manuelle Wahl: Einzelfeld-AF) genutzt, der in erster Linie für unbewegte Motive optimal geeignet ist. Alternativ stehen fünf weitere Auswahlmodi zur Verfügung:

1. Manuelle Wahl: Spot-AF
2. AF-Bereich erweitern
3. AF-Bereich erweit.: Umgebg
4. Man.: AF-Messfeldwahl in Zone
5. Autom Wahl: 61 AF-Messf.

Sie können bestimmen, ob die M-Fn-Taste oder das Hauptwahlrad für die Wahl des AF-Bereichs genutzt werden soll.

Drücken Sie zunächst die Taste für die AF-Messfeldwahl und anschließend zur Auswahl des gewünschten Modus die M-Fn-Taste. Alternativ können Sie im Autofokusmenü AF4 über die Funktion Wahlmethode AF-Bereich das Hauptwahlrad für die Modi-Auswahl festlegen. Das empfiehlt sich, denn durch den Drehmechanismus können Sie den gewünschten Modus schneller erreichen.

Manuelle Wahl: Spot-AF | Manuelle Wahl: Spot-AF ähnelt dem Einzelfeld-AF, doch wird zur Schärfeermittlung nicht das gesamte Autofokusmessfeld, sondern nur der kleine Punkt im Inneren genutzt. Dies kann hilfreich sein, wenn Sie beispielsweise eine Person fotografieren, die einen Helm oder eine Kappe auf dem Kopf trägt. Unter Umständen wird hier ohne Spot-AF nicht auf die Augen, sondern auf den nach vorn stehenden Helm oder auf die Kappe scharfgestellt. Aber auch bei Tieren, die zwischen Ästen sitzen, liefert diese Messmethode oftmals bessere Ergebnisse. Allerdings ist es gerade beim Fotografieren aus der Hand sehr schwierig, genau den gewünschten Motivpunkt zu treffen. Insbesondere bei sich bewegenden Motiven sollten Sie daher lieber zu einer alternativen Messmethode greifen.

In manchen Aufnahmesituationen ist der Bereich des normalen Messfeldes zu groß. Bei Manuelle Wahl: Spot-AF wird nur der kleine Punkt im Inneren des Messfeldes für die Schärfeermittlung herangezogen. Bei dieser Aufnahme war dies der einzige Modus, bei der die langen Wimpern nicht die Schärfe vom Auge ablenkten.

50mm | f1,4 | 1/320s | ISO 320 | +2/3 LW

Der Vorteil dieses Modus ist, dass Sie die Schärfe auch in schwierigen Situationen »auf den Punkt« setzen können. Der Nachteil ist, dass die Schärfesuche manchmal etwas länger dauert, weil die EOS 5DS ja nicht auf das Umfeld ausweichen kann, wenn die Schärfe schwierig zu finden ist. Ich verwende diesen Modus in der Praxis recht oft, gerade bei Porträts und Makro, aber auch in der Vogelfotografie.

AF-Bereich erweitern | Die Einstellung AF-BEREICH ERWEITERN entspricht weitgehend dem EINZELFELD-AF, doch werden zusätzlich zum gewählten Messfeld auch die jeweils horizontal und vertikal benachbarten Messfelder zur Schärfeermittlung herangezogen. Dieser Modus spielt seine Vorteile insbesondere bei der Verfolgung von sich bewegenden Motiven aus. Der mittlere Fokuspunkt ist der, über den vorrangig die Schärfe ermittelt wird; falls dies fehlschlägt, verwendet die Kamera diejenigen angewählten umliegenden Punkte, bei denen sie eine Schärfeermittlung durchführen kann. Selbst in der Landschaftsfotografie kann es sinnvoll sein, mehr als ein Fokusfeld zu verwenden, weil im Einzelfeldmessbereich manchmal zu wenig Kontrast vorliegt. Sicher können Sie das Feld verschieben, aber ein größeres Messfeld liefert schneller ein in den meisten Motivsituationen ebenso genaues Ergebnis. In der Stadt und in der Natur liefert dieser Modus in Kombination mit dem One-Shot AF sehr schnell genaue Ergebnisse, wenn größere Bereiche des Motivs eh in derselben Schärfeebene liegen. Bei bewegten Motiven zusammen mit dem AI Servo AF liegt der Vorteil dieses Modus darin, dass es leichter fällt, den bildwichtigen Bereich in der Schärfe zu halten, ohne dass näher an der Kamera liegende Motivteile den Fokus sofort nach vorn ziehen.

Um bewegten Motiven genau zu folgen, ist AF-BEREICH ERWEITERN eine gute Wahl.

420 mm | f4,5 | 1/2500 s | ISO 200

AF-Bereich erweit.: Umgebg | Mit der Einstellung AF-BEREICH ERWEIT.: UMGEBG werden neben dem ausgewählten Autofokusfeld alle acht umgebenden Messfelder zur Fokussierung genutzt. Im Vergleich

zu AF-Bereich erweitern werden damit auch die diagonalen Messfelder benutzt. Bei schnelleren Bewegungen verlieren Sie so das Motiv nicht so schnell aus den Fokusfeldern.

» *Wenn Sie Motiven, die sich schnell bewegen, mit kontinuierlichem Autofokus (AI Servo) folgen möchten, ist AF-Bereich erweit.: Umgebg sehr gut geeignet. Einerseits verlieren Sie das Motiv nicht so leicht aus dem Fokusbereich, andererseits kann die Kamera schnell arbeiten, weil sie sich nur auf einen kleinen Bereich der AF-Felder konzentrieren muss.*

300 mm | f2,8 | 1/2000 s | ISO 200

Man.: AF-Messfeldwahl in Zone | Bei der Einstellung Man.: AF-Messfeldwahl in Zone nutzt die EOS 5DS zur Schärfeermittlung 9 bzw. 12 Autofokusmessfelder, die sich in einer der insgesamt neun Zonen befinden. Die Kamera wählt immer den Punkt zu Schärfeermittlung, der in diesem Bereich der Kamera am nächsten ist. Das bedeutet, dass die Aufmerksamkeit der Kamera sich über den gesamten Auswahlbereich gleichmäßig erstreckt, was einen großen Unterschied zu den beiden vorigen Messmethoden darstellt. In dieser Einstellung lässt sich schnell der bildwichtige Bereich festlegen, und sie ist damit schnappschusstauglich. Leider ist sie für manche Anwendungsfälle aber zu ungenau. Das ist vor allem dann der Fall, wenn sich ein unwichtiger Teil des Motivs näher an der Kamera befindet als ein bildwichtiger. Wenn zum Beispiel die Arme eines tanzenden Paares zur Kamera zeigen, werden die Gesichter in der Unschärfe liegen.

» *Die Einstellung Man.: AF-Messfeldwahl in Zone stellt immer auf die vorderen Bereiche des Motivs innerhalb der AF-Zone scharf. Die Bereiche, in denen die Schärfe festgestellt wurde, werden als große Quadrate angezeigt, die anderen als kleine.*

100 mm | f8 | 1/200 s | ISO 3 200

Autom. Wahl: 61 AF-Messf. | AUTOM. WAHL: 61 AF-MESSF. ist der Standardmodus in der Vollautomatik, und Sie können auch im Autofokusmodus One-Shot AF keines der 61 Messfelder auswählen. Hier arbeitet dieser Modus wie eine große AF-Zone, d.h., es wird immer auf das AF-Feld scharfgestellt, das über dem am nächsten an der Kamera liegenden Motivteil liegt.

Außerhalb der Vollautomatik bietet sich die Kombination aus AUTOM. WAHL: 61 AF-MESSF. und Autofokusmodus AI Servo AF (kontinuierliche Scharfstellung) an. Hier können Sie das Messfeld auswählen, mit dem die erste Autofokusmessung beginnen soll. Bewegt sich das Motiv, so wechselt das Messfeld automatisch, um die Schärfe während der ganzen Bewegung auf dem Motiv zu halten. Der 61-AF-Felder-Modus ist sinnvoll, wenn ein Motiv so große Bewegungen macht, dass es den Bereich der Messfelderweiterung verlassen würde. So können Sie auch bei feststehender Kamera dem Motiv automatisch durch den AF-Bereich folgen. Wenn Sie zum Beispiel das Messfeld ganz nach links positionieren und dann ein Läufer von links nach rechts durch das Bild läuft, wird das Messfeld oder die Messfelder ihm automatisch folgen.

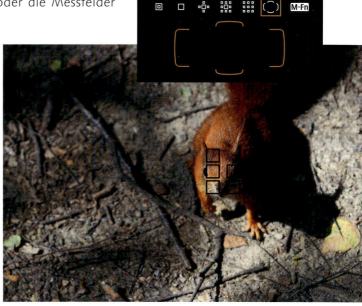

Die automatische Wahl aller 61 Messfelder eignet sich gut für Schnappschüsse, weil die Kamera einfach auf das scharfstellt, was ihr innerhalb der Messfelder am nächsten kommt.

100 mm | f4 | 1/500 s | ISO 400

Bei diesem Schnappschuss hielt ich die Kamera seitlich und löste aus dem parallelen Gehen aus. Die automatische Messfeldwahl fand den Fokus sofort, es bleibt nur eine beabsichtigte Bewegungsunschärfe.

24 mm | f4 | 1/15 s | ISO 3 200

Dieser 61-Felder-Modus entspricht also im Modus One-Shot AF einer großen Zonenmessung, im Modus AI Servo AF einer großen Messfelderweiterung. Ich verwende diese Einstellung auch gerne, wenn ich aus der Hand fotografiere, ohne durch die Kamera zu sehen. So kann ich sicher sein, dass die Kamera das Motiv erfasst und die Messzone nicht außerhalb des Motivs landet.

Auswahl der Autofokusmessfelder einschränken

Sie können im Autofokusmenü AF4 die Auswahl der Messfelder reduzieren (oben), aber auch die zur Verfügung stehenden Auswahl-Modi bestimmen (unten).

Unter Umständen möchten Sie nicht alle Autofokusmessfelder nutzen, und so können Sie auf Wunsch weniger Sensoren für die Fokussierung heranziehen. Dadurch können Sie zum Beispiel in Aufnahmesituationen, in denen die Zeit knapp ist, das gewünschte Messfeld schneller erreichen. Rufen Sie über die MENU-Taste das Autofokusmenü AF4 auf, und wählen Sie hier die Funktion WÄHLBARES AF-FELD aus. Standardmäßig stehen alle 61 Felder zur Verfügung; wenn Sie jedoch die Option NUR AF-KREUZFELDER wählen, stehen lediglich die 41 Kreuzsensoren zur Auswahl. Durch die Auswahl 9 FELDER sind die Messfelder sehr auf den mittleren Bildbereich beschränkt, während mit 15 FELDERN eine etwas stärkere Ausdehnung auf den Randbereich gegeben ist.

Wenn Sie nicht immer alle Messfeldauswahl-Modi nutzen möchten, können Sie diese ebenfalls einschränken und so die jeweiligen Modi schneller erreichen. Rufen Sie dazu über das Autofokusmenü AF4 die Funktion WAHLMODUS AF-BEREICH WÄHLEN auf, und steuern Sie mit dem Schnellwahlrad den Bereich an, der später nicht zur Auswahl stehen soll. Deaktivieren Sie diesen mit der SET-Taste, und bestätigen Sie Ihre Einstellungen mit OK. Nun stehen lediglich die mit einem Häkchen markierten AF-Messfeldwahl-Modi zur Verfügung. In den meisten Fällen sollten Sie allerdings mit allen Messfeldern arbeiten und lieber üben, die Messfelder schnell zu wechseln, ohne die Kamera vom Auge zu nehmen. So sind Sie in der Lage, perfekt auf die jeweilige Situation zu reagieren.

Autofokusmessfelder speichern

Sie haben die Möglichkeit, ein Autofokusmessfeld zu speichern und auf Wunsch schnell zwischen dem aktuell ausgewählten und dem gespeicherten Messfeld zu wechseln. Wenn Sie beispielsweise Fotos von einem Tennisspieler genau im Moment des Schlages machen möchten, dann befindet sich der Kopf bei einem Vorhandschlag im rechten Bildbereich, bei einem Rückhandschlag jedoch im linken Bildbereich. Um nun das ständige Wechseln des Autofokusmessfeldes von rechts nach links zu vermeiden, speichern Sie zunächst die Position im rechten Bereich ab und wählen dann ein Autofokusmessfeld im linken Bereich manuell aus. Anschließend können Sie bequem zwischen beiden Feldern hin und her springen.

Schritt für Schritt
Die AF-Messfeldspeicherung in sieben Schritten einrichten

[1] Wählen Sie das gewünschte AF-Messfeld
Nutzen Sie die Taste für die AF-Messfeldwahl ❷, um das gewünschte Autofokusmessfeld manuell auszuwählen.

[2] Speichern Sie das AF-Messfeld
Halten Sie die Taste für die AF-Messfeldwahl gedrückt, und drücken Sie einmal kurz auf die Taste für die LCD-Beleuchtung ❶. Sobald ein kurzer Piepton erklingt, ist das Autofokusmessfeld gespeichert, und Sie können beide Tasten wieder loslassen.

[3] Wählen Sie ein zweites AF-Messfeld
Wählen Sie nun mit dem Multi-Controller ein anderes Autofokusmessfeld aus. Das zuvor gespeicherte Messfeld ❸ wird durch Blinken im Sucher bzw. im Kameradisplay dargestellt.

[4] Rufen Sie die Custom-Steuerung auf
Drücken Sie die MENU-Taste, und rufen Sie im Einstellungsmenü C.Fn3: Others die Custom-Steuerung auf.

[Kapitel 2: Autofokus und Schärfe] 75

[5] Weisen Sie dem AF-Messfeld eine Taste zu
Wählen Sie nun über das Schnellwahlrad beispielsweise die AE-Lock-Taste (✱) ❹ (siehe Vorseite) aus, wählen Sie die Funktion Messung und AF-Start ❶, und bestätigen Sie die Auswahl mit der SET-Taste.

[6] Weisen Sie der Taste eine Funktion zu
Wählen Sie den Eintrag AF-Startpunkt ❷ aus.

[7] Aktivieren Sie das gespeicherte AF-Messfeld
Drücken Sie anschließend die INFO.-Taste, um im folgenden Dialog über das Schnellwahlrad die Option Gespeichertes AF-Messfeld ❸ auszuwählen. Bestätigen Sie die Auswahl mit der SET-Taste.

In den Detaileinstellungen (INFO.-Taste) können Sie bei der EOS 5DS noch weitere AF-Eigenschaften definieren. So können Sie nicht nur das AF-Messfeld für einen schnellen Wechsel definieren, sondern die gewählte Taste auch als eine Art »Paniktaste« definieren, die Ihre Kamera mit einem Druck in die Lage versetzt, auf ein schnell bewegtes Motiv zu reagieren. Im Gegensatz zu der Belegung der AF-ON-Taste (siehe Seite 85) mit einem ganzen Einstellungssatz werden hier nur die AF-Parameter definiert.

Wenn Sie nach dem Speichern eines Messfeldes den Auslöser halb herunterdrücken, erfolgt die Fokussierung auf dem zuletzt manuell ausgewählten Autofokusmessfeld. Drücken Sie hingegen die AE-Lock-Taste (✱), die wir gerade in der Schritt-für-Schritt-Anleitung zugewiesen haben, so erfolgt die Fokussierung auf dem zuvor gespeicherten Autofokusmessfeld. Möchten Sie eine Aufnahme mit der Fokussierung auf dem gespeicherten Autofokusmessfeld erstellen, so halten Sie die AE-Lock-Taste gedrückt und drücken den Auslöser vollständig herunter. Soll eine Aufnahme mit Schärfe auf dem manuell gewählten Autofokusmessfeld entstehen, drücken Sie wie gewohnt den Auslöser zur Fokussierung erst halb herunter und dann komplett.

2.4 Weitere Konfigurationsmöglichkeiten des Autofokus

Da das AF-System der EOS 5DS auf das der EOS-1D X zurückgeht, einer Profikamera, die für die Sport-, Reportage und Wildlifefotografie optimiert wurde, können Sie die Parameter des Autofokus sehr genau für verschiedene Motivsituationen optimieren.

Standardeinstellungen im AI-Servo-Modus (Case 1 bis Case 6)

Die EOS 5DS muss in der Lage sein, nicht nur lineare Bewegungen zu erfassen, sondern sich praktisch jeder bewegten Motivsituation anzupassen. Sie können ihr dabei helfen, indem Sie Ihre Prioritäten festlegen und Ihre Motiverwartungen mitteilen. Dafür stehen sechs Voreinstellungen zur Verfügung:

Vielseitige Mehrzweckeinstellung (Case 1) | Die standardmäßig eingestellte Variante CASE 1 ist eine gute Einstellung für die meisten Motive. In bestimmten Situationen können Sie Ihre Trefferrate aber mit den fünf weiteren Einstellungssätzen noch verbessern.

⌃
Die VIELSEITIGE MEHRZWECKEINSTELLUNG sorgt in den meisten Aufnahmesituationen mit dem AI Servo AF für gute Ergebnisse.

»
Sofern sich das Motiv kalkulierbar in eine Richtung bewegt, wird die VIELSEITIGE MEHRZWECKEINSTELLUNG (CASE 1) in der Regel zu scharfen Aufnahmen führen. Sie ist ein guter Standard für eine Vielzahl fotografischer Situationen, so dass Sie den AF-Modus für die allgemeine Fotografie ruhig immer wieder auf CASE 1 zurückstellen sollten.

300 mm | f2,8 | 1/160 s | ISO 200 | Bildausschnitt

↑ Zum Beispiel für sich schnell bewegende Sportler, die häufig den Bereich der Autofokusfelder verlassen, ist die Einstellung CASE 2 die richtige Wahl.

Motive weiter verfolgen, Hindernisse ignorieren (Case 2) | Bewegt sich ein Motiv aus dem Bereich der Autofokus-Felder, kann es leicht passieren, dass der Autofokus auf den Bildhintergrund scharfstellt. Ähnlich verhält es sich mit Objekten, die in das Bild eintreten, beispielsweise ein Ball oder ein Schläger beim Tennis. Wenn Sie die Variante CASE 2, MOTIVE WEITER VERFOLGEN, HINDERNISSE IGNORIEREN aktiviert haben, wird der Autofokus versuchen, die Schärfe ungeachtet der Bewegung und störender Bildelemente auf dem gewünschten Motiv zu halten. Unter Umständen führt die Anpassung des Parameters AI SERVO REAKTION auf den Wert –2 zu besseren Ergebnissen. Dann ist die Kamera noch weniger geneigt, die Fokusebene schnell zu verändern, und bleibt auch dann eher auf dem Motiv, wenn es den aktiven AF-Bereich kurz verlässt.

» Die Kamera folgte dem Flug des Graureihers völlig unbeirrt von den Ästen im Vordergrund; die Einstellung CASE 2 nimmt alle »Nervosität« aus dem Autofokus, und dieser bleibt ruhig auf dem Motiv.

420 mm | f5,6 | 1/1250 s | ISO 640 | Bildausschnitt

Motive sofort fokussieren, die in AF-Felder eintreten (Case 3) | Wenn Sie von einer sich bewegenden Gruppe, beispielsweise beim Start eines Marathonlaufs, möglichst viele Personen fotografieren möchten, sollte der Autofokus nicht ein einzelnes Motiv immer weiter verfolgen, sondern von einem Motiv auf das nächste wechseln. Genau das passiert mit der Einstellung CASE 3, MOTIVE SOFORT FOKUSSIEREN, DIE IN AF-FELDER EINTRETEN, denn hier sucht sich der Autofokus sofort einen nächsten Schärfepunkt, sobald das ursprünglich fokussierte Motiv den Autofokusmesspunkt verlässt. Unter Umständen wird hier allerdings auch der Hintergrund scharfgestellt, wenn die AF-Punkte für einen Moment nicht über dem Motiv liegen sollten.

⌃ Wollen Sie mehrere Motive, die in ein Autofokusmessfeld eintreten, fotografieren, so führt die Einstellung CASE 3 zu den besten Ergebnissen.

⌃ Um immer den vorderen Wagen in der Schärfe zu halten, wählte ich hier CASE 3. Diese Variante eignet sich immer dann, wenn gleichberechtigte Motivbereiche sich einander überdecken, wie die verschiedenen Teilnehmer bei Rad- oder Pferderennen. Dann wird immer auf den der Kamera nächsten Teilnehmer fokussiert.

420 mm | f9 | 1/500 s | ISO 100

Für Motive, die schnell beschleunigen o. verzögern (Case 4) | Viele Ballsportarten wie zum Beispiel Handball zeichnen sich durch rasche Beschleunigung, kurze Sprints und abruptes Abbremsen der Sportlers bis zum Stillstand aus. Hier hat es der herkömmliche AI Servo AF sehr schwer. Die EOS 5DS ermöglicht Ihnen gute Ergebnisse mit

⌃ Die Einstellung CASE 4 sorgt bei Motiven, die schnell beschleunigen und abbremsen, für scharfe Ergebnisse.

« Die spielenden Herdenschutzhunde bewegten sich ruckhaft und unvorhersehbar. Hier liefert die Variante CASE 4 die schärfsten Ergebnisse.

420 mm | f4 | 1/400 s | ISO 250

[Kapitel 2: Autofokus und Schärfe]

der Einstellung CASE 4, FÜR MOTIVE, DIE SCHNELL BESCHLEUNIGEN O. VERZÖGERN. Bei sehr schnellen Sportarten wie Basketball sollen Sie den Parameter NACHFÜHR BESCHL/VERZÖG auf den Wert +2 erhöhen. So ist der Autofokus am schnellsten, wenn die Bewegung der Motive sich innerhalb kurzer Zeit stark verändert. Bei langsameren Motiven reagiert er dann unter Umständen etwas zu nervös.

Für unstete Motive, die sich schnell bewegen (Case 5) | Motive, die sehr schnell unterwegs sind, sich dabei aber auch noch in verschiedene Richtungen bewegen, beispielsweise Tänzer, stellen für den Autofokus eine große Herausforderung dar. Die Einstellung CASE 5, FÜR UNSTETE MOTIVE, DIE SICH SCHNELL BEWEGEN, liefert in solchen Aufnahmesituationen die besten Ergebnisse, da das Motiv auch bei diesen extremen Bedingungen noch verfolgt werden kann. Damit dies funktioniert, müssen Sie die erweiterten Messfelder nutzen, denn bei Auswahl von MANUELLE WAHL: SPOT-AF oder EINZELFELD-AF funktioniert die Einstellung CASE 5 nicht.

⌃
Bewegen sich die Motive sehr schnell und in verschiedene Richtungen, ist die Einstellung CASE 5 gut geeignet.

Für unstete Motive mit Geschwindigkeitsänderungen (Case 6) | Die Einstellung CASE 6, FÜR UNSTETE MOTIVE MIT GESCHWINDIGKEITSÄNDERUNGEN ist im Grunde eine Kombination aus CASE 4 und CASE 5, eignet sich also für alle Motive, die aus einem Stillstand heraus schnell beschleunigen, dabei aber auch noch starke Bewegungen ausführen.

Im Sportbereich sind das beispielsweise Bodenturner und in der Natur Jagdtiere, die plötzlich aus dem Anschleichen heraus in den Sprint übergehen und während einer Verfolgung Haken schlagen und springen. Sofern das Motiv sehr schnell beschleunigt, sollten Sie den Parameter NACHFÜHR BESCHL/VERZÖG auf den Wert +2 erhöhen. Sind die Bewegungen in alle Richtungen sehr stark, erhöhen Sie zusätzlich den Wert AF-FELD-NACHFÜHRUNG.

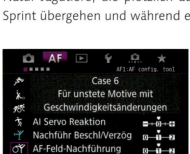

»
CASE 6, praktisch die Kombination aus CASE 4 und CASE 5, führt bei denjenigen Motiven zu guten Ergebnissen, die sich sowohl über einen größeren Bereich als auch mit unterschiedlichen Geschwindigkeiten bewegen.

»»
Sofern das Motiv schwer kalkulierbare Bewegungen macht, wie zum Beispiel Libellen, sorgt die Einstellung CASE 6 für die schärfsten Ergebnisse.
300 mm | f4,5 | 1/1240 s | ISO 320

AF-Parameter des AI-Servo-Modus anpassen

Die jeweiligen Parameter aller sechs CASE-Einstellungen können Sie individuell anpassen. Drücken Sie dazu einfach die RATE-Taste, und steuern Sie über das Schnellwahlrad den gewünschten Parameter an. Nach Betätigung der SET-Taste können Sie nun wieder über das Schnellwahlrad den entsprechenden Wert einstellen. Bestätigen Sie die Auswahl erneut mit der SET-Taste. Folgende Parameter stehen zur Verfügung:

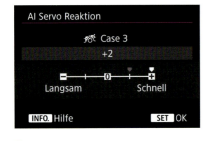

Ist ein positiver Wert eingestellt, ist die Kamera auf schnellste Fokusänderungen vorbereitet, reagiert aber auch etwas nervöser.

AI Servo Reaktion | Über den Parameter AI SERVO REAKTION steuern Sie die Sensibilität des Autofokus bezüglich der Scharfstellung bei wechselnden Motiven. Bei einem Fußballspiel kann der Fokus auf einem Spieler liegen, aber auch zwischen den Spielern wechseln. Soll der Fokuspunkt einen einzelnen Spieler verfolgen, sollten Sie hier einen negativen Wert einstellen. Wenn nun beispielsweise der Schiedsrichter in den Fokusbereich läuft, so wird die Kamera den Fokuspunkt länger auf dem zuvor festgelegten Motiv – dem Spieler – halten, als es mit den Standardeinstellungen der Fall wäre. Ist hingegen ein positiver Parameterwert eingestellt, wird die Scharfstellung sehr schnell auf den Spieler fallen, der den zuvor festgelegten Fokuspunkt erreicht. Ein Wert von +2 ist auch dann sinnvoll, wenn Sie beispielsweise die Ziellinie eines Radrennens anvisieren. Radfahrer sind schnell unterwegs, und hier muss die Fokussierung deutlich schneller erfolgen, um den entscheidenden Moment nicht zu verpassen. Um die auf Seite 81 abgebildete Libelle scharf einzufangen, habe ich ebenfalls mit dem Maximalwert gearbeitet.

Ist ein negativer Wert eingestellt, versucht die Kamera, den Fokuspunkt so lange wie möglich auf dem ursprünglich anvisierten Motiv zu halten.

Nachführ Beschl/Verzög | Über den Parameter NACHFÜHR BESCHL/VERZÖG konfigurieren Sie den Autofokus für sich unterschiedlich bewegende Motive. Für alle Motive, die sich mit konstanter Geschwindigkeit bewegen, beispielsweise einen Jogger, ist der Wert 0 die richtige Wahl. Nun gibt es aber auch Motive, deren Geschwindigkeit sich ändert. Denken Sie an einen Hochspringer, der nach dem schnellen Anlauf in die Höhe springt, oder einen Weitspringer, der durch die Landung im Sand abrupt abgestoppt wird. Hier sollten Sie einen Wert von +1 oder +2 einstellen, denn dadurch ist der Autofokus besser in der Lage, auf wechselnde Bewegungen zu reagieren. Wenn ich Vögel im Flug verfolge und verhindern möchte, dass ein ins Bild ragender Ast die Schärfe wegzieht, verwende ich hier auch den Wert 0 bzw. den Case 2, bei dem dieser Wert voreingestellt ist.

AF-Feld-Nachführung | Bei sich bewegenden Motiven versucht die Kameraautomatik, das Autofokusmessfeld entsprechend der Bewegung nachzuführen. Wenn Sie beispielsweise einen Golfer beim Abschlag fotografieren und auf den Kopf scharfstellen, ist die Bewegung nicht sonderlich groß, so dass der Standardwert von 0 durchaus zu den gewünschten Ergebnissen führt. Bei einem Bodenturner sieht das Ganze schon anders aus, denn hier können schnelle Bewegungen in alle Richtungen erfolgen. Bei solchen Motiven sollten Sie den Wert des Parameters AF-Feld-Nachführung auf +1 oder +2 erhöhen, denn dadurch wechselt die Kamera schneller zu einem anderen Autofokusmessfeld und kann so das Motiv weiterhin fokussieren. Wenn Sie mit sehr langen Brennweiten fotografieren, können sich aus kleinen Winkelabweichungen schon große Bildänderungen ergeben. Wenn ich mit einem Supertele Motive verfolge, die sich schnell bewegen, bevorzuge ich deshalb eine schnelle AF-Feldnachführung.

Bei Motiven, die schnelle Bewegungen in alle Richtung ausführen, sollten Sie den Standardwert erhöhen.

Risiko hoher Werte bei der AF-Feld-Nachführung

Mit einer Erhöhung des Wertes steigt immer auch die Gefahr, dass der Wechsel zu einem ungewünschten Autofokusmessfeld erfolgt, insbesondere bei Motiven mit großer Schärfentiefe, denn hier ist die Abgrenzung von Motiv zum Hintergrund für die Kamera sehr schwer zu erkennen. Auch wenn das Motiv nur einen sehr kleinen Bereich des Gesamtbildes füllt, wird der Autofokus Schwierigkeiten haben, das korrekte Messfeld auszuwählen.

AI-Servo-Priorität festlegen

Die Einstellung AI Servo Priorität lässt sich getrennt für das erste Bild und die Folgebilder festlegen. Die Frage ist, ob die Kamera auslösen soll, wenn sie die Schärfe noch nicht ganz erreicht hat. Wenn Sie die Priorität auf den Fokus legen, werden Sie weniger unscharfe Aufnahmen haben, allerdings gibt es Situationen, in denen ein etwas unscharfes Bild besser ist als kein Bild. Wenn Sie Pressefotograf sind und Zeuge eines unvorhergesehenen, aber wichtigen Ereignisses wer-

Die AI Servo Priorität legt fest, ob die Kamera auf die Schärfe wartet oder auch auslöst, wenn sie sie noch nicht sicher erreicht hat.

den, dann werden Sie über eine Kamera, die nicht auslöst, sehr verärgert sein. Auch wenn Sie eine zeitlich gleichmäßig abgestufte Bewegungsserie aufnehmen möchten, ist es oft wichtiger, dass die Kamera einfach ein Bild aufnimmt, auch wenn es vielleicht nicht ganz scharf ist. In der Mehrzahl der Aufnahmesituationen können Sie ein unscharfes Bild auch weglassen, das spart Platz auf der Speicherkarte, Arbeit beim Aussortieren und erhöht die Sicherheit, dass Sie ein Motiv auch scharf eingefangen haben. Gerade wenn die Kamera mit besonders großen AF-Messbereichen arbeitet, kann es auch vorkommen, dass das Motiv zwar noch in der Schärfe liegt, die Kamera das aber gerade nicht weiß; hier könnten bei Fokuspriorität also brauchbare Aufnahmen verlorengehen.

Belegung der Schärfentiefe-Prüftaste

Die Schärfentiefe-Prüftaste ist in der Standardbelegung eigentlich nur im Livebild-Modus sinnvoll zu verwenden. Denn entweder stimmt der Schärfeeindruck bei weiter geöffneter Blende nicht, weil die Pupille des Auges zu einer größeren Schärfentiefe im Sucher beiträgt, als sie später tatsächlich im Bild vorhanden ist, oder das Sucherbild wird so dunkel, dass Sie ohnehin nicht mehr viel erkennen. Ersteres liegt daran, dass die Mattscheibe nicht wirklich matt ist, sondern aus vielen kleinen Linsen besteht, die so ein viel helleres und klareres Bild dem Auge weitergeben können. Dadurch wird der Strahlengang beim Eintritt durch die Pupille des Auges noch einmal begrenzt, was dazu führt, dass bei großen Objektivblenden das Auge den kleineren Blendenwert aufweist und die Schärfentiefe optisch vergrößert. (Das Durchschnitts-Auge hat bei einer Länge von ca. 24 mm und einer Maximalöffnung von ca. 9 mm eine »Offenblende« von etwas unter f2,8.) Sie können das selbst ausprobieren, indem Sie zum Beispiel bei Blende f1,4 ein Bild aufnehmen und dann Sucherbild und Monitorbild miteinander vergleichen.

Wenn Sie die Taste mit der Umschaltung zwischen ONE SHOT und AI SERVO belegen, können Sie in Situationen, die ein sofortiges Reagieren erfordern, den Fokusmodus wechseln. Wenn Sie gerade in ONE SHOT arbeiten und plötzlich ein Vogelschwarm angeflogen kommt, können Sie so sofort durch ein Gedrückthalten der Taste die Nachführmessung aktivieren und scharfe Aufnahmen erhalten. Die Schärfentiefe-Prüftaste liegt auch für das Hochformat günstig, wenn Sie den Batteriegriff verwenden. Ohne Griff ist sie mit der linken Hand ebenfalls recht gut zu erreichen.

Unter C.Fn3: Others können Sie in der Custom-Steuerung die Umschaltung zwischen ONE SHOT und AI SERVO auf die Schärfentiefe-Prüftaste legen.

AF-ON-Taste nutzen

Normalerweise werden die Belichtungsmessung in der Mehrfeldmessung und die Fokussierung zusammen über das halbe Herunterdrücken des Auslösers aktiviert. Das ist praktisch und intuitiv, beschränkt Sie aber auch ein wenig in den Kontrollmöglichkeiten. Zwar können Sie im One-Shot-Modus die Belichtung (nur in der Mehrfeldmessung) und Fokussierung mit halb heruntergedrücktem Auslöser speichern und den Bildausschnitt danach verändern. Das funktioniert sogar über mehrere Aufnahmen, solange Sie den Auslöser nicht ganz loslassen.

Wenn Sie allerdings die Fokussierung vom Auslöser trennen, können Sie sie nur bei Bedarf über die AF-ON-Taste durchführen (C.Fn3: Others • Custom-Steuerung • AF-ON-Taste). Das vermeidet, dass das Motiv über eine Fokussuche verlorengeht, obwohl die Schärfe eigentlich schon steht. Wenn der Waldkauz gerade in dem Moment losfliegt, in dem es auch für den AF gerade zu dunkel geworden ist, dann ist das ärgerlich, weil die Kamera nicht auslöst. Selbst wenn Sie Auslöser und AF nicht trennen wollen, weil das für das schnelle Arbeiten eben doch sehr praktisch ist, dann können Sie die AF-ON-Taste mit anderen Fokuseinstellungen belegen, AF-Stopp damit durchführen oder die Belichtungsspeicherung halten. Sie können die AF-ON-Taste aber auch mit einem zweiten Satz an AF-Einstellungen belegen und so zum Beispiel schnell auf einen zusätzlichen AF-Case zugreifen. In einer Situation, in der Sie Ihre Kamera aktuell mit einem AF-Case verwenden, der für die ungestörte Verfolgung der Motive bei gleichzeitigem Ignorieren von Hindernissen perfekt geeignet ist, für hektische und schnelle Situationen aber Case 5 oder 6 und eine

⌃
In der Custom-Steuerung können Sie den AF vom Auslöser entkoppeln.

⌃
Wenn Sie den AF auf die AF-ON-Taste legen, können Sie mit der INFO.-Taste die Detaileinstellungen festlegen.

⌃
Die AF-Details der AF-ON-Taste komplett festzulegen, ist nur dann sinnvoll, wenn Sie die normalen AF-Einstellungen mit dem Auslöser verknüpft lassen.

△
Eine Kanadagans bremst nach schnellem Flug ab. Das ist eine anspruchsvolle Aufgabe für den AF; wenn Sie passende Einstellungen für sich schnell ergebende Szenen auf die AF-ON-Taste legen, erhöhen Sie Ihre Chancen auf gelungene Aufnahmen.

420 mm | f4,5 | 1/2500 s | ISO 1 250

große AF-Zone vorwählen, können Sie mit einem Druck auf die AF-ON-Taste den AF-Case blitzschnell wechseln. So haben Sie die Kamera in kürzester Zeit bereit für schnelle Action.

Viele Fotografen verwenden diese Taste gar nicht oder nur im Livebild-Modus, das ist gerade bei der EOS 5DS aber Verschwendung, weil sie sich viel besser anpassen lässt als etwa an der EOS 5D Mark III. Falls Sie das jetzt nur kurz ausprobiert haben, stellen Sie den Auslöser zurück auf AF (C.Fn3: Others • Custom-Steuerung • Auslöser halb gedrückt • Messung und AF-Start), sonst nehmen Sie die Kamera beim nächsten Mal in die Hand und denken, sie sei kaputt, weil sie nicht scharfstellt.

AF-Hilfslicht verwenden

Irgendwann kommt auch der Autofokus der EOS 5DS an seine Grenzen. Mit einem Blitzgerät können Sie zum Beispiel auch in einem Raum ohne jedes weitere Licht noch fotografieren. Der Autofokus könnte im Stockdunklen aber keine Anhaltspunkte für die Scharfstellung finden. Die Canon-Blitzgeräte und auch die meisten der Fremdhersteller können die Szene auf zwei unterschiedliche Weisen für die Scharfstellung beleuchten. Während die einfacheren Geräte dazu einfach ca. eine halbe Sekunde dauerblitzen, haben die besseren Blitzgeräte, zum Beispiel bei Canon alle Speedlites ab dem 430EX, ein sogenanntes *Infrarot-Hilfslicht*.

«
Wenn es selbst für den AF der EOS 5DS zu dunkel oder zu kontrastarm werden sollte, können Sie das IR-AF-Hilfslicht des externen Blitzes verwenden, das ein Raster aus senkrechten und waagerechten Linien über das Motiv projiziert.

Das Infrarot-Hilfslicht leuchtet nicht nur im infraroten Bereich, sondern auch im sichtbaren Rotbereich. Es wirft ein Netz aus roten Linien über das Motiv, so dass der Autofokus selbst auf ganz glatten Flächen oder bei extrem schwachem Licht noch Halt findet. Das Infrarot-Hilfslicht ist effektiv und weit weniger störend als der Dauerblitz.

Wenn Sie Menschen fotografieren, wird der Dauerblitz oft als unangenehm empfunden, das Hilfslicht eher nicht. Sie können das Hilfslicht auch für Available-Light-Aufnahmen verwenden, indem Sie im Aufnahmemenü SHOOT1 unter Steuerung externes Speedlite den Punkt Blitzzündung auf Deaktivieren stellen und das Speedlite nur das Infrarot-Hilfslicht aussendet. Wenn Sie den Autofokusmodus AI Servo wählen, wird das Hilfslicht von vornherein nicht verwendet und kann auch nicht aktiviert werden.

Das IR-Hilfslicht des externen Blitzes stört so wenig, dass Sie es ruhig einschalten können. Die andere Methode – das Dauerblitzen – ist bei der AF-Lichtempfindlichkeit der EOS 5DS eher lästig als nötig.

2.5 Ursachen für Unschärfe und Autofokusprobleme

Die EOS 5DS macht auf der einen Seite auch kleine Schärfeabweichungen durch ihre enorme Auflösung sichtbar. Auf der anderen Seite besitzt sie aber auch eines der besten verfügbaren AF-Systeme überhaupt. Trotzdem werden Sie immer mal wieder ein Bild aufnehmen, bei dem die Schärfe nicht optimal sitzt. Woran das liegt und was Sie im Einzelfall dagegen tun können, wird im folgenden Abschnitt erläutert.

Falsches Scharfstellen

In vielen Fällen, wenn ein Bild nicht scharf wird, hat die EOS 5DS auf etwas anderes als das Hauptmotiv scharfgestellt. Das liegt manchmal daran, dass ein großes Messfeld sich von einem kontrastreicheren Teil des Motivs irritieren lässt, und noch häufiger liegt es am Fotografen. Gerade bei sich schnell bewegenden Motiven (selbst Kanadagänse erreichen um die 100 km/h) gelingt es nicht immer, mit der Kamera schnell genug dem Motiv zu folgen.

Wenn Sie Bilder mit falscher Schärfe aufgenommen haben, können Sie Digital Photo Professional für die Ursachenforschung verwenden.

Vorsicht mit Laserlicht!

Manche Blitze von Fremdherstellern wie zum Beispiel Yongnuo verwenden Laserlicht als AF-Hilfslicht. Dieses sollten Sie beim Fotografieren von Personen abschalten, da es starke Nachbilder auf der Netzhaut hinterlässt.

Dort können Sie sich die verwendeten AF-Felder anzeigen lassen. Sie können auch schon direkt in der EOS 5DS die verwendeten AF-Felder kontrollieren, indem Sie Menü PLAY3 die AF-FELDANZEIGE auf AKTIVIEREN stellen. In der Bildrückschau und in der Wiedergabe werden die benutzen AF-Felder dann als rote Quadrate angezeigt.

»
Mit einem Klick auf das Symbol ALLE AF-FELDER ANZEIGEN ❶ können Sie die bei der Aufnahme verwendeten AF-Felder im mitgelieferten Digital Photo Professional anzeigen lassen. Hier lag das Feld zwischen den Gänsen, und die EOS 5DS konnte nicht richtig scharfstellen.

Die verwendeten AF-Felder können Sie auch im Kameramonitor schon einblenden.

Fokusprobleme im Livebild-Modus

Theoretisch muss der Fokus im Livebild-Modus perfekt sein, weil der Kontrast direkt auf der Sensorebene gemessen wird, denn wenn der Kontrast auf dem Sensor am höchsten ist, ist das Bild am schärfsten. Das funktioniert auch in den meisten Fällen, allerdings gibt es Objektive, die einen Schrittmotor mit zu großen Stufen verwenden. Vor der Auslösung gibt die Kamera dem Objektiv zum Beispiel den Befehl, wieder einen Schritt zurückzugehen, weil es am Fokuspunkt vorbeigegangen ist. Dieser Schritt ist dann im Ernstfall zu groß, so dass das Bild unscharf wird. Canon verwendet solche Motoren seit ca. zehn Jahren nicht mehr, bei Drittherstellern kann das auch bei neueren Objektiven passieren. Stellen Sie dann im Livebild-Modus manuell scharf. Es kann auch helfen, den Phasendetektions-AF zu verwenden, denn der Fehler tritt dort nicht notwendigerweise auch auf.

Flächen ohne Muster

Alle Flächen, die keinerlei Muster aufweisen, sind für den Autofokussensor nicht zu erkennen. Wenn Sie beispielsweise ein glattes weißes Blatt anpeilen, wird der Motor ziellos vor- und zurückfahren und den Scharfstellungsprozess erfolglos abbrechen. Dasselbe gilt für glatte Hausfassaden, Glasflächen, lackierte Autoteile, ebene Wasseroberflächen etc. Suchen Sie sich eine Stelle im Motiv, an der mehr Kontrast vorhanden ist. Fokussieren Sie beispielsweise bei einer Hausfassade die Stelle, an der eine Tür oder ein Fenster zu sehen ist Oft reicht es, wenn Sie die Messzone vergrößern oder verschieben, manchmal müssen Sie die Kamera zum Fokussieren auch verschwenken. Beachten Sie, dass das bei lichtstarken Objektiven im Nahbereich oder nur mittlerer Entfernung keine genaue Methode ist. Wenn Sie zum Beispiel ein 35-mm-Objektiv mit f1,4 bei 1,5 Meter Motiventfernung um 10° schwenken, um den Fokuspunkt anzumessen, dann wird die geometrische Abweichung, die sich beim Zurückschwenken ergibt, zu einer Unschärfe führen. Bei Landschaftsaufnahmen würde so oder so auf Unendlich fokussiert, so dass Sie sich keine Sorgen machen müssen. Bei einem Porträt müssen Sie allerdings im Hinterkopf behalten, dass Verschwenken kein exaktes Scharfstellen erlaubt.

Die Wolken liefern kaum Kontrast für den AF, ein Anfokussieren der Bergkante lieferte aber schnell ein exaktes Ergebnis.

170 mm | f7,1 | 1/3200 s | ISO 200

Wenn Sie einen Punkt im oberen Bereich des späteren Bildes anfokussieren (links) und die Kamera dann für den endgültigen Bildausschnitt nach unten schwenken (rechts), liegt die Schärfe in dem gewünschten Motivpunkt hinter dem Motiv, denn beim Schwenken der Kamera wird auch die Schärfeebene mitgedreht.

Zu wenig oder zu viel Licht

Der Autofokussensor der EOS 5DS ist für einen Helligkeitsbereich von LW −2 bis LW 18 spezifiziert. Der Lichtwert −2 entspricht bei ISO 100 und einer Blende f2,8 einer Belichtungszeit von 30 Sekunden, der Lichtwert 18 bei ISO 100 und einer Blende f8 einer Belichtungszeit von 1/4000 s. Bei Werten unter LW −2 ist das Signal für den AF-Sensor nicht mehr lesbar, bei Werten rüber LW 18 laufen die Sensorpixel des AF-Sensors ins reine Weiß. Im Dunkeln kann es helfen, einen Lichtpunkt wie eine Laterne anzumessen oder die Schärfe manuell im Livebild-Modus festzulegen. Dafür reicht ein etwas hellerer Stern aus, oder Sie leuchten Ihr Motiv mit der Taschenlampe oder dem IR-Hilfslicht des Blitzes an. Wenn es zu hell ist, hilft es oft, die Kamera ein wenig von den hellen Bereichen wie zum Beispiel den Sonnenspiegelungen auf dem Meer wegzuschwenken und die Schärfe zu speichern.

Optische Einflüsse wie Luftspiegelungen

Wenn sich vor dem Objektiv etwas befindet, was eine sogenannte *optische Eigenleistung* aufweist – das bedeutet, dass es selbst so ähnlich wie eine Linse wirkt –, dann können Sie oft keine ordentliche Schärfe mehr erreichen. Das passiert, wenn Sie mit einem Tele durch eine Glasscheibe fotografieren, die nicht ganz planparallel ist, oder wenn sich vor dem Objektiv Luftspiegelungen befinden. Im Sommer hilft es, wenn Sie Ihre Aufnahmeposition in den Schatten verlagern oder eine erhöhte Position einnehmen, wo das bodennahe Hitzeflimmern nicht mehr so stark ist. Im Winter sollten Sie nicht von einem geöffneten Fenster fotografieren, aus dem die warme Heizungsluft entweicht. Sie bildet mit der kalten Außenluft Schlieren, die besonders bei Teleaufnahmen die Schärfe verhindern.

»
Um die Konturen so aufzulösen wie hier die des Hintergrunds durch den Brenner eines Heißluftballons, braucht es keine Flammen. Schornsteinabwärme im Winter oder Mittagssonne auf Asphalt genügen auch. In der Entfernung ergibt sich so nur ein Hitzeflimmern, vor dem Objektiv wird die Scharfstellung dadurch fast unmöglich.

215 mm | f4 | 1/1000 s | ISO 200 | kleiner Bildausschnitt

In einem Kamera-Prototyp mit einem 250-Megapixel-Sensor zeigte Canon im September 2015 eine Technik, die »Turbulence Removal« genannt wird; sie rechnet die Einflüsse von Luftbrechungen aus dem fertigen Bild oder Video heraus. Bis das in ein paar Jahren auch in Serienmodellen für jedermann zu finden ist, können Sie den Effekt durch kurze Zeiten und etwas Abblenden zumindest ein wenig vermindern.

Verwacklungsunschärfe

Leichte Verwacklungen kann ein Bildstabilisator selbst in dem für eine EOS 5DS notwendigen Maß ausgleichen. Bei schwierigeren Bedingungen sollten Sie ein Stativ, Fernauslöser und Spiegelvorauslösung verwenden. Der Spiegelschlag kann gerade im Zeitenbereich zwischen 1/4 und 1/60 s (je nach Brennweite) für Verwacklung sorgen. Bei kürzeren Zeiten werden die Verwacklungswege verkürzt, bei langen Zeiten ist die Kamera schon ausgeschwungen, bevor der Großteil der Belichtung stattfindet. Überprüfen Sie Ihr Stativ auf Wackelstellen hin. Sie sollten alle Verschlüsse fest arretieren. Wenn Sie solche Schwachstellen finden, helfen manchmal ganz pragmatische Lösungen. Ich habe zum Beispiel die zweiteilige Mittelsäule eines meiner Stative, die zu viel Spiel hatte, mit Zwei-Komponenten-Kleber verbunden. So konnte dort nichts mehr wackeln, und ich kann das Stativ wieder mit einem guten Gefühl verwenden.

Wenn Sie vor dem Kauf eines neuen Stativs stehen und auf Nummer sicher gehen wollen, dann empfehle ich Ihnen ein Carbonstativ. Stative aus Carbon sind aus zwei Gründen empfehlenswert: Erstens sind Sie steifer und weniger schwingungsanfällig als Aluminiumstative, und zweitens sind sie so leicht, dass die Wahrscheinlichkeit deutlich steigt, dass Sie sie auch mitnehmen. Der Faktor »Gewicht« spricht auch gegen ein Stativ aus Holz, das bei guter Qualität aber ebenfalls sehr stabil ist.

Ein weiterer Aspekt, den Sie bei der EOS 5DS berücksichtigen sollten, wenn Sie mit Verwacklungsunschärfe zu kämpfen haben oder diese keinesfalls riskieren wollen, ist

Trotz Bildstabilisator und Stativ verwackelte diese Aufnahme bei 400 mm Brennweite(Ausschnitt) und starkem Wind von See.

400 mm | f10 | 1/20 s | ISO 320

[Kapitel 2: Autofokus und Schärfe]

die Befestigung der Kamera am Stativ. Die Bodenplatte der EOS 5DS ist gegenüber der EOS 5D Mark III, von der große Teile der Gehäusekonstruktion übernommen wurden, noch einmal extra versteift. Diesen Vorteil können Sie jedoch wieder verspielen, wenn Sie die Kamera über den zusätzlichen Batteriegriff am Stativ befestigen. In den meisten Fällen wird das immer noch steif und stabil genug sein, aber in kritischen Fällen sollten Sie die Kamera ohne Griff auf dem Stativ montieren. Größere Objektive sollten ohnehin direkt über eine Stativschelle mit dem Stativ verbunden sein. Wenn ein großes Teleobjektiv an einer Kamera hängt, die auf dem Stativ steht, kann sich auf Dauer sogar das Bajonett verziehen.

Frontfokus/Backfokus

Der Autofokus teilt dem Objektiv mit, wie weit es die Fokuslinsengruppe noch zu bewegen hat, damit die Schärfe erreicht wird. Das letzte Stück wird oft erst zurückgelegt, wenn der Spiegel bereits hochgeklappt ist. Es kann passieren, dass das Objektiv sich regelmäßig ein wenig mehr oder weniger bewegt – einfach, weil es die Anweisung der Kamera nicht korrekt interpretieren kann oder weil es vielleicht in sich nicht korrekt justiert ist. Das führt dann zum sogenannten *Frontfokus* oder *Backfokus*, was bedeutet, dass der Schärfepunkt reproduzierbar vor oder hinter dem Motiv liegt. Diesen Fehler können Sie bei der EOS 5DS selbst beheben, indem Sie einen Korrekturfaktor bei der AF-FEINABSTIMMUNG eingeben (siehe folgenden Best-Practice-Abschnitt).

> #### AF-Feinabstimmung bei Fremdhersteller-Objektiven
>
> Eine Feinabstimmung ist häufig bei Objektiven von Fremdherstellern nötig, weil Canon das Übertragungsprotokoll für die AF-Steuerung nicht öffentlich zur Verfügung stellt. Für Fremdhersteller ist es also schwieriger, eine perfekte Abstimmung zu erreichen. Falls eine Feinabstimmung nicht reicht, ist es oft sinnvoll, den Objektivhersteller zu kontaktieren – manchmal löst ein Firmware-Update oder eine Werksjustierung zusammen mit der Kamera das Problem. Bei vielen neueren Sigma-Objektiven können Sie diese Tätigkeiten mit Hilfe eines günstigen USB-Docks auch selbst durchführen.

BEST PRACTICE
AF-Feinabstimmung mit der EOS 5DS/5DS R

Die Feinabstimmung des Autofokus ist nichts, was Sie mit jedem Objektiv machen müssen, aber sie gibt Ihnen die Gelegenheit, eine etwaige Fehlfunktion bei einem Objektiv oder in seltenen Fällen auch bei der Kamera selbst zu beheben. Nicht jede Ungenauigkeit des Autofokus lässt sich damit beseitigen, sondern nur die, bei denen entweder mechanische Abweichungen oder Kommunikationsprobleme zwischen Kamera und Objektiv für eine konstante Fokusabweichung in eine Richtung sorgen. Wenn ein Objektiv Fokusabweichungen sowohl nach vorn als auch nach hinten aufweist und Sie ausschließen können, dass das durch Ihre Bedienung zustande kam, sollten Sie es eher an den Hersteller schicken oder, wenn es schon etliche Jahre alt ist, daran denken, es auszutauschen.

In meinen Anfangszeiten der digitalen Fotografie habe ich mir wenig Gedanken um die Fokusjustage gemacht. Die Sensorauflösung war geringer, ich besaß weniger lichtstarke Objektive und der eigene Toleranzbereich in Bezug auf die Bildqualität war auch noch größer, schließlich war ich durch die analoge Fotografie nicht so verwöhnt. Mir war zwar auch zu analogen Zeiten aufgefallen, dass das EF 17–35 mm f2,8L USM (1996) an meiner EOS 1V einen Frontfokus hatte, aber das habe ich manuell ausgeglichen, ohne weiter darüber nachzudenken. Mit der EOS 5DS R besitze ich nun aber eine Kamera, die bereits eine leichte Fokusabweichung eines Objektivs so gut sichtbar machen kann wie keine zweite, einfach aufgrund ihrer bislang unübertroffenen Auflösung.

Gleichzeitig habe ich eine große Vorliebe für lichtstarke Objektive entwickelt und kontrolliere auch schon während des Jobs die Schärfe der Aufnahmen oft in der 1:1-Ansicht. Für mich ist es normal geworden, neue Objektive erst einmal zu testen und gegebenenfalls zu korrigieren, was bei einem großen Teil meiner Objektive auch sinnvoll ist. »Zickige« Objektive, die sich nicht auf ein konstantes Fokusverhalten festlegen lassen, wie zum Beispiel das EF 50 mm f1,4L USM, habe ich wieder verkauft.

Für mich ist die Möglichkeit einer AF-Feinabstimmung bei einer DSLR eine notwendige Eigenschaft geworden, und so ist die EOS 70D die kleinste Kamera, die ich behalten habe, da auch sie diese Option bietet. Die Amateurkameras darunter benötigen diese Eigenschaft aber auch nicht, weil sie mit den lichtschwächeren Zoomobjektiven genau genug arbeiten können. Wenn Sie also den AF ihrer Objektive feinjustieren, ärgern Sie sich nicht über den Aufwand, sondern freuen Sie sich, dass Sie Ihre Ausrüstung mit einfachen Hausmitteln perfektionieren können.

Sehen Sie in der folgenden Schritt-Anleitung, wie Sie eine AF-Feinabstimmung mit Ihren Objektiven durchführen.

Schritt für Schritt
AF-Feinabstimmung

Für die AF-Feinabstimmung verwende ich einen Siemensstern als Testgrafik. Sie finden Sie am Ende des Buches auf Seite 264. Sie können sie aber auch unter www.rheinwerk-verlag.de/4007 (weitere Informationen hierzu finden Sie im Kasten links) oder unter http://fotoschule.westbild.de/links/ als PDF-Datei herunterladen.

[1] Kamera vorbereiten

Setzen Sie das Objektiv, das Sie testen möchten, an die Kamera, stellen Sie die Kamera auf Av (Zeitautomatik) und die Belichtungskorrektur auf +1 LW; so können Sie die Vorlage später besser erkennen. Die Offenblende ist nötig, damit Sie die Fokusabweichung bestmöglich erkennen. Stellen Sie den Autofokus auf EINZELFELD-AF, und wählen Sie den mittleren Autofokuspunkt sowie den Modus One-Shot AF, dann können Sie sicher sein, dass Sie den gewünschten Fokuspunkt genau treffen. Stellen Sie die Kamera so auf ein Stativ, dass sie das Testbild senkrecht aufnimmt und der mittlere Autofokuspunkt etwas außerhalb der Mitte des Testbilds sitzt. Der Abstand zur Testgrafik hängt auch von der Brennweite ab, Sie müssen die Kreissegmente im fertigen Bild noch gut erkennen können. Als grober Richtwert dient die 50fache Brennweite, bei 50 mm also 2,5 m Abstand. Bei einem 85er müssen Sie den Abstand nicht größer wählen, denn Sie werden das Objektiv wahrscheinlich ohnehin für eine Porträtentfernung optimieren wollen.

[2] Testbild aufnehmen

Fotografieren Sie das Testbild nun mit heruntergeklapptem Spiegel. Falls die Schärfe sichtbar danebenliegt, machen Sie am besten mehrere Aufnahmen, um festzustellen, ob es sich um eine konstante

Der Siemensstern liefert einen guten Kontrast für die AF-Justage.

Downloadbereich

Um die Testgrafik herunterladen zu können, gehen Sie bitte auf die Webkatalogseite zu Ihrem Buch (*www.rheinwerk-verlag.de/4007*). Scrollen Sie dort ganz nach unten, bis Sie den Kasten »Materialien zum Buch« sehen, und klicken dann auf »Zu den Materialien«. Bitte halten Sie Ihr Buchexemplar bereit, um die Datei zum Download freizuschalten.

Abweichung oder eher zufällige Verschiebungen handelt. Wenn der Effekt der Fokusverschiebung reproduzierbar ist, fahren Sie fort.

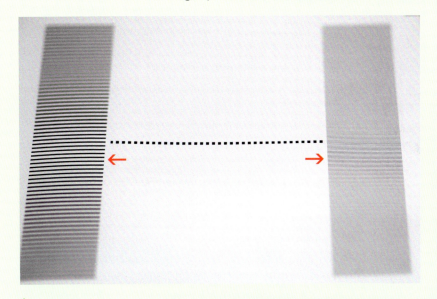

Bei diesem Bild liegt der Fokus deutlich zu weit vorn. Dieser Frontfokus ergab sich aber aus einem Wert der AF-Feinabstimmung von −15, ohne Korrektur lag der Fokus beim EF 85 mm f1,8 USM genau auf dem Punkt. Diese Grafik finden Sie ebenfalls im Downloadbereich des Buches. Mit dem Siemensstern erhalten Sie aber einfacher exakte Ergebnisse.

[3] Vergleichsbild aufnehmen

Schalten Sie die Kamera auf den Livebild-Modus um. Wenn das Objektiv eine Entfernungsskala besitzt, behalten Sie sie im Auge, während Sie den Auslöser halb herunterdrücken (das AF-Messfeld sollte über der Testgrafik liegen). Falls sich die Entfernung auf der Skala beim erneuten halben Herunterdrücken des Auslösers in Richtung Unendlich verschiebt, müssen Sie später positive Werte eingeben, falls sie sich in den Nahbereich verschiebt, negative. Drücken Sie den Auslöser ganz herunter, um ein Bild aufzunehmen.

[4] Bilder vergleichen

Drücken Sie die Wiedergabetaste, und rufen Sie die 1 : 1-Ansicht auf (die Sie sich auf die SET-Taste legen können, siehe Seite 43). Mit dem Schnellwahlrad können Sie zur vorigen Aufnahme springen. Wenn beide Aufnahmen gleich scharf sind, müssen Sie das Objektiv nicht justieren. Falls nicht, fahren Sie mit dem nächsten Schritt fort.

Das Canon EF 50 mm f1,2L USM wird oben mit heruntergeklapptem Spiegel und unten im Livebild-Modus fokussiert. Schärfe und Kontrast sind im Livebild-Modus sichtbar besser, das Objektiv musste mit der hier beschriebenen Methode justiert werden.

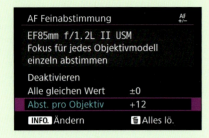

Das Menü für die AF-Feinabstimmung

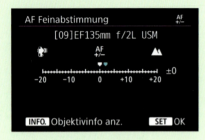

Negative Werte verlagern den Fokus zur Kamera hin, positive in die Ferne. In Blau wird der bislang eingestellte Korrekturwert angezeigt, sobald Sie den Wert verändern.

Wenn ein Sternchen vor der Nummer erscheint, können Sie den Objektivtyp nur einmal registrieren; bei neueren Objektiven wird die Seriennummer direkt angezeigt, bei älteren können Sie sie manuell eingeben.

[5] Korrekturwerte ermitteln

Wählen Sie im Menü AF5 den Punkt AF Feinabstimmung, und drücken Sie die SET-Taste. Gehen Sie auf Abst. pro Objektiv, und drücken Sie die Schnelleinstellungstaste Q. Falls der Fokus zu weit vorn lag, stellen Sie einen positiven Korrekturwert ein, falls er zu weit hinten lag, einen negativen. Wenn Sie das nicht wissen, weil das Objektiv keine Entfernungsskala hat, raten Sie einfach. Die nächste Testaufnahme wird zeigen, ob Sie in die richtige Richtung korrigiert haben. Wählen Sie ruhig einen großen Korrekturwert für die zweite Testaufnahme, dann können Sie bei der dritten besser abschätzen, wo genau der richtige Wert zwischen den beiden letzten Testaufnahmen liegt. Bestätigen Sie den Wert mit der SET-Taste, und nehmen Sie ein neues Bild auf.

[6] Korrekturwerte speichern

Wiederholen Sie den Vorgang, bis die Fokusebene der Livebild-Aufnahme sowie der Aufnahme mit heruntergeklapptem Spiegel gleich ist. Über die INFO.-Taste rufen Sie die Objektivinformation auf und tragen die Seriennummer ein, falls dies nicht automatisch geschieht. Sie können sogar mehrere Objektive des gleichen Typs mit unterschiedlichen Werten registrieren. Ein Sternchen vor der Seriennummer bedeutet, dass pro Objektivtyp nur ein Wert gespeichert werden kann, weil die Kamera die unterschiedlichen Exemplare nicht unterscheiden kann. Insgesamt können Sie bis zu 40 Objektive speichern.

Wenn Sie feststellen, dass die Korrekturwerte bei unterschiedlichen Objektiven alle identisch sind, kann auch die Kamera schuld sein, und Sie können bei AF Feinabstimmung die Option Alle gleichen Wert wählen. Das ist aber eher unwahrscheinlich, denn selbst wenn die Kamera leicht dejustiert sein sollte, werden die Objektive oft noch eine kleine individuelle Anpassung benötigen. Es gibt aber noch eine zweite, zeitweilige Nutzung für diese Option: Wenn Sie in Schnappschusssituationen feststellen, dass die Kamera wegen ungenauer Arbeitsweise zum Beispiel eher auf die Nase als auf die Augen scharfstellt, können Sie die Schärfe etwas nach hinten verlegen. Das kann auch helfen, wenn bei Vögeln im Flug immer die vordere Flügelspitze und nicht der Körper scharf wird. Genauso, wenn Sie zwar korrekt fokussieren, aber leicht abblenden und mehr Schärfentiefe nach hinten haben möchten. Aber vergessen Sie nicht, diese Einstellung auch wieder rückgängig zu machen, wenn Sie sie nicht mehr benötigen.

Der Fokus im Livebild-Modus

Theoretisch muss der Fokus im Livebild-Modus perfekt sein, weil direkt auf der Sensorebene gemessen wird. Denn wenn der Kontrast auf dem Sensor am höchsten ist, ist das Bild am schärfsten. Das funktioniert auch in den meisten Fällen, allerdings gibt es Objektive, die einen Schrittmotor mit zu großen Stufen verwenden. Vor der Auslösung gibt die Kamera dem Objektiv zum Beispiel den Befehl, wieder einen Schritt zurückzugehen, weil es am Fokuspunkt vorbeigegangen ist. Dieser Schritt ist dann im Zweifelsfall zu groß, so dass das Bild unscharf wird. Canon verwendet solche Motoren seit 2005 nicht mehr, bei Fremdherstellern kann das jedoch auch bei neueren Objektiven passieren. Stellen Sie dann im Livebild-Modus manuell scharf, denn das manuelle Fokussieren in zehnfacher Vergrößerung ist in der Praxis noch genauer als der Autofokus im Livebild-Modus. Dieser reicht allerdings trotzdem meistens aus, weil er wirklich sehr gut arbeitet. Es kann seltsamerweise manchmal auch helfen, wieder den Phasendetektions-AF bei heruntergeklapptem Spiegel zu verwenden, denn der Fehler muss dort nicht auch auftreten. Ich besitze ein älteres Sigma-50-mm-Makro, das im Phasendetektionsmodus perfekt arbeitet, im Livebild-Modus aber interessanterweise die Schärfe etwas danebensetzt.

Weitere Objektive justieren | Andere Festbrennweiten korrigieren Sie genauso, wie im letzten Schritt der Schritt-Anleitung auf der linken Seite beschrieben, nur dass Sie für kürzere Brennweiten näher an das Testbild herangehen und für längere weiter weg, um einen Abbildungsmaßstab zu erhalten, bei dem Sie die Testgrafik gut auswerten können. Bei Zoomobjektiven können Sie zwei Korrekturwerte eingeben, einmal für die längste Brennweiteneinstellung (T für Tele) und einmal für die kürzeste (W für Weitwinkel). Vergessen Sie nicht, Objektive, die Sie mit Extendern verwenden wollen, mit diesen gesondert zu justieren. Die Korrekturen in der AF-Feinabstimmung beziehen sich nur auf den Phasendetektions-AF, auf den Livebild-Modus haben sie keinen Einfluss.

Alternative Methode zur Justierung | Auch ohne Testgrafik lässt sich der Fokus justieren. Eine weitere Methode, die Sie auch im freien Feld durchführen können, ist, dass Sie ein senkrechtes Objekt in Bodennähe anfokussieren, das sich gut für eine genaue Scharfstellung eignet. Auf dem Boden um das Objekt herum können Sie dann schauen, ob die Schärfe vor oder hinter dem Objekt liegt, und entsprechend justieren. Sie können dafür zum Beispiel eine Getränkedose auf eine Zeitung stellen oder einfach einen Pfosten auf dem Rasen anfokussieren.

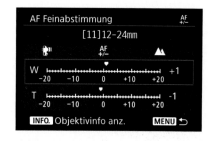

Bei Zoomobjektiven legen Sie die Korrekturwerte für die beiden Extremeinstellungen der Brennweite fest. Auch Objektive von Fremdherstellern lassen sich in der EOS 5DS problemlos registrieren.

2.6 Motive manuell scharfstellen

Eine ganze Reihe von Objektiven, die für die EOS 5DS in Frage kommen, verfügen nicht über einen Autofokus, und auch bei denen, die AF-tauglich sind, ist es manchmal sinnvoll, manuell zu fokussieren, zum Beispiel wenn es bei einem Makro im Gras zu viele unterschiedliche Schärfeebenen gibt oder wenn Sie durch Gitter oder reflektierende Scheiben fotografieren möchten. Die Mattscheibe der EOS 5DS ist zwar für ein helles und klares Bild optimiert, nicht aber für die manuelle Fokussierung. Wenn Sie die Schärfe im Sucher wirklich gut beurteilen wollen, müssen Sie auf Lösungen von Fremdanbietern zurückgreifen. Die Mattscheibe ist allerdings nicht mehr so einfach zu wechseln wie beispielsweise bei der EOS 5D Mark II, zu der Canon selbst leicht zu montierende Alternativscheiben anbot. Da die Belichtungsmessung oberhalb der Mattscheibe liegt, kann es aber sein, dass sie nach einem Mattscheibenwechsel nicht mehr ganz stimmt. Das lässt sich aber mit einer Verschiebung der Belichtungskorrektur ausgleichen.

> **Vorsicht beim Drehen am Schärfering!**
>
> Sie sollten niemals den Schärfering am Objektiv bewegen, wenn der Schalter auf AF steht, sofern es sich nicht um ein Objektiv mit USM-(Ultraschall-) oder STM-(Stepper-)Motor handelt. Die Mechanik ist sehr empfindlich, und durch gewaltsames Drehen kann der Steuerungsmotor beschädigt werden. Im manuellen Modus oder bei Einsatz eines STM- oder USM-Objektivs hingegen können Sie den Schärfering ohne jede Gefahr bedienen, da eine mechanische Beschädigung dann ausgeschlossen ist. Es gibt auch Objektive, bei denen wegen des elektronischen Autofokus ohne eine Umschaltung auf manuellen Fokus gar nichts passiert; das EF 85 mm f1,2L USM ignoriert zum Beispiel jegliches Drehen am Fokusring, bis Sie es auf MF umschalten.

Manuelles Scharfstellen und Autofokus kombinieren

Der Autofokus nimmt es Ihnen nicht übel, wenn Sie auf den manuellen Modus umschalten, sondern steht Ihnen weiterhin hilfreich zur Seite. Wenn es Ihnen einmal schwerfallen sollte, den richtigen Schärfepunkt zu finden, halten Sie den Auslöser halb heruntergedrückt, während Sie vorn am Objektiv den Schärfering drehen. Sobald der Autofokus einen Schärfepunkt ermittelt hat, leuchtet das entsprechende Sensorfeld im Sucher rot auf. Der Toleranzbereich ist dabei aber manchmal etwas zu groß für lichtstarke Objektive. Wer viel Geld für ein Zeiss Otus ausgegeben hat, sollte sicher über eine alternative Mattscheibe nachdenken, die meisten anderen werden auch mit den Standardmöglichkeiten der EOS 5DS auskommen, zumal die Scharfstellung über den vergrößerten Livebild-Modus an Genauigkeit nicht zu überbieten ist.

Manueller Fokus im Livebild-Modus

Am genauesten lässt sich die Schärfe im Livebild-Modus festlegen, denn hier sehen Sie direkt das Bild, das auf dem Sensor entsteht, und können es auf dem Display bis zu 16fach vergrößern. Aktivieren Sie dazu den Livebild-Modus, und verschieben Sie mit dem Multi-Controller den weißen Rahmen auf den für das Scharfstellen wichtigen Bildbereich.

Drücken Sie zweimal auf die Lupentaste, um die 16fache Vergrößerung auszuwählen. Sie können dann am Objektiv die Schärfe festlegen und erhalten eine exakte Rückmeldung im Display. Bei 16facher Vergrößerung wirkt auch das Wackeln der Kamera viel stärker, so dass Sie den Bildstabilisator einschalten oder ein Stativ verwenden sollten.

Objektivskala nutzen

Die meisten Objektive verfügen über eine sogenannte *Objektivskala*, auf der Entfernungen in Metern beziehungsweise Fuß eingetragen sind. Hier können Sie beispielsweise gezielt eine Entfernung von drei Metern am Schärfering einstellen, wenn sich Ihr Motiv in diesem Abstand zum Objektiv befindet. Die Einträge in der Skala hängen vom Objektivmodell ab.

«
Die Lichtempfindlichkeit des Livebilds ermöglicht auch bei Dunkelheit meist eine problemlose Scharfstellung.

24 mm | f1,6 | 30 s | ISO 2 000

BEST PRACTICE
Tipps für die Schärfeoptimierung

Ich habe mir Standardsituationen geschaffen, in denen ich den AF einer neuen Kamera austeste. So gehe ich zum Beispiel in einen örtlichen Park, um Vögel im Flug zu fotografieren, oder zu einer Jamsession in den Jazzclub. Und natürlich nehme ich Porträts mit lichtstarken Festbrennweiten auf. Die EOS 5DS hat sich dabei hervorragend geschlagen, obwohl sie so kritisch ist, weil kleinste Unschärfen schnell sichtbar werden. Ich habe das Gefühl, dass sie noch einmal ein Stück besser arbeitet als die EOS 5D Mark III, die ebenfalls eine sehr gute AF-Leistung bietet. Der Hauptgrund für Unschärfe an der EOS 5DS war, dass ich manche Objektive nicht der AF-Feinabstimmung unterzogen hatte. Das war nicht bei jedem nötig, aber bei manchen brachte es eine sehr deutliche Verbesserung, interessanterweise auch bei echten Profiobjektiven wie dem Canon EF 300 mm f2,8L IS II USM, während ich das günstige EF 50 mm f1,8 STM nicht anpassen musste. Ich kann jedem empfehlen, seine Objektive auf korrekte Justage hin zu überprüfen und sie gegebenenfalls anzupassen (siehe hierzu auch ab Seite 93).

EOS iTR AF würde ich ebenfalls nicht ausschalten, in den meisten Fällen erhöht er die Wahrscheinlichkeit einer genauen Motivverfolgung. Ich ertappe mich jedenfalls dabei, wie ich häufiger die vollen 61 Messfelder verwende und damit erstaunlich schnell und genau die gewünschte Schärfe erziele, gerade in Situationen, wo die Kamera schneller ist als ich, zum Beispiel bei fliegenden Vögeln mit Supertele aufgenommen. Die höhere Prozessorleistung trägt auch dazu bei, dass die Ergebnisse exakter sind.

Trotzdem ist die Schärfeermittlung immer noch so etwas wie ein statistischer Prozess und kann im Einzelfall auch danebengehen. Sie sollten sich in jedem Fall die 1:1-Rückschau auf die SET-Taste legen, um so schnell eine Überprüfung auf Pixelebene vornehmen zu können. Nicht jedes unscharfe Bild können Sie der Kamera anlasten. Es gibt Objektive, die beim AF einfach nicht so exakt arbeiten wie zum Beispiel das alte EF 50 mm f1,4 USM. Auch das neue Sigma 24 mm f1,4 DG HSM [Art] saß bei mir ab und zu daneben, auch bei eigentlich einfachen Situationen. Beim zweiten Versuch saß die Schärfe dann exakt, und die Bildqualität ließ die gelegentlichen Aussetzer vollkommen verzeihen.

Der zweithäufigste Grund für Unschärfe gehört eigentlich nicht in dieses Kapitel, denn manchmal waren auch die Belichtungszeiten etwas zu lang. Wer Auto ISO in nicht ganz so ruhigen Situationen verwendet, sollte die Belichtungszeit mindestens eine Blendenstufe kürzer als die nach der Regel 1/Brennweite errechnete Belichtungszeit einstellen.

Insgesamt muss ich gestehen, dass ich das Thema Schärfe bei einer 50-Megapixel-Kamera noch kritischer eingeschätzt habe, als es sich in der Praxis erwiesen hat. Canons Objektive sind gut vorbereitet auf die nötige Leistung, die Kamera ist durchdacht und extrem praxistauglich, auch für das Arbeiten aus der Hand bei nicht optimalen Bedingungen. Trotzdem hat es die 5DS verdient, ab und zu auf ein Stativ gestellt zu werden.

≫
Die automatische Wahl der 61 Messfelder und die schnellste AI-Servo-Reaktion ließen die EOS 5DS hier die Schärfe finden.
260 mm | f7,1 | 1/1000 s | ISO 3 200

[Best Practice: Tipps für die Schärfeoptimierung]

Kapitel 3
Belichtung

Belichtungsmessverfahren **104**

Die Belichtungsprogramme **115**

Weitere Optionen zur Anpassung der Belichtung **131**

Der Weißabgleich **154**

Schwarzweißaufnahmen **167**

Best Practice

- Nachtfotografie **125**
- HDR-Fotografie **162**
- Empfehlungen zur Kameraeinstellung **169**

Exkurs

- Filmen mit der Canon EOS 5DS/5DS R **110**
- Belichtungsgrundlagen in aller Kürze **146**

3 Belichtung

Die Belichtung regelt nicht nur die richtige Helligkeit, sondern beeinflusst auch die Bildgestaltung mittels Blende, Verschlusszeit und ISO-Wert. Die EOS 5DS erfordert eine gewisse Sorgfalt bei der Wahl der Belichtungseinstellungen, liefert dann aber eine großartige Bildqualität.

Wenn Sie Ihr Wissen zu den Grundlagen der Belichtung noch einmal auffrischen möchten, finden Sie ab Seite 146 in diesem Kapitel den Exkurs »Belichtungsgrundlagen in aller Kürze«. Brauchen Sie das nicht, können Sie gleich hier weiterlesen.

3.1 Belichtungsmessverfahren

Die EOS 5DS besitzt ein Belichtungsmesssystem, dass es bei Canon ähnlich bislang nur in der EOS 1D X und in der EOS 7D Mark II gibt. Den vollen Nutzen der Möglichkeiten des Belichtungsmessungssensors erhalten Sie nur in der Mehrfeldmessung, aber auch die anderen Messmethoden sind manchmal von Vorteil.

	Verfahren	Beschreibung
	Mehrfeldmessung	Der gesamte Messbereich wird für die Belichtungsmessung berücksichtigt. Besonders gewichtet werden Gesichter und die Bereiche, die in der Schärfe liegen.
	Selektivmessung	Es werden lediglich ca. 6,1 % des gesamten Bildfeldes in der Bildmitte für die Belichtungsermittlung berücksichtigt.
	Spotmessung	Es werden nur rund 1,3 % des Bildfeldes in der Bildmitte zur Belichtungsermittlung herangezogen.
	mittenbetonte Integralmessung	Es wird der gesamte Messbereich für die Messung berücksichtigt, wobei Bereiche in der Bildmitte höher gewichtet werden.

Mehrfeldmessung

Die Mehrfeldmessung ist die aufwendigste Form der Belichtungsmessung. Die Wichtigkeit der einzelnen Messfelder legt die Kamera erst bei der Auswertung der Daten fest. Die Kamera versucht, die Belichtung der Szene »intelligent« anzupassen. Das Bild ist in 252 gleich große Messsektoren aufgeteilt, die die AF-Sensoren gut abdecken, aber den Bildrand auslassen. Die Autofokussensoren (und zwar alle) messen, welche Bereiche in der Schärfe liegen, und diese Bereiche werden für die Belichtung besonders gewichtet. Das passiert sogar dann, wenn Sie den Autofokus am Objektiv ausgeschaltet haben oder ein manuelles Objektiv verwenden. Die Belichtungsmessfelder, in denen die gewählten Autofokusmessfelder liegen, werden für die Gesamtbeurteilung der Belichtungssituation nochmals stärker gewichtet.

Der Belichtungsmesssensor selbst besteht aus ca. 150 000 Pixeln, die RGB-Farbinformation aufzeichnen können und zusätzlich Infrarot. Die Infrarotinformation ist zwar grundsätzlich unwichtig für die Belichtung, weil der Kamerasensor mit einem starken Infrarotfilter versehen ist, der nur einen sehr kleinen Rest durchlässt (aber immer noch genug, um damit fotografieren zu können, siehe Seite 160). Sie hilft der Kamera aber, sehr schnell Gesichter zu erkennen und die Belichtung (und den AF) dafür zu optimieren.

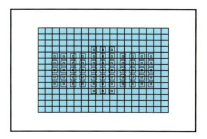

≈
Die Mehrfeldmessung erfasst den farblich markierten Bereich sehr detailliert.

≈
Der hochentwickelte Belichtungssensor ist eine der Stärken der EOS 5DS. (Bild: Canon)

≋
Wenn Sie die AF-Felder nicht unbedingt für die Schärfefestlegung benötigen, weil zum Beispiel wie hier die Schärfe ohnehin auf den Unendlichkeitsbereich gelegt wird, dann können Sie sie in der Mehrfeldmessung auch nur zur Belichtungssteuerung verwenden. Wenn Sie auf helle Bereiche fokussieren, wird das Bild dunkler (links), wenn Sie auf dunkle fokussieren, heller (rechts).

31 mm | f13 | 1/400 s und 1/160 s | ISO 200

⌃
Die Mehrfeldmessung führt meist zu sehr ausgewogenen Ergebnissen, ist aber leider am schlechtesten vorhersehbar, weil die Kamera so viel »mitdenkt«.

35 mm | f7,1 | 1/250 s | ISO 200

> **Hinweis**
>
> Wenn Sie es im Blitzmenü nicht ändern, bleibt die Mehrfeldmessung das Messverfahren für Blitzlicht, auch wenn Sie die Dauerlichtmessung auf mittenbetont oder etwas anderes umgestellt haben. Die Messverfahren für Blitz und Dauerlicht können Sie also unabhängig voneinander einstellen.

Diese Belichtungsoptimierung für Gesichter findet aber natürlich nur in der Mehrfeldmessung statt, weil in den anderen Messmethoden die Gewichtung starr vorgegeben ist.

Die Mehrfeldmessung wird in den meisten Aufnahmesituationen für gute Ergebnisse sorgen. Gerade wenn bei Schnappschüssen wenig Zeit für manuelle Einstellungen bleibt, ist dieses Messverfahren die richtige Wahl, und es steigert gerade durch die Gewichtung der aktuellen Autofokusmessfelder die Wahrscheinlichkeit eines gut belichteten Bildes. Wenn Sie den Auslöser halb herunterdrücken, wird die Belichtung mit dem Fokus zusammen gespeichert, im Gegensatz zu den anderen Belichtungsmodi. Das gilt natürlich nicht bei aktiver Nachführmessung des Fokus (AI Servo AF), bei der ja auch kein Fokus gespeichert, sondern kontinuierlich angepasst wird. Falls Sie die Kamera mit gespeichertem Fokus stark schwenken, können Sie Fehlbelichtungen erhalten, da der neue Bildausschnitt mit der bereits erfolgten Belichtungsmessung nichts mehr zu tun hat. Sie können die EOS 5DS aber auch so anpassen, dass Fokus und Belichtungsmessung unabhängig voneinander einstellbar sind (siehe Seite 85).

Die Mehrfeldmessung ist grundsätzlich die beste Messmethode und eignet sich gut als Standardeinstellung. Gerade weil die deutlichen Verbesserungen in der Belichtungsmessung hauptsächlich der Mehrfeldmessung zugutekommen, sollten Sie sie die anderen nur in begründeten Ausnahmefällen verwenden. Manchmal möchte man aber mit einer Methode arbeiten, die besser vorhersehbare Ergebnisse liefert, um zum Beispiel die Belichtung manuell festzulegen oder von vornherein eine Belichtungskorrektur einzustellen.

Selektivmessung

Oft ist die Bildmitte der belichtungsrelevante Bereich. Bei Landschaftsaufnahmen liegt der untere Bereich des Bildes manchmal im Schatten, während der obere Bereich vom Himmel eingenommen wird. In der Mitte befindet sich die Landschaft in dem Licht, auf das es ankommt. Die Selektivmessung liefert dann gut vorhersagbare Ergebnisse, gerade auch in Gegenlichtsituationen, weil die hellen Außenbereiche überhaupt nicht in die Belichtungsmessung einfließen.

Sie sollten diese Messmethode und auch alle anderen außer der Mehrfeldmessung nur in begründeten Fällen verwenden. Ich erinnere mich an eine Situation, in der ich richtig verärgert über den Korrekturbedarf der Belichtungsmessung war, nur um festzustellen, dass ich die Kamera versehentlich auf die Selektivmessung umgestellt hatte.

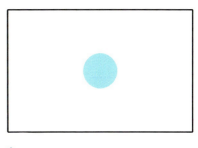

⌃
Die Selektivmessung verwendet nur die 6,1 % des Sucherbereichs in der Bildmitte.

«
Der eingefärbte Bereich zeigt den Messbereich der Selektivmessung.

50 mm | f2,5 | 1/2500 s | ISO 200

Spotmessung

Der Messbereich der Spotmessung entspricht ungefähr dem Kreis in der Mitte des Suchers. Diese Messart eignet sich, um kleinere Bildbereiche gezielt anzumessen. So können Sie in komplizierten Lichtsituationen zum Beispiel mit großen Schattenbereichen zu sehr guten Ergebnissen kommen. Die Spotmessung kombinieren Sie am besten mit der manuellen Belichtungssteuerung oder der Messwertspeicherung, damit Sie im Bildaufbau nicht auf die Bildmitte festgelegt sind.

Wenn Sie eine Zeit und Blende in M festgelegt haben und ohne Auto ISO arbeiten, können Sie mit einem kurzen Verschwenken des Spotbereichs eine Kontrastmessung vornehmen. Behalten Sie dazu die Belichtungsanzeige unter dem Sucherbild im Auge, und wenn die Belichtung beim Verschwenken im Bereich von +2,5 bis −2,5 Blenden bleibt, haben Sie eine gute Durchzeichnung in Lichtern und Schatten. Die Spotmessung ist für den bewussten Gestalter ohne Zeitdruck gedacht. Wenn es schnell gehen muss, sind Sie mit einer Belichtungsreihe auch auf der sicheren Seite, für die meisten Situationen wird sogar eine einfache und unveränderte Mehrfeldmessung reichen.

Früher habe ich hauptsächlich die Spotmessung verwendet, weil eine Fehlbelichtung auf Diafilm an einer Großbildkamera richtig ins

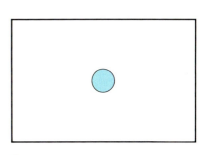

⌃
Mit ca. 1,3 % des Sucherfeldes wird bei der Spotmessung lediglich ein sehr geringer Bildbereich für die Belichtungsmessung herangezogen. So lassen sich auch kleinere Motive ungeachtet des Hintergrunds perfekt belichten.

[Kapitel 3: Belichtung] 107

Geld ging. Zudem bekam ich so die Farben genau in den richtigen Helligkeiten, und auch in der Schwarzweißfotografie habe ich mir die Tonwerte vor der Aufnahme nach dem Zonensystem von Ansel Adams überlegt. Die Spotmessung ist immer noch nützlich, um sich die Helligkeitsverteilung als Gestalter bewusst zu machen, und in eine Profikamera gehört sie einfach hinein. Doch heute konzentriere ich mich bei der Aufnahme eher darauf, den Tonwertumfang gut zu erfassen, und verwende in kontrastreichen Situationen die Belichtungsreihe (AEB) mit drei Belichtungen (ganz selten mehr) sowie die Mehrfeldmessung. Später suche ich mir die beste, d. h. meist die hellste ohne Lichterverlust, aus und passe den Rest in Lightroom an. Wenn das nicht reicht, habe ich mit den drei Belichtungen das nötige Rohmaterial für ein HDR-Bild.

« *Eine Spotmessung auf den Traktor liefert hier ein gutes Ergebnis.*

40 mm | f4 | 1/250 s | ISO 100

Mittenbetonte Integralmessung

Die mittenbetonte Integralmessung ist im Grunde nur eine »weichere« Selektivmessung, denn auch hier ist die Bildmitte wichtiger. Der Bereich ist allerdings größer, und die Außenbereiche werden nicht ganz ignoriert. Die mittenbetonte Integralmessung ist am besten vorhersagbar. Sie können meist recht genau den Korrekturfaktor abschätzen, um den Sie das Foto heller oder dunkler belichten müssen, damit es Ihrem Augeneindruck nahekommt.

« *Die mittenbetonte Integralmessung bezieht wie die Mehrfeldmessung den gesamten Messbereich ein. Allerdings werden die mittigen Messfelder bei der Gesamtbeurteilung höher gewichtet.*

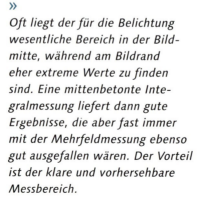

» *Oft liegt der für die Belichtung wesentliche Bereich in der Bildmitte, während am Bildrand eher extreme Werte zu finden sind. Eine mittenbetonte Integralmessung liefert dann gute Ergebnisse, die aber fast immer mit der Mehrfeldmessung ebenso gut ausgefallen wären. Der Vorteil ist der klare und vorhersehbare Messbereich.*

200 mm | f9 | 1/800 s | ISO 200

Belichtungsmessung im Livebild-Modus

Im Livebild-Modus funktioniert die Belichtungsmessung ein wenig anders. Sobald Spiegel und Hilfsspiegel hochklappen, steht der Belichtungsmesser im Sucher nicht mehr zur Verfügung. Aus diesem Grund muss der Bildsensor auch die Aufgabe der Belichtungsmessung übernehmen. Bei der Mehrfeldmessung liegt die Gewichtung der Messung auf dem im Monitor eingeblendeten Rechteck. Mit Hilfe des Multi-Controllers lässt sich das Rechteck verschieben. Wenn Sie das Rechteck von dunklen in helle Bereiche verschieben, können Sie bereits auf dem Monitor beobachten, wie sich das Bild verdunkelt oder aufhellt.

⚘
Im Livebild-Modus erfolgt die Belichtungsmessung in der Mehrfeldmessung primär auf den Bereich innerhalb des Rechtecks, das den Fokusbereich anzeigt.

⚘
In der Selektivmessung wird die Belichtung innerhalb des grauen Kreises in der Bildmitte gemessen und ist damit unabhängig vom Fokusbereich.

Der Messwert wird gespeichert, sobald Sie die Sterntaste drücken. So können Sie die Schärfe ganz in Ruhe kontrollieren, ohne dabei den Messwert zu verlieren. Die Wirkung einer Belichtungskorrektur sehen Sie allerdings nur dann, wenn Sie im Menü SHOOT5: LV FUNC. die Belichtungssimulation einschalten (BELICHTUNGSSIMUL. auf AKTIVIEREN). Damit erhalten Sie auch im manuellen Modus eine genaue Vorschau der Belichtung. In der Spot- und Selektivmessung zeigt ein grauer Kreis in der Bildmitte den jeweiligen Messbereich an, in der mittenbetonten Messung ist fast das gesamte Bild relevant. Dass der Fokusbereich die Belichtungsmessung beeinflusst, ist also nur bei der Mehrfeldmessung der Fall, genauso, wie dieser auch in der Messung bei heruntergeklapptem Spiegel nur in der Mehrfeldmessung ausgewertet wird.

⚘
Wenn Sie die Belichtungssimulation einstellen, wird das Livebild genauso hell dargestellt, wie die spätere Aufnahme sein wird.

[Kapitel 3: Belichtung]

EXKURS
Filmen mit der Canon EOS 5DS/5DS R

Niemand wird sich die EOS 5DS allein für Video gekauft haben oder sie hauptsächlich für den Videobereich verwenden, weil sie dafür einfach nicht gebaut wurde. Deswegen gibt es in diesem Buch auch kein eigenes Videokapitel. Da die Kamera aber zum großen Teil die Videofähigkeiten der EOS 5D Mark III übernommen hat und sich sehr gut für gelegentliche Videoaufnahmen in hoher Qualität eignet, möchte ich hier zumindest grundsätzliche Tipps zur Verwendung geben.

Auflösung und ALL-I/IPB

Die Vorteile einer hohen Aufnahmeauflösung muss man Käufern einer EOS 5DS nicht erklären. Wenn Sie nicht unbedingt 50 oder 60 fps (*frames per second = Bilder pro Sekunde*) benötigen, gibt es keinen Grund, nicht mit Full HD (1 920 × 1 080), also mit 25 oder 30 fps, zu arbeiten. Der Speicherbedarf von einer Minute Video entspricht mit gut 200 MB im IPB-Kompressionsmodus gerade einmal drei Raw-Dateien der EOS 5DS. Der Bedarf steigt um das Dreifache, wenn Sie die ALL-I-Kompression verwenden. Der Unterschied zwischen den beiden Kompressionsmethoden besteht darin, dass sich IPB die Tatsache zunutze macht, dass sich zwei Frames eines Videos meist nur in Teilbereichen des Bildes unterscheiden. Es reicht also, alle paar Frames ein ganzes Bild zu speichern und dazwischen immer nur die Unterschiede zu kodieren (*Interframe*). ALL-I hingegen speichert jedes Bild einzeln ab und komprimiert nur innerhalb des Frames (*Intraframe*). Wenn Sie allerhöchste Qualität benötigen und die Videos nachbearbeiten möchten, kann sich ALL-I lohnen; beim normalen Abspielen am Monitor werden Sie kaum einen Unterschied ausmachen, so dass IPB meist ausreichen wird.

Belichtungszeiten

Wenn Sie kurze Belichtungszeiten für bewegte Motive verwenden, scheinen die Bilder zu springen, und das Betrachten wird unruhig. Besser ist es, wenn Sie eine Belichtungszeit wählen, die nur knapp kürzer als die Bildwiederholrate ist, also bei 25 Bildern pro Sekunde 1/30 s. Falls die Bewegung dann zu verwischt erscheinen sollte, können Sie die Kamera mit dem Motiv mitziehen. Das machen selbst Hollywood-Profis in Actionfilmen so. Drücken Sie bei einem Film doch einfach einmal die Pausetaste, und schauen Sie, wie verwischt die Bewegungen auch hier erscheinen.

Bildstil

Wenn Sie einen Bildstil für Ihr Video einstellen, haben Sie zwei unterschiedliche Möglichkeiten. Erstens können Sie ihn so einstellen, dass Sie das Video nur noch schneiden, aber nicht mehr farblich verändern, und zweitens können Sie einen Bildstil wählen, der sich optimal dafür eignet, in der Nachbearbeitung gut anpassbares Material zu liefern. Profis bevorzugen meist die zweite Methode, aber das ist natürlich deutlich mehr Arbeit. Weiche Bildstile, die sich für die Aufzeichnung von Videodaten für die Nachbearbeitung eignen, finden Sie zum Beispiel hier:
- http://web.canon.jp/imaging/picturestyle/file/videocamera.html
- http://www.technicolor.com/en/solutions-services/cinestyle

Im mitgelieferten EOS Utility können Sie Bildstile einfach über USB in die Kamera laden.

Der Bildstil STANDARD liefert gute Farben und guten Kontrast, lässt sich aber nicht gut nachbearbeiten (links). VIDEO-X von Canon (Mitte) und noch mehr CINESTYLE von Technicolor (rechts) sind weicher und zeichnen mehr Dynamikumfang auf, sollten aber in der Nachbearbeitung mit mehr Kontrast und Sättigung versehen werden.

Fertige Bildstile können Sie mit der EOS Utility in die Kamera laden. Wenn Sie eigene Filmlooks bereits in der Kamera erzeugen möchten, können Sie sie mit dem Picture Style Editor erstellen.

Mikrofon verwenden

Das interne Mikrofon wird manchmal ausreichen, aber wenn Sie ernsthaft mit Video anfangen möchten, wird ein Mikrofon eine der

Das Schnellwahlrad ist auch berührungsempfindlich. Wenn Sie den leisen Betrieb aktivieren, müssen Sie es nur leicht antippen, um etwa den Ton auszusteuern.

Die gelben Maximalmarkierungen sollten keinesfalls höher liegen als in diesem Beispiel, weil dann der Ton schnell verzerrt.

ersten Anschaffungen sein. Wenn Sie das interne Mikrofon benutzen, sollten Sie in jedem Falle den leisen Betrieb (SHOOT5: Movie • Leiser Betrieb) aktivieren, weil Sie damit deutlich weniger Störgeräusche auf die Kamera übertragen. In diesem Modus reicht es aus, das Schnellwahlrad nur leicht anzutippen; auf diese Weise erzeugen Sie so keine Klickgeräusche bei der Bedienung. Auch mit einem externen Mikro schadet der leise Betrieb nicht.

Wenn Sie sich ein Mikrofon anschaffen, sollten Sie darauf achten, dass es zum Beispiel durch Gummibänder mechanisch vom Blitzschuh entkoppelt ist, damit sich keine Störgeräusche übertragen. Für Sprachaufzeichnung sind eher gerichtete Monomikrofone geeignet, während für die Atmosphäre bei Naturaufnahmen Stereo besser ist. Wenn Sie Ihr Mikrofon auch draußen verwenden wollen, können Sie gleich einen Windschutz mitbestellen, denn Wind verursacht schnell starke Störgeräusche, und der elektronische Windfilter der EOS 5DS ist nicht mehr als eine Notlösung.

Nach Möglichkeit sollten Sie den Ton manuell aussteuern, und zwar so, dass die lautesten Bereiche bei ca. −6 dB liegen. Wenn Sie den Ton zu gering aussteuern, ist er zu leise und fängt an zu rauschen, wenn Sie ihn in der Nachbearbeitung anheben. Wenn Sie ihn zu hoch aussteuern, verzerrt er und klingt sehr unangenehm, was in der Praxis schlimmer ist.

Anfängerfehler vermeiden

Wenn Fotografen mit Video anfangen, unterliegen sie manchmal dem Irrtum, dass sich nun alles immer bewegen müsse. Sie setzen dann Zooms, Schwenks und Fahrten ein, oft gegenläufig, und schaffen so Filme, die man sich kaum anschauen kann. Noch schlimmer wird es, wenn zwischen den Szenen alle benutzbaren Überblendeffekte wie zum Beispiel Wischblende, Bilddrehung und Schwarzblende verwendet werden. Besser ist es, wenn Sie sich in Ruhe eine Szenenabfolge überlegen und mit klaren Schnitten arbeiten. Wenn Sie sich mit den Gestaltungsregeln des Films vertraut machen, können Sie nicht nur bessere Videos drehen, sondern haben auch mehr Spaß im Kino.

Verwacklungen können einen Film ebenfalls sehr unruhig machen. Ein spezieller Stativkopf, ein sogenannter *Fluid-Neiger*, kann helfen, weiche Schwenks zu erreichen. Kleine Wackler können Sie auch in der Filmsoftware herausrechnen lassen, müssen dafür aber eine leichte Verkleinerung des Bildfeldes in Kauf nehmen. Objektive mit

Bildstabilisator können ebenfalls helfen, ruhigere Bilder zu erzeugen, im Einzelfall kann das aber auch zu unangenehmem »Schwimmen« des Bildes führen. In den meisten Fällen wird der Stabilisator aber positiv wirken, wenn Sie ohne Hilfsmittel aus der Hand mit bewegter Kamera arbeiten müssen.

Zeitrafferaufnahmen

Wenn Sie Zeitrafferaufnahmen professionell aufnehmen wollen, kann es sinnvoll sein, auch hier von Raw-Bildern auszugehen (für Videos würde auch das kleinere sRAW reichen). Das hat allerdings zwei entscheidende Nachteile: Erstens ist die Nachbearbeitung sehr aufwendig, und zweitens schränken die vielen notwendigen Verschlussauslösungen die Lebensdauer des auf 150 000 Auslösungen spezifizierten Verschlusses ein. Das können zwar Sie etwas abmildern, in dem Sie den Livebild-Modus verwenden, aber der liefert Ihnen auch keinen komplett elektronischen Verschluss. Die Funktion ZEITRAFFER-MOVIE im Menü SHOOT5: MOVIE lässt Sie Zeitrafferaufnahmen in der Kamera erstellen, die Kamera speichert dabei die Einzelbilder nicht zusätzlich ab, sondern nur den fertigen Film, und verwendet dabei einen ausschließlich elektronischen Verschluss. Der mechanische Verschluss wird dabei nur am Anfang geöffnet und am Ende geschlossen, so dass die Belastung der eines einzigen Fotos entspricht.

Wenn Sie in die Abenddämmerung hineinfotografieren möchten oder den Sonnenaufgang aufnehmen, dann wird die interne Zeitrafferfunktion die Belichtung nicht automatisch anpassen, so dass der Film zum Ende hin schwarz oder weiß werden kann. Sobald Sie die Zeitrafferfunktion aktiviert haben, können Sie im manuellen Modus die Belichtungszeiten verlängern und auch Zeiten von mehreren Sekunden einstellen, während vorher der Zeitenbereich bei 1/30 s begrenzt ist. Passen Sie auf, dass die Kamera während der Zeitrafferaufnahme nicht zu hellem Licht ausgesetzt wird. Die Sonne kann, je nach Brennweite und Fokussierung, bereits den Sensor schädigen, weil der Verschluss die ganze Zeit offen bleibt. Starke Laser, wie sie bei manchen Konzerten Verwendung finden, können einen Sensor ebenfalls dauerhaft beschädigen.

Im Zeitraffer wird der Sensor noch langsamer ausgelesen als im Normalbetrieb, so dass ein Schwenk das Bild stark verzerren kann (Rolling-Shutter-Effekt).

Wenn Sie Zeitrafferaufnahmen mit der Belichtungsautomatik aufnehmen möchten, bleibt Ihnen nur der Umweg über Einzelbilder. Allerdings ist hier die EOS 5DS eigentlich zu schade; selbst für ein 4K-Zeitraffer-Video reicht jede Canon-Amateur-DSLR aus, und wenn dort der Verschluss den Geist aufgibt, dann tut das weit weniger weh als bei Ihrer EOS 5DS.

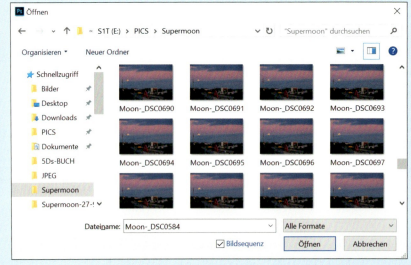

◈
Wenn Sie das Häkchen bei BILDSEQUENZ setzen, lädt Photoshop die Einzelbilder Ihrer Zeitrafferaufnahme als Film.

◈
Für Zeitraffer, die große Belichtungsunterschiede aufweisen, eignet sich die kamerainterne Zeitrafferfunktion nicht, da die Belichtung des ersten Bildes beibehalten wird.

Wenn Sie aus Einzelbildern eine Zeitrafferaufnahme erstellen möchten, können Sie die JPEG-Dateien aus der Kamera direkt als Bildsequenz in Photoshop laden. Wenn Sie Raw-Bilder aufgenommen haben, müssen Sie diese erst als TIF oder JPEG abspeichern. Blenden Sie dann FENSTER • ZEITLEISTE ein, um Zugriff auf die Videofunktionen zu haben. Sie können auch mit Filtern und Einstellungsebenen arbeiten, wenn Sie die Filmebene in ein Smartobjekt konvertieren. Über DATEI • EXPORTIEREN • VIDEO RENDERN geben Sie dann den fertigen Film aus. Sie benötigen also gar keine Videosoftware, um ein Zeitraffervideo aus Einzelbildern zu erzeugen.

3.2 Die Belichtungsprogramme

Je nach Motivsituation kann es günstig sein, bestimmte Belichtungsparameter von der Kamera automatisch steuern zu lassen. Die EOS 5DS bietet Ihnen da alle Möglichkeiten, für die Sie zu Zeiten der Analogfotografie zwei oder drei verschiedene Kameras besitzen mussten. Die Canon AE-1 von 1976 besaß zum Beispiel nur eine Blendenautomatik (Tv). Das bedeutet, dass Sie vielleicht auch nicht alles benötigen werden, was Ihnen die EOS 5DS anbietet, echte Amateur-Features wie Motivprogramme bietet die Kamera aber ohnehin nicht. Die Programm- und die Vollautomatik sind für viele fortgeschrittene Fotografen aber ebenfalls verzichtbar.

Vollautomatik-Modus

Viele Einstellmöglichkeiten lässt die Vollautomatik ja nicht zu, aber immerhin können Sie in diesem Programm Raw-Dateien aufzeichnen und nicht nur JPEGs wie bei den »kleineren« Kameras. Für einen erfahrenen Fotografen fühlt sich das dennoch so an, als wäre die Kamera halb kaputt. Behalten Sie diese Möglichkeit trotzdem im Gedächtnis, falls Sie Ihre Kamera mal jemandem in die Hand drücken, der sie gar nicht kennt oder kaum fotografische Kenntnisse hat. Mit »Hier ist der Zoomring, da ist der Auslöser« können Sie Ihre EOS 5DS dann vollständig erklären.

Wenn Sie sich mit den Mitarbeitern der Reparaturservices der großen Kamerahersteller unterhalten, werden sie Ihnen irgendwann erzählen, dass enorm viele Kunden Kameras einschicken, die auf das grüne Programm eingestellt sind. Lassen Sie sich die Entscheidungen über die Bildgestaltung nicht aus der Hand nehmen, behalten Sie diesen Modus nur als Notfalleinstellung für Foto-Unkundige im Gedächtnis.

P – Programmautomatik

Die Programmautomatik P ist recht praktisch, wenn Sie zum Beispiel mit einem Zoomobjektiv eine Veranstaltung dokumentieren wollen. Während Ihre Aufmerksamkeit dem Erfassen der Situation und dem Erreichen der richtigen Aufnahmeposition gilt, nimmt Ihnen die Programm-

Die Programmautomatik versucht, hohe Schärfentiefe mit hinreichend kurzen Belichtungszeiten zu verbinden.

35 mm | f7,1 | 1/125 s | ISO 200

automatik etwas Arbeit ab. Auch wenn Sie im Urlaub einfach nur Bilder machen möchten, die scharf und gut belichtet sind, wird die Programmautomatik gute Einstellungen finden. Möchten Sie bewusster gestalten und mit selektiver Schärfe arbeiten, sollten Sie lieber die Zeitautomatik Av verwenden.

Tv – Blendenautomatik (Zeitvorwahl)

Die Abkürzung Tv steht für *Time Value* (deutsch: Zeitwert). In diesem Programm können Sie die gewünschte Verschlusszeit über das Hauptwahlrad einstellen. Wenn Sie nun zum Beispiel ein sich schnell bewegendes Motiv ohne Unschärfe fotografieren möchten, sollten Sie eine sehr kurze Verschlusszeit auswählen. Die Kameraautomatik stellt dann die Blende so ein, dass Ihr Bild optimal belichtet ist. Bei Tv empfiehlt sich Auto ISO, damit Sie die kurzen Zeiten auch bei schwächerem Licht noch verwenden können. Alternativ können Sie auch SAFETY SHIFT (siehe Seite 133) auf den Modus ISO stellen, dann wird die Kamera auch den ISO-Wert erhöhen, wenn die Belichtungszeit sonst zu kurz für eine korrekte Belichtung würde. Sie können die Blendenautomatik natürlich auch für längere Verschlusszeiten verwenden und so eine dynamisch wirkende Bewegungsunschärfe erzeugen.

Das Programm Tv eignet sich besonders für die Tier- und Sportfotografie, in der die Belichtungszeit wichtiger ist als die Blende, weil Sie Bewegungen mit einer bestimmten Geschwindigkeit scharf einfangen wollen. Meistens ist die Blende aber ein zu wichtiges Gestaltungsmittel, um sie der Kamera zu überlassen.

⌃
Damit Sie ein sich sehr schnell bewegendes Motiv dennoch scharf einfangen können, sind sehr kurze Verschlusszeiten erforderlich. Hier bietet sich die Blendenautomatik an.

600 mm | f7,1 | 1/4000 s | ISO 200

Bildfehler bei alten Speicherkarten

Wenn die EOS 5DS gelegentlich seltsame pinkfarbene Bilder oder verschobene Blöcke aufzeichnet, sollten Sie nicht an Ihrer Kamera zweifeln, sondern erst einmal andere Speicherkarten verwenden. Die EOS 5DS unterstützt auch neuere Kartenstandards wie UDMA-7, und so können gerade alte Karten Aussetzer zeigen – selbst wenn diese bislang in alten Kameras tadellos funktioniert haben.

Maximale Geschwindigkeit bei der Bildaufnahme

Die EOS 5DS schafft fünf Bilder pro Sekunde und kann diese Geschwindigkeit über maximal 510 Bilder im JPEG-Modus mit einer schnellen Speicherkarte (zum Beispiel CF, UDMA-7, 160 MB/s) durchhalten. Danach kann sie immerhin noch drei bis vier Bilder pro Sekunde aufnehmen, bis die Speicherkarte voll ist. Wenn Sie Raw-Dateien aufnehmen, nimmt die Geschwindigkeit nach 12–14 Bildern ab, weil dann der interne Puffer voll ist und die Bilder nicht schnell genug auf die Karte geschrieben werden können. Im Raw-Format sind danach nur ein bis zwei Bilder pro Sekunde möglich, und die Frequenz wird etwas unregelmäßig.

Sobald die EOS 5DS zwei Formate speichern soll, benötigt sie für jedes Bild zweimal Platz im Pufferspeicher. Wenn Sie die Bildaufnahmequalität also auf RAW+JPEG gestellt haben, wird die Kamera nach 16 Bildern deutlich langsamer werden. Das ist auch der Fall, wenn Sie Raw auf der CF-Karte und JPEG auf der SD-Karte speichern. Falls Sie dauerhaft eine hohe Geschwindigkeit verwenden müssen, sollten Sie also nur JPEGs speichern. Falls Sie auf hohe Raw-Serienbildgeschwindigkeiten angewiesen sind, sollten Sie keine JPEGs zusätzlich machen und nur auf eine schnelle UDMA-7-CF-Karte speichern.

Wenn Sie mit sehr hohen ISO-Werten arbeiten, kann die Geschwindigkeit durch die benötigte Zeit für die Rauschentfernung wieder heruntergehen. Auch werden die JPEGs durch die schlechtere Komprimierbarkeit von Bildrauschen größer und dadurch etwas langsamer auf die Karte geschrieben. Bei längeren Belichtungszeiten sinkt die Serienbildgeschwindigkeit natürlich auch: Wenn die Belichtung schon eine halbe Sekunde dauert, sind eben nur maximal zwei Bilder pro Sekunde möglich. Leider gibt es keinen Modus, der ein gleichzeitiges Schreiben auf beide Karten ermöglicht, um noch mehr Speicherbandbreite zu nutzen, und ebenso hat Canon noch nicht den UHS-II-Standard für SD-Karten eingeführt. Trotzdem werden Sie nur selten an die Grenzen stoßen, denn für die Praxis sind die Werte der EOS 5DS schon sehr gut.

Wenn maximale Geschwindigkeit nicht so wichtig ist, sollten Sie überlegen, wie viel Sie in CF-Karten investieren wollen. Die Technik ist am Ende ihrer Lebensdauer angekommen und wird wahrscheinlich in den nächsten Profikameras durch CFast ersetzt, während SD-Karten noch eine Weile weiterverwendet werden können. Eine UHS-II-Karte wird zwar in der Geschwindigkeit nicht voll ausgenutzt von der EOS 5DS, funktioniert aber einwandfrei und lässt sich mit dem Kartenleser in der vollen Geschwindigkeit von bis zu 300 MB/s auslesen.

Av – Verschlusszeitautomatik (Blendenvorwahl)

Av steht im Englischen für *Aperture Value* (deutsch *Blendenwert*). In diesem Programm legen Sie über das Hauptwahlrad die Blende fest. Die Kameraautomatik ermittelt dann die für eine korrekte Belichtung erforderliche Verschlusszeit. Wenn Sie Auto ISO wählen, können Sie Einfluss auf die minimal verwendeten Verschlusszeiten nehmen (siehe Seite 122). Das Programm Av eignet sich gut als Standardprogramm

Hinweis

Bei anderen Kameraherstellern haben sich die Bezeichnungen A (*Aperture Priority*) für die Zeitautomatik und S (*Shutter Priority*) für die Blendenautomatik etabliert.

⌃
Die Zeitautomatik (Av) eignet sich gut als Standardprogramm, um volle Kontrolle über die Schärfentiefe zu haben. Damit sich der verrostete Zaun gut vom Hintergrund trennt, wählte ich f1,4 vor.

24mm | f1,4 | 1/4000s | ISO 200

für die meisten fotografischen Anwendungen: Sie haben volle Kontrolle über das Bildergebnis und trotzdem den Komfort einer schnell reagierenden Automatik. Sie werden die Blende meist ohnehin von Hand wählen wollen, weil es für viele Motive einen optimalen Blendenbereich gibt, der wenig Variation zulässt. Porträts werden in der Regel bei recht weit geöffneten Blenden geschossen, damit der Hintergrund nicht ablenkt, während bei Landschaftsaufnahmen mit Weitwinkeln oft eine große Schärfentiefe und dementsprechend Blendenwerte um f8 bis f11 gewünscht sind. Das heißt, die Blende ist mehr oder weniger gesetzt, und die Belichtungszeit wird über die Wahl des ISO-Werts in einen sinnvollen Bereich gebracht.

M – Manuelle Belichtung

Das Programm M bietet Ihnen den größten kreativen Spielraum, da Sie hier sowohl Blende als auch Belichtungszeit frei festlegen können. Trotz des manuellen Modus steht Ihnen aber auch hier die automatische Belichtungsmessung zur Verfügung. Die Belichtungsmessung können Sie aber an der Balkenanzeige unter dem Sucherbild ablesen. Wenn Sie den ISO-Wert hingegen fest einstellen, findet keine Belichtungsautomatik statt.

Die EOS 5DS bietet Ihnen die Möglichkeit, Auto ISO auch im manuellen Modus zu verwenden. Sie stellen Zeit und Blende fest ein, und die Kamera belichtet automatisch, solange der Wertebereich der Auto-ISO-Einstellung das zulässt. So können Sie zum Beispiel 1/1000s wählen, um die Bewegung einzufangen, und f5,6 für die nötige Schärfentiefe und erhalten doch immer eine korrekte Belichtung. Die EOS 5DS hat zudem den großen Vorteil, dass Sie trotzdem noch eine Belichtungskorrektur einstellen können, das können andere Kameras wie die EOS 5D Mark III oder die EOS 70D leider nicht, aber nur dann lässt sich die Funktion auch wirklich uneingeschränkt nutzen. Wenn Sie die Spotmessung verwenden, um manuell die Helligkeit für einen bestimmten Bildbereich festzulegen, dürfen Sie natürlich kein Auto ISO verwenden, weil die Kamera sonst die Belichtung beim Zurückschwenken wieder für die Bildmitte angleicht.

⌃
Über den Schnelleinstellungsbildschirm können Sie auch im manuellen Modus mit Auto ISO eine Belichtungskorrektur einstellen.

Die manuelle Belichtungseinstellung ohne Auto ISO bietet sich hingegen beispielsweise in folgenden Fällen an:
- wenn der Blitz das Hauptlicht ist wie bei der Studiofotografie
- wenn die Belichtungswerte zwischen verschiedenen Aufnahmen identisch bleiben sollen
- wenn Sie mit der Spotmessung Motivdetails oder den Kontrastumfang anmessen
- wenn die Belichtungsmessung nicht zu gebrauchen ist, wie zum Beispiel bei verschobenen Tilt-Shift-Objektiven

Die Bärenstatue maß ich manuell mit der Spotmessung an. Die Belichtung ist so knapper als mit der Mehrfeldmessung und ergibt ein dramatischeres Bild.

16 mm | f9 | 1/800 s | ISO 200

Wenn Sie Blitzlicht verwenden, wird das abgegebene Blitzlicht standardmäßig per E-TTL II automatisch bestimmt. So arbeiten Sie also auch dann trotz manuellem Modus mit einer (Blitz-)Belichtungsautomatik. Sie können aber auch den Blitz manuell regeln, und dann arbeitet keine Belichtungsautomatik mehr, denn auch Auto ISO wird automatisch fest auf ISO 400 eingestellt, sobald die Kamera einen Blitz erkennt.

Belichtungsregel bei Sonnenlicht

Eine uralte und hilfreiche Fotografenregel lautet, dass die Belichtungszeit bei Sonnenlicht und Blende f16 dem Kehrwert der ISO-Zahl entspricht – »Sunny 16«. Also bekommt man bei ISO 100 mit 1/100 s ein perfekt belichtetes Bild. Das gilt allerdings nur ca. zwei Stunden nach Sonnenaufgang bis zwei Stunden vor Sonnenuntergang, da sonst die Sonne von der Atmosphäre zu sehr abgeschwächt wird.

Mit einem Tilt-Shift-Weitwinkelobjektiv ist f10 und 1/250 s bei ISO 100 ein guter Start. So erhalten Sie gute Randschärfe, kaum Beugungsunschärfe und eine kurze Belichtungszeit.

»
Tilt-Shift-Objektive führen bei starker Verschiebung zu falschen Belichtungsmesserergebnissen. Am einfachsten arbeiten Sie mit ihnen wie hier im manuellen Programm, wenn Sie nicht den Livebild-Modus verwenden möchten, der auch bei starker Verschiebung eine korrekte Belichtungsmessung liefert.

24 mm TS-E | f10 | 1/250 s | ISO 250

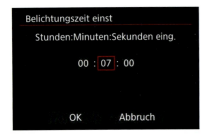

Der Langzeitbelichtungstimer lässt sich nur im Programm B verwenden.

B – Bulb

Das Programm B gibt Ihnen als einziges die Möglichkeit, Belichtungszeiten über 30 Sekunden zu erreichen. Dabei belichtet die Kamera so lange, wie Sie den Auslöser gedrückt halten. In der Praxis werden Sie natürlich nicht den Auslöser selbst heruntergedrückt halten, sondern einen arretierbaren und am besten programmierbaren Kabelauslöser verwenden. Mit diesem können Sie zum Beispiel Zeitrafferaufnahmen erstellen oder an Silvester das Feuerwerk aus Ihrem Fenster fotografieren, obwohl Sie woanders eingeladen sind. Mit vielen Funkauslösern funktioniert das ebenfalls. Alternativ können Sie natürlich auch einen Infrarotauslöser verwenden, ihn können Sie allerdings nicht programmieren. Wenn Sie einen IR-Auslöser verwenden, müssen Sie einmal drücken, um den Verschluss zu öffnen, und ein weiteres Mal, um diesen wieder zu schließen.

Die EOS 5DS hat jedoch einige Funktionen eingebaut, die den Fernauslöser meistens überflüssig machen. Erstens können Sie im Programm B über die Funktion LANGZEITB.-TIMER einstellen, wie lange der Verschluss offen bleiben soll – und zwar bis fast 100 Stunden –, und zweitens können Sie Zeitrafferaufnahmen oder Bildserien auch automatisch über die Funktion INTERVALL-TIMER ausführen. Was die EOS 5DS jedoch nicht kann, ist, den Langzeitbelichtungs-Timer mit dem Intervall-Timer zu kombinieren, und Sie können auch keine Vorlaufzeit länger als 10s einstellen.

Wenn Sie bei Langzeitbelichtungen auf den Fernauslöser verzichten, dann sollten Sie die Kamera aber auf Selbstauslöser einstellen, damit die Erschütterung der manuellen Auslösung abgeklungen ist, bevor der Verschluss aufgeht. Es empfiehlt sich zudem, die Spiegelverriegelung zu aktivieren, um keine anfängliche Verwacklung zu riskieren (siehe Seite 143). Diese Funktion sollten Sie in My Menu speichern (siehe Seite 45).

Der Name *Bulb* geht übrigens zurück auf einen Blasebalg, der dem ähnelt, mit dem Sie vielleicht den Staub vom Sensor pusten. Ein solcher war früher mit einem Schlauch mit dem Verschluss der Kamera verbunden, der Verschluss blieb so lange offen, wie der Gummiball zusammengedrückt wurde. Die ersten Kameras hatten nur die Einstellung B als Belichtungszeit. Für Porträts musste man spezielle Gestelle nutzen, damit die Modelle bei Aufnahmen von bis zu einer Minute ausreichend lange stillhalten konnten. Ein Film, der die Empfindlichkeit von ISO 100 erreichte, kam erst 1939 auf den Markt, Farbfilme mit ISO 400 erst 1967.

Fernauslöser verwenden

Falls Sie noch keinen Fernauslöser besitzen, kaufen Sie am besten einen programmierbaren von einem Fremdhersteller (bereits ab 20 €, der entsprechende TC-80N3 von Canon liegt bei 140 €). Mit diesen Modellen können Sie einstellen, wie viele Bilder in welchem zeitlichen Abstand aufgenommen werden, wie lange die Verzögerung bis zum Beginn ist und wie lange der Auslöser heruntergedrückt sein soll, falls Sie im Bulb-Modus arbeiten.

Haben Sie die Rauschreduzierung bei Langzeitbelichtungen eingeschaltet (oder auf Automatik gestellt, dann macht die EOS 5DS das nur bei Bedarf), wird sich die Kamera nach der Belichtung noch einmal für die Dauer der Belichtungszeit »verabschieden«. In dieser Zeit nimmt sie ein Bild bei geschlossenem Verschluss auf, um das momentane Grundrauschen zu erfassen. Dieses wird dann aus der vorher erstellten Aufnahme herausgerechnet. Die Qualitätsverbesserung betrifft auch Raw-Dateien, aber Sie müssen sich gut überlegen, ob Sie in der Aufnahmesituation so lange warten möchten/können. Die verstrichene Belichtungszeit in Sekunden wird im LCD-Panel dort angezeigt, wo sonst die verbleibenden Aufnahmen stehen.

Dass die EOS 5DS bereits im Kameramenü die Einstellung von Zeiten deutlich länger als 30 s erlaubt, ist kein Zufall; ältere Canon DSLRs konnten das noch nicht, lieferten bei minutenlangen Belichtungen aber auch nicht so saubere Ergebnisse, sondern zeigen Hotpixel und starkes Rauschen. Einer der eher unbekannteren Vorteile der EOS 5DS ist das sehr geringe Grundrauschen des Sensors. Echte Langzeitbelichtungen sind also nicht nur theoretisch möglich, sondern praktisch in sehr guter Qualität realisierbar.

Bei sieben Minuten Belichtungszeit werden aus den Sternen Striche.

14 mm | f2,8 | 480 s | ISO 100

Die kürzeste Verschlusszeit für Auto ISO lässt sich auch manuell einstellen. Ebenso können Sie die Auto-Verschlusszeit um +/– drei Blendenstufen anpassen.

Um trotz manueller Einstellung von Belichtungszeit und Blende noch Belichtungsautomatik nutzen zu können, regelte ich die Belichtung über Auto ISO.

420 mm | f5 | 1/1000 s | ISO 640 | M | Auto ISO | –1 LW

Auto ISO

In der Standardeinstellung wählt Auto ISO den ISO-Wert so, dass eine Belichtungszeit von *1/Brennweite* erreicht werden kann. Bei 200 mm Brennweite wird die Kamera also versuchen, den ISO-Wert so hoch zu wählen, dass 1/200 s ermöglicht wird. Erst wenn ISO 100 (ISO 200, wenn Sie die Tonwert Priorität aktiviert haben) erreicht ist, werden die Belichtungszeiten dann je nach Lichtmenge noch kürzer. Ob der Bildstabilisator eingeschaltet ist, wird dabei nicht berücksichtigt. Sie können aber in diesem Fall oder zum Beispiel, wenn Sie mit einem Weitwinkel sich schnell bewegende Motive fotografieren möchten, den Grenzwert der Belichtungszeit auch von Hand einstellen; die minimale Verschlusszeit lässt sich zwischen 1/250 s und 1 s in ganzen Blendenschritten wählen.

Anders als zum Beispiel bei der EOS 5D Mark II, wo im Programm M bei Auto ISO einfach ISO 400 fest vorgegeben ist, wird diese Funktion von der EOS 5DS im manuellen Programm voll unterstützt. Sie können also Zeit und Blende festlegen und der Kamera vorgeben, die richtige Belichtung nur über die automatische ISO-Einstellung zu erreichen. Das ist zum Beispiel dann nützlich, wenn Sie mit einem 35-mm-Objektiv und Offenblende nachts arbeiten und bei 1/30 s möglichst wenig Rauschen im Bild haben wollen. Die Kamera wird den ISO-Wert immer so gering wie möglich halten, so dass sie gerade noch auf die 1/30 s kommt.

Bedenken Sie aber, dass der ISO-Wert nicht nur das Rauschen beeinflusst, sondern auch den Dynamikumfang und die Farbdarstellung. Serienaufnahmen, die mit der Funktion Auto ISO aufgenommen werden, passen deswegen vielleicht nicht optimal zusammen. Trotzdem ist diese Funktion sinnvoll für die Konzertfotografie und ähnliche Anwendungen, zumal Sie auch den ISO-Bereich auf die für Sie akzeptablen Werte begrenzen können.

Sobald die Kamera einen Blitz erkennt, ist Schluss mit dem Auto ISO-Bereich, dann wird ISO 400 fest vorgegeben. Das gilt allerdings dann nicht, wenn Sie im Menü SHOOT1 unter Steuerung externes Speedlite den Punkt Blitzzündung auf Deaktivieren stellen. So können Sie den Blitz dann nur als Infrarot-

Hilfslicht für den Autofokus verwenden und haben trotzdem weiterhin echtes Auto ISO.

Wenn Sie Auto ISO als alleinige Automatik verwenden, weil Sie Zeit und Blende manuell eingestellt haben, sollten Sie daran denken, dass es sehr viel schneller zu Über- oder Unterbelichtung kommen kann. Wenn Sie zum Beispiel die Tonwertpriorität verwenden und so minimal ISO 200 verwenden können und Ihr Auto-ISO-Limit auf ISO 3 200 eingestellt haben, beträgt der Auto-ISO-Regelbereich nur 1 : 16 bzw. vier Blendenstufen.

Okularabdeckung für optimale Belichtungen

Wenn Sie sehr lange Belichtungszeiten verwenden und durch den Sucher Licht einfällt, dann kann dieses Licht nicht nur die Belichtungsmessung verfälschen (der Sensor für die Belichtungsmessung liegt in der EOS 5DS oberhalb des Okulars), sondern sogar auf dem Bild sichtbar werden. Im Normalfall wird dieses Licht kein Problem darstellen, weil es gegenüber dem von vorn einfallenden verschwindend gering ist. Wenn Sie allerdings Nachtaufnahmen machen und hinter der Kamera eine Laterne steht oder Sie sehr dunkle Filter wie starke Graufilter oder Infrarotfilter verwenden, dann sollten Sie den Sucher der EOS 5DS abdecken. Zu diesem Zweck befindet sich am mitgelieferten Kameragurt eine Sucherabdeckung. Ziehen Sie einfach die Augenmuschel vom Sucher ab, und stecken Sie die Abdeckung am Kameragurt über den Sucher, dann ist die EOS 5DS gegen Lichteinfall von hinten, der die Belichtungsmessung stört und sogar mit aufs Bild kommen kann, geschützt.

Die Okularabdeckung am Kameragurt verschließt den Sucher lichtdicht.

C – Individual-Speicherung

Wenn Sie viel fotografieren, gibt es mit Sicherheit immer wiederkehrende Situationen, für die Sie sich ein Set an Einstellungen zusammengestellt haben. Ihre EOS 5DS können Sie für drei solcher Aufnahmesituationen perfekt konfigurieren und die Einstellungen dann einfach auf einen der Speicherplätze von C1 bis C3 legen. So können Sie zum Beispiel, wenn Sie in eine Situation kommen, in der Sie unvermittelt schnelle Motive erfassen müssen, die Kamera einfach auf C3 stellen, wenn Sie vorher Ihre perfekten Sport- und Action-Einstellungen dort hinterlegt haben. Oder Sie können sich zum Beispiel auch die Einstellungen für Porträts mit mehreren Speedlites oder Ihre Mehrfachbelichtungspräferenzen für HDR-Aufnahmen auf diesen Programmplatz legen – oder was immer Sie in der Praxis gerne schnell verfügbar haben möchten, ohne lange durch die Konfiguration gehen zu müssen.

»
Bei diesem Bild kam mein »Stativ-Modus« zum Einsatz: Unter diesem Individual-Aufnahmemodus habe ich die aktivierte Spiegelvorauslösung und den aktivierten One-Shot AF sowie den deaktivierten Auto ISO und die deaktivierte Tonwertpriorität abgespeichert.

32 mm | f16 | 3,2 s | ISO 200 | Stativ

Wenn Sie allerdings noch schneller einen bestimmten Einstellungssatz auswählen wollen, dann hat die EOS 5DS eine sehr schöne neue Funktion in der Custom-Steuerung verborgen: Sie können nämlich die Funktion Aufn.funktion registr./aufrufen auf eine Taste legen.

⌃
In diesem Beispiel werden die registrierten Aufnahme-Funktionen auf die AF-ON-Taste gelegt. Über die INFO.-Taste können Sie ein Menü aufrufen, das festlegt, welche Funktionen mit welchen Werten gespeichert werden sollen, oder Sie speichern die aktuellen Einstellungen einfach ab.

BEST PRACTICE
Nachtfotografie

Die EOS 5DS ist zwar nicht für höchste ISO-Werte optimiert, ist aber auch bei schwachem Licht in der Lage, eine hervorragende Bildqualität abzuliefern. Genau wie am Tag wird die Bildqualität mit niedrigen ISO-Werten besser, so dass Sie bei statischen Motiven auf lange Belichtungszeiten vom Stativ aus setzen sollten. Nachtfotografie ist allerdings ein weites Feld: Während Sie den Mond als einen von der Sonne beschienenen Himmelskörper noch gut aus der Hand fotografieren können, kommen Sie bei Sternenbildern oft schon in den Grenzbereich der Kamera, wenn Sie Wischspuren der Sterne vermeiden wollen. Bei künstlichen Lichtquellen können Sie es mit Kontrastumfängen zu tun bekommen, die die HDR-Technik ratsam erscheinen lassen. Mit den richtigen Einstellungen werden Sie aber bei allen nächtlichen Motiven sehr gute Ergebnisse mit Ihrer EOS 5DS erzielen können.

Mond

Der Mond wird von der Sonne beschienen und ist damit so hell, dass Sie ihn mit hohen ISO-Werten aus der Hand fotografieren können. Um wirklich Details zu sehen und eine einigermaßen große Abbildung zu erhalten, sind Brennweiten ab 400 mm sinnvoll. Wenn Sie nachts den Mond fotografieren, werden Sie fast immer das gleiche Bild erhalten, das auch schon Millionen von Fotografen gemacht haben. Wenn in heller Nacht Wolken vorbeiziehen, wird es etwas spannender, aber um ein interessantes Bild zu erhalten, benötigen Sie einen weiteren Motivbestandteil wie zum Beispiel eine Landschaft, Architektur oder Industrieanlagen. Es lohnt sich, den Aufgang des Vollmonds abzupassen, weil er kurz nach Sonnenuntergang

Grobe Standortplanung über Google Maps und »Feinjustage mit den Füßen« ergaben dieses Bild vom Mondaufgang über Dortmund.
600 mm | f8 | 1/250 s | ISO 2 000

[Best Practice: Nachtfotografie]

stattfindet und so auch Licht auf die weiteren Motivbestandteile fällt.

Ein Problem bei Mondaufnahmen ist oft, dass die Luftbewegungen für Unschärfe sorgen, gerade wenn Sie in der Stadt fotografieren. Die Temperaturunterschiede in der Luft sorgen für Schlieren, die das Bild unscharf machen. Wenn Sie in der Stadt fotografieren, helfen kurze Belichtungszeiten (ca. 1/200 s) und mehrere Belichtungen hintereinander, so dass Sie mindestens ein scharfes Bild dabei haben.

Trotz Mondfinsternis und nur aufgestützter Kamera wurde dieses Bild dank Bildstabilisator und 0,5 s Spiegelvorauslösung scharf.

600 mm | f5,6 | 0,5 s | ISO 5000

Sterne

Die hohe Auflösung und das geringe Grundrauschen machen die EOS 5DS zu einer sehr guten Kamera, um Sterne zu fotografieren. Um wirklich zufriedenstellende Ergebnisse zu erzielen, sollten Sie ein paar Dinge beachten:

- Ideal für die Sternenfotografie sind lichtstarke und scharfe Weitwinkelobjektive. So können Sie einen großen Bereich des Himmels abdecken, Vordergrund mit ins Bild nehmen und mit relativ geringen ISO-Werten arbeiten.
- Andere Lichtquellen sollten schwach sein, weil sie sonst zu stark überstrahlen. Neumond und sehr klare Luft sind ideal.
- Wenn Sie Sterne nicht als Kreisbögen abbilden möchten, sondern annähernd punktförmig, sollten Sie die 500er-Regel beachten, die besagt, dass die maximale Belichtungszeit in Sekunden 500/Brennweite beträgt – bei einem 24-mm-Objektiv also gut 20 s. Leichte Abweichungen sind nicht so schlimm, aber wenn Sie den Wert stark verändern, werden aus Sternen immer Streifen.
- Wenn Sie Sternenspuren fotografieren möchten, tun Sie das lieber in vielen Einzelaufnahmen statt in einer. Erstens kann Ihnen ein vorbeifahrendes Auto sonst die ganze Aufnahme durch sein Scheinwerferlicht verderben, und zweitens kann der Himmel so hell werden, dass die Sterne nicht mehr zu sehen sind. Sie können 30-s-Belichtungen im Serienbildmodus aufnehmen und diese später in Photoshop mit der Füllmethode Aufhellen in Ebenen übereinanderlegen. So bleibt der Kontrast erhalten, und die Sternenspuren stehen gegen einen dunklen Himmel.

Nur dank der schwachen Beleuchtung konnte ich das Leuchtschiff mit ins Bild nehmen und die Sterne mit einer einzigen Belichtung einfangen.

24 mm | f1,8 | 20 s | ISO 800

- Bei schwachem Licht nimmt das Auge wärmere Farbtemperaturen als neutral wahr. Zudem scheint in Stadtnähe oft Kunstlicht orange in den Himmel. Wenn Sie die Farbtemperatur auf Kunstlicht stellen, erhalten Sie einen natürlicheren Bildeindruck.
- Mit einer fokussierbaren Taschenlampe können Sie Bilddetails des Vordergrundes herausarbeiten. Sie sollten auch aus Sicherheitsgründen immer eine dabeihaben. Falls Sie sie vergessen sollten, können Sie sich mit der LED am Smartphone behelfen.
- Wenn Sie die Chance auf den perfekten Sternenhimmel haben, dann nutzen Sie sie auch. Eine klare Nacht am Meer oder in den Bergen kann Ihnen einen Himmel zeigen, wie Sie ihn vielleicht noch nie gesehen haben. Ich fuhr in einer Neumondnacht in die Caldera von Teneriffa hoch und konnte dort einen perfekten Sternenhimmel erleben und fotografieren.

In der Nachtaufnahme ohne zusätzliches Licht weisen die Vordergrundbereiche praktisch keine Zeichnung auf (oben). In der unteren Aufnahme hellte ich den Vordergrund mit einer LED-Taschenlampe auf.

16 mm | f4 | 15 s | ISO 400

Auch wenn die Bildqualität steigt, wenn die ISO-Empfindlichkeit abnimmt, ist sie bei der EOS 5DS auch bei hohen ISO-Werten immer noch gut. Sie dürfen auch nicht vergessen, dass sich das Rauschen vermindert, wenn Sie das Bild verkleinern. Und bei 50 Megapixel haben Sie sehr große Reserven dafür. Nutzen Sie die hohen ISO-Werte also, wenn Sie sie benötigen, aber nicht aus Bequemlichkeit, weil Sie zum Beispiel Ihr Stativ nicht aufbauen möchten. Die Rauschreduzierung in der Kamera wirkt sich entweder nur auf das JPEG (High ISO Rauschreduzierung) oder auch auf das Raw (Rauschreduzierung bei Langzeitbelichtungen) aus, hat dann aber keinen so großen Einfluss, dass sich die Verwendung außer in Ausnahmefällen wirklich lohnen würde. Gerade in kritischen Situationen sollten Sie ohnehin auf das Raw-Format setzen und mit einer Kamera wie der EOS 5DS auch in allen anderen Fällen, denn es nützt nicht viel, mit einer High-End-Kamera zu arbeiten, wenn man selbst nachlässig arbeitet und einen Großteil der Bildinformation bei

Lichtverschmutzung vermeiden

Tragen Sie selbst nicht zur Lichtverschmutzung bei, zum Beispiel indem Sie nachts keine Außenbeleuchtung angeschaltet lassen oder nur bewegungsgesteuert; Werbetafeln können in Zeiten geringen Verkehrsaufkommens abgeschaltet bleiben. Neben einer besseren Sicht auf den Sternenhimmel und geringerem Energieverbrauch vermeiden Sie so auch die Schädigung von Insekten und Zugvögeln. Denn Zugvögel verlieren durch das viele künstliche Licht beim Nachtflug die Orientierung und sterben beim Zusammenstoß mit Gebäuden (das sogenannte *Tower-Kill-Phänomen*). In Deutschland hat man pro Sommernacht und Straßenlaterne durchschnittlich 150 tote Insekten gezählt, von Glühwürmchen ganz zu schweigen, die bei zu viel Licht ihre Partner nicht mehr finden können.

Ein negativer Einfluss auf den Menschen durch zu helle Nächte wird von einigen Studien ebenfalls nahegelegt. Es wäre schön, wenn es bei uns nicht so weit käme wie in Los Angeles, als 1994 bei einem nächtlichen Stromausfall Anrufe bei der Polizei eingingen wegen einer seltsamen hellen Wolke über der Stadt. Die Anrufer hatten zum ersten Mal die Milchstraße gesehen. Es gibt allerdings auch in Deutschland viele Menschen, die noch nie in ihrem Leben die Milchstraße gesehen haben.

jeder Aufnahme einfach wegwirft. Die beste Rauschreduzierung ist immer noch ein niedriger ISO-Wert, und auch im Raw-Konverter können Sie noch effektiv etwas gegen das Rauschen unternehmen.

Obwohl die EOS 5D Mark III bei sehr hohen ISO-Werten noch einen Tick besser als die EOS 5DS ist, habe ich sie guten Gewissens verkauft, denn die EOS 5DS leistet sich nirgendwo echte Schwächen und ist als Universalkamera sehr gut geeignet. Und wenn man einmal mit der Bildqualität der EOS 5DS gearbeitet hat, ist es schwierig, wieder zurückzugehen.

»
Orte mit geringer Licht- und Luftverschmutzung wie hier auf Teneriffa in 2 000 m Höhe bieten einen überwältigenden Sternenhimmel.

14 mm | f2,8 | 30 s | ISO 2 500

⌃
Ohne Blick auf die Aufnahmedaten könnten Sie im gedruckten Bild nicht erkennen, dass es mit ISO 12 800 aufgenommen wurde.

135 mm | f3,2 | 1/10 s | ISO 12 800

⌄
Die Bildqualität wurde hier durch eine in Lightroom zusammengefügte HDR-Aufnahme verbessert.

14 mm | f5,6 | 6 s, 13 s, 25 s | ISO 500 | M | +/0/−1 LW

Stadt

Wenn Sie in der Stadt oder in anderen bewohnten Gebieten oder auch in Industrieanlagen fotografieren, werden Sie meist direkt Lichtquellen im Bild haben. Die Kontraste werden oft deutlich höher als am Tag. Um nicht zeichnungsloses Schwarz gegen weiße Lichtquellen stehen zu sehen, empfiehlt es sich, bereits in der Dämmerung zu fotografieren. Dann ist der Himmel noch hell genug, um auf dem Foto lebendig zu wirken und die Schatten aufzuhellen. Wenn Sie später fotografieren, können die Kontraste zu viel für eine einzelne Aufnahme werden, oder wenn es doch noch gerade eben reichen sollte, leidet die Qualität der Schatten durch die starke Aufhellung im Raw-Konverter. In beiden Fällen hilft die HDR-Technik (siehe den Best-Practice-Abschnitt »HDR-Fotografie« ab Seite 162). Zudem sollten Sie die ISO-Werte möglichst niedrig halten, denn je niedriger der ISO-Wert, desto höher sind die Kontraste, die Sie mit einer Aufnahme erfassen können. Außerdem werden die Schatten klarer und ruhiger, weil die Aufnahme weniger Rauschen aufweist. Der Dynamikbereich, der bei ISO 100 oder ISO 200 12,4 Blendenstufen umfasst, sinkt bis ISO 12 800 auf gut acht Blendenstufen. Farbreinheit und Rauschverhältnis leiden ebenfalls.

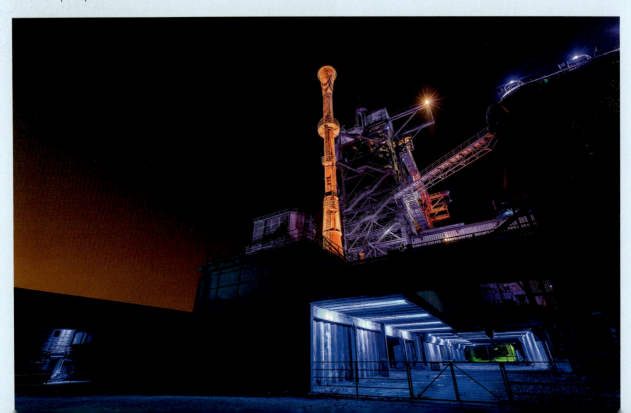

3.3 Weitere Optionen zur Anpassung der Belichtung

Die Belichtung der EOS 5DS können Sie an Ihre Bedürfnisse anpassen, manche der Möglichkeiten wirken sich nur auf das JPEG aus und sind damit für einen Großteil der Fotografen irrelevant, andere sind aber auch für Profis spannend. An der EOS 5DS sind die Belichtungsoptionen so perfekt gelöst, dass mir überhaupt nur zwei Verbesserungsmöglichkeiten einfallen: dass die Spotmessung sich auf das aktive AF-Feld bezieht und einen Modus, bei der man der Kamera mitteilen kann, wie viel des Bildes maximal ausfressen darf, um automatisch *Expose to the Right* (siehe Seite 136) durchführen zu können.

Ein diesiger Tag am Sund. Bei der Normalbelichtung oben wirkt das Bild grau und wenig farbkräftig. Bei einer Aufhellung um 1 1/3 Blendenstufen wirkt die Szene nicht mehr trist.

135 mm | f8 | 1/250 s (oben), 1/640 s (unten) | ISO 320 | Mehrfeldmessung | +1 2/3 LW (unten)

Belichtungskorrektur

Ein Belichtungsmesser, ob extern oder in eine Kamera eingebaut, geht davon aus, dass das Motiv eine durchschnittliche Helligkeit (entsprechend einer grauen Fläche mit 18 % Reflexion) hat. Das bedeutet, dass die Kamera nicht wissen kann, ob sie es mit einem hellen oder dunklen Motiv zu tun hat, und in jedem Falle »in die Mitte« belichtet. Sie können das ausprobieren, indem Sie eine weiße und eine schwarze oder dunkelgraue Fläche formatfüllend in einem Automatikmodus aufnehmen. Die resultierenden Bildhelligkeiten werden nahezu identisch sein. Die Kamera bildet hellere Objekte zu dunkel ab und dunklere zu hell.

Bei einem externen Belichtungsmesser ist es neben dieser *Objektmessung* daher möglich, das direkt am Motiv einfallende Licht zu messen, die sogenannte *Lichtmessung*. So erhalten Sie eine motivunabhängige Messung: Ein dunkles Objekt wird dunkel abgebildet, ein helles hell.

Leider kann die EOS 5DS aber nur über die Objektmessung die Belichtung ermitteln. Sie müssen die Kamera deshalb mit Hilfe der Belichtungskorrektur dabei unterstützen, die Bildhelligkeit an die (ge-

[Kapitel 3: Belichtung] 131

wünschte) Motivhelligkeit anzupassen. Denn allen Automatiken zum Trotz weiß sie nicht, dass eine weiße Skulptur weiß bleiben soll.

Bei bedecktem Wetter oder geringen Kontrasten kann die Eichung auf mittlere Grauwerte auch dazu führen, dass das Bild insgesamt grau wirkt und die Farben belegt sind. Es hilft dann, eine Blende oder ein wenig mehr überzubelichten. Bei Motiven, bei denen ein dunkler Hintergrund vorherrscht – wie zum Beispiel eine dunkel gekleidete Person vor Schwarz –, ist dagegen eine Unterbelichtung um bis zu zwei Blenden der beste Weg, eine korrekte Belichtung zu erhalten. Die Belichtungskorrektur hängt auch von der eingestellten Messmethode ab – bei der Mehrfeldmessung müssen Sie normalerweise weniger korrigieren als bei den anderen Messarten, weil die Kamera die bildwichtigen Bereiche meistens erkennt und die einzelnen Messbereiche intelligent gewichten kann.

Messwertspeicherung

In manchen Situationen ist es nicht einfach, mit dem bestehenden Bildausschnitt die korrekte Belichtungsmessung sicherzustellen. Wenn Sie zum Beispiel gegen die Sonne fotografieren oder die Spotmessung nicht über dem gewünschten Bildbereich liegt, können Sie die Kamera einfach verschwenken, die Sterntaste ✱ gedrückt halten, um die Belichtung zu speichern, und dann wieder den gewünschten Bildausschnitt wählen. Falls Sie die Sterntaste nur einmal drücken, wird die EOS 5DS den Belichtungswert für vier Sekunden halten. Allerdings können Sie die Sterntaste auch so konfigurieren, dass die Kamera den Belichtungswert so lange hält, bis Sie sie ein zweites Mal drücken (✱H ist das zugehörige Symbol in der Custom-Steuerung, siehe Seite 39).

≪
Um die dunkle Stimmung zu erhalten und auch, um die Belichtungszeit kurz zu halten, belichtete ich um 1 2/3 Blenden unter.

32 mm | f4 | 1/60 s | ISO 2 500 | Mehrfeldmessung | –1 2/3 LW

»
Mit Hilfe der Sterntaste ❶ können Sie einen ermittelten Belichtungsmesswert speichern, so dass dieser sich bei einem Kameraschwenk nicht mehr verändert.

«
Um eine gleichmäßige Belichtung über sechs Aufnahmen zu erhalten, speicherte ich hier die Belichtung.

16 mm | f8 | 1/500 s | ISO 200 | Mehrfeldmessung | Messwertspeicherung | Panorama aus sechs Hochformaten

Haben Sie die Mehrfeldmessung eingestellt, bleibt die Belichtungsmessung ohnehin bei einem Kameraschwenk erhalten, solange Sie den Auslöser halb heruntergedrückt halten, die Messwertspeicherung erfolgt also automatisch. Das ist allerdings nicht der Fall bei allen anderen Belichtungsmessmethoden oder bei Auswahl des Autofokusmodus AI Servo AF.

Safety Shift

Es kann vorkommen, dass die Kameraautomatiken an das Ende ihres Wertebereichs kommen, etwa weil die 1/8000 s oder die 30 s erreicht wurden oder der Blendenbereich ausgereizt ist. Sobald die Werte über diese Grenzen hinausgehen, würde normalerweise eine Über- oder Unterbelichtung folgen. Wenn Sie SAFETY SHIFT aktivieren, schreitet die Kamera ein, entweder indem sie Zeit oder Blende verändert (in der Einstellung Tv/Av) oder indem sie den ISO-Wert anpasst (in der Einstellung ISO). Im Modus ISO-Empfindlichkeit richtet sich die Funktion nach Ihren Einstellungen in Auto ISO.

Die Funktion SAFETY SHIFT sollten Sie ruhig aktivieren, denn es kommt öfter vor, dass man ganz spontan ein Bild machen möchte und die Kamera vielleicht noch auf die letzte, völlig andere Belichtungssituation eingestellt ist.

⌃
SAFETY SHIFT finden Sie im Menü C.FN1: EXPOSURE. Es gibt zwei Optionen: Entweder passt die Kamera die Verschlusszeit beziehungsweise die Blende oder den ISO-Wert an. Für die normale Fotografie bevorzuge ich die Blende, da die EOS 5DS dann etwas abblendet, wenn sie zum Beispiel bei 1/8000 s die f1,2 nicht mehr halten kann.

Beugungsunschärfe vermeiden

Die am weitesten geschlossene Blende sollten Sie wegen der Beugungsunschärfe – siehe Seite 149 – ohnehin vermeiden, zumindest, wenn die Objektive über Blende f16 hinaus abblenden können.

[Kapitel 3: Belichtung]

Die Belichtungsreihe können Sie entweder direkt über das Schnelleinstellungsmenü oder über das Menü SHOOT2 aufrufen. Sie können sie mit einer Belichtungskorrektur verbinden und automatisch zwei, drei, fünf oder sieben Belichtungen erstellen.

Belichtungsreihen (AEB)

Ist der Kontrastumfang sehr hoch, lohnt es sich, eine Belichtungsreihe (AEB = *Auto Exposure Bracketing*) aufzunehmen. So können Sie sich später die beste Belichtung zur Nachbearbeitung aussuchen oder aus allen ein HDR-Bild berechnen lassen (siehe hierzu ab Seite 162). Sie können die EOS 5DS zwei, drei, fünf oder sieben Aufnahmen mit 1/3 bis drei Blenden Unterschied aufnehmen lassen. Die Anzahl stellen Sie unter C.Fn1: Belichtung • Anzahl Belichtungsreihenaufn. ein. Maximal kommen Sie so auf 18 Blendenstufen Belichtungsunterschied. Damit können Sie wirklich jeden Einsatzzweck abdecken, ohne zwei verschiedene Belichtungsreihen machen zu müssen. Für ein einfaches HDR-Bild reichen in den meisten Fällen drei Belichtungen von –2, 0 und +2 Blenden Korrektur. Dabei ist es oft sinnvoll, diese gleich mit einer Belichtungskorrektur zu verbinden, um zum Beispiel nicht zu ausgefressene Lichter in der hellsten Belichtung zu erhalten.

Wenn Sie in der Individualfunktion C.Fn1: Exposure • Bracketing-Sequenz die zweite Option wählen (–0+), werden die Belichtungs-

Mit einer Belichtungsreihe können Sie den Schwerpunkt sowohl auf dunkle Motivteile, wie hier die Säulen, als auch auf helle Motivteile, hier die Fenster, legen.

31 mm | f5 | 1/320 s, 1/80 s, 1/20 s | ISO 800 | AEB mit –2 LW, 0 LW, +2 LW

reihen von Dunkel nach Hell aufgenommen. Das hat den Vorteil, dass Sie sie in einer Bildverwaltungssoftware wie Lightroom in der Übersichtsdarstellung auf einen Blick sehen, weil Sie den Dunkel-Hell-Verlauf sehr viel intuitiver erfassen als eine Normal-Dunkel-Hell-Kombination.

Histogramm

Sie alle haben vermutlich schon einmal das Histogramm eingeblendet, um die Tonwertverteilung Ihrer Aufnahme zu kontrollieren. Dann wissen Sie auch, dass das Histogramm von links nach rechts die Häufigkeit der Tonwerte im Bild von Schwarz nach Weiß darstellt. Auf einer horizontalen Skala von 0 bis 255 zeigen Pegel an, wie häufig der jeweilige Wert im Bild vorhanden ist. Je höher der Ausschlag, desto häufiger kommt der Helligkeitswert im Bild vor.

Das mittlere Grau liegt genau in der Mitte des Histogramms, die Trennstriche in der von der EOS 5DS angezeigten Grafik repräsentieren tatsächlich nur eine Blende Unterschied, während an den Rändern die Abstände der Blendenwerte extrem komprimiert werden. Ist der Bereich rechts nach dem vorletzten Trennstrich leer, können Sie also ohne Probleme eine Blendenstufe länger belichten, ohne Tonwertverluste befürchten zu müssen, zumindest wenn nicht starke Farben im Bild die Helligkeitsanzeige des Histogramms verfälschen. Bei starken Farben verlassen Sie sich also lieber auf das RGB-Histogramm, das die Tonwerte nach den drei Farbkanälen Rot, Grün und Blau darstellt. Anhand des RGB-Histogramms erkennen Sie eine Überbelichtung eines Farbkanals im Monitor sehr schnell. Sie können die Darstellung mit dem Multi-Controller weiterblättern.

Ein aus der links unten gezeigten Belichtungsreihe in Lightroom CC erstelltes HDR-Bild weist eine sehr gute Lichter- und Schattenzeichnung auf.

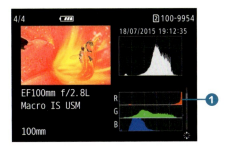

Das Helligkeitshistogramm oben rechts verzeichnet keine Tonwerte im absoluten Lichterbereich; der Rotkanal ❶ zeigt allerdings, dass das Bild schon überbelichtet ist, weil das Histogramm bereits deutlich den rechten Rand berührt. Dort geht Zeichnung verloren, das nächste Bild sollte geringer belichtet werden.

Dieses Histogramm hat noch viel Platz nach rechts, so dass Sie reichlicher belichten können, ohne dass Sie Angst vor ausfressenden Lichtern haben müssten.

[Kapitel 3: Belichtung] 135

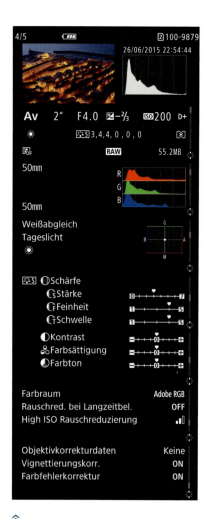

Insgesamt sieben Seiten Aufnahmedaten können Sie sich direkt in der EOS 5DS anzeigen lassen. Zur Übersicht wurden hier alle Info-Seiten in eine Grafik montiert. (Der obere Bereich bleibt jeweils gleich.)

Ein überbelichteter Farbkanal führt zu Farbverfälschungen, so kann Rot zum Beispiel wie Gelb aussehen. Außerdem leidet die Durchzeichnung in den betroffenen Bereichen.

Eine gute Übung ist es, eine Belichtungsreihe mit jeweils einer Blende Unterschied zu erstellen – am besten über die maximal automatisch möglichen sieben Stufen – und die Histogramme der verschiedenen Belichtungen miteinander zu vergleichen. So bekommen Sie schnell ein Gefühl dafür, wie Sie das Histogramm einschätzen können.

Im Großen und Ganzen ist das Histogramm sicher hilfreich, um schwierige Belichtungssituationen gut beurteilen zu können, meist reicht jedoch der visuelle Eindruck des Rückschaubildes in Verbindung mit der Überbelichtungswarnung aus.

Expose to the Right

Der aus dem Englischen stammende Ausdruck *Expose to the Right* (deutsch »nach rechts belichten«) bedeutet, dass man die Tonwerte im Histogramm etwas in den Lichterbereich verschiebt, um eine höhere Bildqualität zu erreichen, also etwas überbelichtet. Das ist keine Spinnerei, sondern funktioniert tatsächlich. Der Sensor einer Digitalkamera zeichnet nämlich die Lichterbereiche sehr viel differenzierter auf als die Schattenbereiche. Wenn Sie also nach der Aufnahme die Lichter absenken, indem Sie in der Bildbearbeitung das leicht überbelichtete Bild etwas dunkler ziehen, erhalten Sie bessere Tonwertabstufungen. Zusätzlich vermindern Sie das Rauschen, weil das Signal durch die Belichtung ja stärker war und sich gegen das Grundrauschen des Sensors so besser durchsetzen konnte. Das funktioniert natürlich nur im Raw-Format gut, mit einer JPEG-Datei haben Sie so wenig Spielraum, dass die Belichtung besser genau sitzen sollte.

Auf der rechten Seite oben sehen Sie das Ergebnis eines Tests. Ich nahm ein Motiv mit drei unterschiedlichen Belichtungen auf. Dann brachte ich die drei Bilder in Adobe Photoshop Lightroom auf die Helligkeit, die eine Blendenstufe unter der hellsten Belichtung lag. Die Ausschnitte zeigen die jeweilige Bildqualität nach dieser Korrektur. Die Bildqualität ist umso besser, je mehr Licht die jeweilige Aufnahme abbekommen hat. Die überbelichtete Aufnahme ist am Bildschirm sichtbar besser als die zweithellste, die in der Nachbearbeitung in der Helligkeit nicht verändert wurde. Bei der dunkelsten Belichtung ist der Unterschied auch schon im Druck zu sehen.

⇧
In diesem Test nahm ich ein Motiv mit drei unterschiedlichen Belichtungen auf: mit einer Belichtungskorrektur von −3 LW (links), −1 LW (Mitte) und +1 LW (rechts). Anschließend habe ich die Aufnahmen in Lightroom auf dieselbe Helligkeit gebracht – das Ergebnis sehen Sie hier.

28 mm | f9 | 1/40 s, 1/10 s, 0,4 s, | ISO 200 | TV | −3 LW, −1 LW, +1 LW

Die Vorteile von Raw-Aufnahmen

Auch wenn Sie JPEGs nicht erst entwickeln müssen, so wiegen die Nachteile von JPEGs recht schwer: Bei der Aufnahme müssen Sie den Weißabgleich und alle Belichtungsparameter genau einstellen, um gute Ergebnisse zu erhalten. In der Nachbearbeitung haben Sie bei JPEGs kaum Möglichkeiten, weil diese erheblich weniger Information aufzeichnen und durch die Kompression auch davon noch ein Teil verlorengeht.

Auch das beste JPEG wird nie so gut sein können wie das, was ein erfahrener Bildbearbeiter aus einer Raw-Datei herausholen kann. Zudem können Sie bei einer Raw-Aufnahme ganz viele Einstellungen bei der Aufnahme einfach ignorieren. Weißabgleich, automatische Tonwertoptimierung, Bildstil etc. können Sie in der Nachbearbeitung festlegen, Sie müssen »nur« – neben dem Bildausschnitt natürlich – an Schärfe, Blende, Belichtungszeit und ISO-Wert denken.

Selbst bei der Belichtung haben Sie erheblich mehr Sicherheit, weil das Raw-Format viel mehr Tonwerte aufzeichnet, keine Verluste bei der Kompression erzeugt und den Weißabgleich nicht in die Daten hineinrechnet, sondern nur als Information zusätzlich abspeichert. Der Unterschied zwischen 8 Bit Farbtiefe beim JPEG und 14 Bit beim Raw bedeutet, dass das Raw-Format 262 144-mal mehr unterschiedliche Tonwerte aufzeichnen kann als das JPEG. In der Praxis ist der Vorsprung durch das Rauschen und andere Einflüsse etwas geringer, aber immer noch enorm.

Selbst wenn Sie Bilder im JPEG-Format aufnehmen müssen, weil die Aufnahmesituation überhaupt keine Zeit für die Nachbearbeitung zulässt, sollten Sie Raw-Dateien immer zusätzlich aufzeichnen, wenn Ihnen etwas an den Bildern liegt.

Starkes Rauschen und geringerer Tonwertumfang sind die Folge, wenn Sie unterbelichtete Aufnahmen aufhellen müssen, während diese Werte sich noch verbessern, wenn Sie eine leicht überbelichtete Aufnahme abdunkeln. Hier hob ich allerdings absichtlich die schlechte Raw-Qualität hervor, indem ich zum Beispiel bei keiner Aufnahme das Farbrauschen entfernte; im Standard liegt der Regler in Lightroom bei 25 und nicht bei 0, so dass Sie in der Praxis größere Reserven haben als bei diesem Test.

Leider können Sie nicht einfach die Belichtung in der Kamera immer auf +1 LW setzen und in Lightroom oder einem anderen Raw-Konverter auf −1 LW. Bei kontrastreichen Motiven würden Sie auf diese Weise die Lichter so stark belichten, dass sie ausfressen und auch durch Nachbearbeitung nicht wieder zurückzuholen wären. Das Problem eines digitalen Sensors ist, dass er in den sehr hellen Bereichen schnell seine 100 % erreicht und sich dann keinerlei Information mehr in den Lichtern befindet. Aus den Schatten lässt sich mehr Information herausholen, aber eben nur um den Preis einer Qualitätsverschlechterung der Bilddaten. Fotografieren Sie also immer so, dass die Lichter Zeichnung haben. Und wenn Sie Spielraum nach oben haben und wirklich perfekte Ergebnisse erzielen möchten, dann belichten Sie ruhig etwas über, und reduzieren Sie die Helligkeit dann wieder im Raw-Konverter.

Überbelichtungswarnung

Ausgefressene Lichter lassen sich in der Nachbearbeitung nicht korrigieren, weil in diesen Bereichen keinerlei Bildinformation mehr zu finden ist. Sie sollten deswegen die Überbelichtungswarnung einschalten (Menü Play3, Überbelicht.warn. auf Aktivieren), die Ihnen diese Bereiche im Monitor blinkend hervorhebt. Beachten Sie aber, dass sich die Warnung auf das JPEG mit den gerade aktiven Bildstilen und Entwicklungseinstellungen bezieht – in der Raw-Datei ist also noch mehr Information vorhanden. Wenn Sie hauptsächlich im Raw-Format fotografieren, kann es sinnvoll sein, die JPEG-Einstellungen so zu wählen, dass die Lichterzeichnung nah am Raw ist, indem Sie zum Beispiel den Kontrast in den Bildstilen niedrig wählen. So erhalten Sie ein schnelles Feed-

Die Überbelichtungswarnung zeigt Ihnen sehr schnell (schwarz blinkend), in welchen Bereichen die Lichterzeichnung verlorengehen kann. Sie sollten sie standardmäßig eingeschaltet lassen.

back über die Lichterzeichnung, ohne das Histogramm auswerten zu müssen. Allerdings ist die Bilddarstellung dann etwas weich; dem gewünschten visuellen Eindruck kommen Sie näher, wenn Sie den Stil auf STANDARD belassen.

Automatische Belichtungsoptimierung

Die AUTOM. BELICHTUNGSOPTIMIERUNG (*Auto Lighting Optimizer*) hellt dunkle Bilder auf oder erhöht bei flauen Bildern den Kontrast. Sie können sie in drei verschiedenen Stärken wählen. Ihre Wirkung bezieht sich nur darauf, wie die Kamera intern das Raw in ein JPEG umwandelt; Raw-Dateien sind also überhaupt nicht davon betroffen. Obendrein wird sie automatisch ausgeschaltet, sobald Sie die TONWERT PRIORITÄT aktivieren. Ein Raw-Fotograf sollte diese Funktion lieber ausgeschaltet lassen. Im JPEG bringt sie bei kritischen Motiven jedoch oft eine deutliche Verbesserung des Bildeindrucks.

Tonwert Priorität (D+)

Die Funktion TONWERT PRIORITÄT (D+) sorgt für einen weicheren Kontrast im Lichterbereich. So erhalten Sie mehr Zeichnung in Bereichen, die sonst ausfressen würden. Diese Einstellung macht sich auch in der Raw-Datei bemerkbar, weil die Kamera den ISO-Wert um eine Stufe heruntersetzt und die Helligkeit dann über eine Tonwertkurve wieder heraufsetzt. Sie erhalten so eine knappe Blende mehr Tonwertumfang in den Lichtern, allerdings werden die Schatten angehoben, und es gibt in den dunklen Bereichen mehr Rauschen. Trotzdem ist die Funktion sehr sinnvoll, weil mangelnde Lichterzeichnung zu den störendsten Bildfehlern gehört. Sinnvoll ist sie zum Beispiel, wenn die Braut im weißen Kleid aus der Kirche in die Sonne tritt.

»
Die Sonne beleuchtet eine weiße Blüte. In dieser kritischen Lichtsituation verhilft die TONWERT PRIORITÄT zu besserer Zeichnung in den sehr hellen Bereichen. Oben: Ohne TONWERT PRIORITÄT beginnen die direkt von der Sonne angestrahlten Blütenblätter bereits auszufressen. Unten: Mit TONWERT PRIORITÄT ist die Zeichnung in den Lichtern verbessert. Der Unterschied ist allerdings nicht dramatisch – Sie gewinnen ungefähr eine Blende mehr Spielraum.

100 mm | f5,6 | 1/1250 s | ISO 200 | Bildausschnitt

In Situationen mit geringerem Kontrast erhalten Sie aber eine etwas sauberere Bildinformation, wenn Sie die Option ausschalten. Warum das so ist, erkläre ich im Abschnitt »Expose to the Right« auf Seite 136.

Sie können diese Funktion sogar standardmäßig aktivieren, weil die EOS 5DS ein sehr gutes Rauschverhalten hat, aber hinsichtlich des Tonwertumfangs nicht zu den Spitzenreitern gehört.

Sind bei einem Motiv wie hier die dunklen Töne wesentlich, sollten Sie die Tonwertoptimierung ausschalten, da sie das Rauschen in den Tiefen verstärkt.

24 mm | f10 | 1/10 s | ISO 200 | ein externer Blitz

Mehrfachbelichtung

Es ist einfach, aus Einzelaufnahmen am Rechner eine Mehrfachbelichtung zu machen. Trotzdem baut Canon diese Möglichkeit in seine Profikameras ein, weil der Weg über den Computer in manchen Anwendungsfällen keine gangbare Option ist. Wenn Sie als Pressefotograf arbeiten oder auch nur an einem Fotowettbewerb mit strengem Reglement teilnehmen möchten, dann sind den Manipulationsmöglichkeiten am Computer enge Grenzen gesetzt, weil vermieden werden soll, dass das Bild am Computer und nicht in der Kamera entsteht. Zu analogen Zeiten konnten Sie bei den meisten Kameras den Filmtransport zwischen zwei Aufnahmen unterbinden oder einen vorbelichteten Film in die Kamera einlegen. Diese Techniken sind nun in den professionelleren Canon-DSLRs wieder verfügbar, ohne dass Pressefotografen Rechtfertigungsprobleme bekämen oder dass technische Einschränkungen den Nutzen begrenzen würden, denn das Endergebnis lässt sich als Raw speichern. In der EOS 5DS können Sie bis zu neun Belichtungen zu einem Bild kombinieren.

Hier wurden vier Blitzbelichtungen im Modus Hell zu einer Aufnahme verrechnet.

24 mm | f9 | 1/25 s | ISO 200 | Blitz, Kamera vom Speedlite 600 EX-RT ausgelöst

Die EOS 5DS bietet vier Möglichkeiten, die Bilder miteinander zu verrechnen:

▸ **Additiv**

Dies entspricht der klassischen Mehrfachbelichtung auf Film: Die Belichtungen addieren sich. Ohne Belichtungskorrektur werden die Lichter schnell überbelichtet, wenn sie mehrfach an derselben Stelle im Bild aufgezeichnet werden.

▸ **Durchschnitt**

Die Mehrfachbelichtung wird korrigiert, so dass jede Einzelbelichtung in ihrer Belichtungsstärke durch die Anzahl der Belichtungen geteilt wird. Statt viermal volle Belichtung würden so vier Viertelbelichtungen addiert.

▸ **Hell**

Die Belichtungen werden so kombiniert, dass jeweils die hellste Bildinformation der Einzelaufnahmen in die jeweiligen Pixel des Endergebnisses geschrieben wird.

▸ **Dunkel**

Die Belichtungen werden so kombiniert, dass jeweils die dunkelste Bildinformation der Einzelaufnahmen in die jeweiligen Pixel des Endergebnisses geschrieben wird.

Die Mehrfachbelichtung hat Canon sehr schön umgesetzt; Sie sollten die Funktion als kreative Anregung sehen und nicht als unwichtiges Extra. Da Sie bei der EOS 5DS nicht nur die Mehrfachbelichtung, sondern die Einzelbelichtungen speichern können, können Sie die Bilder auch am Rechner zusammenfügen. Sie haben zwar mehr Steuerungsmöglichkeiten, können aber nicht das zusammengerechnete Raw-Bild abliefern, wie es etwa bei Wettbewerben manchmal nötig ist.

HDR-Modus

Während der HDR-Modus in den kleinen Canon-DSLRs wirklich nur amateurtauglich ist, weil er nur ein einziges JPEG erzeugt, ist er in der EOS 5DS auch für Profis interessant. Die Kamera speichert die Einzelbelichtungen nämlich auf Wunsch als Raw-Dateien und erzeugt zusätzlich dazu ein JPEG in interner HDR-Berechnung. So erhalten Sie eine gute Vorschau des HDR-Bildes in einem JPEG, das später vielleicht sogar gut genug zur Verwendung ist, haben aber zusätzlich die Raw-Dateien, um ein perfektes HDR-Bild in Lightroom, Photoshop, Digital Photo Professional oder Photomatix Pro zu erzeugen (siehe Seite 162).

⌃
Hier habe ich das Bild der Kathedrale von Le Mans mit einer bereits auf der Speicherkarte vorhandenen Aufnahme eines Felsens im Modus Hell *kombiniert.*

Rauschreduzierung bei Langzeitbelichtungen

Diese Funktion bringt auch für Raw-Aufnahmen etwas, hat aber den Nachteil, dass sie viel Zeit kostet. Wenn Sie eine Langzeitbelichtung von einer Minute machen, würde die Kamera noch einmal eine Minute bei geschlossenem Verschluss »belichten«. Das heißt, sie nimmt ein Bild ohne Licht auf, das nur das Rauschen des Sensors zeigt. Dieses Rauschen wird dann von der Originalaufnahme abgezogen, um eine bessere Bildqualität zu erhalten.

Es gibt drei Optionen: DEAKTIVIEREN, AUTOMATISCH und AKTIVIEREN. Die erste ist wohl selbsterklärend, bei der zweiten wird ein sogenanntes *Dunkelbild* erstellt, wenn die Kamera es für sinnvoll hält, und bei der dritten immer. Da die EOS 5DS ein geringes Grundrauschen hat und sich das bei Langzeitbelichtungen natürlich positiv auswirkt, ist die Funktion in der bildmäßigen Fotografie nicht unbedingt notwendig. Wenn Sie aber Astrofotografie oder wissenschaftliche Fotografie betreiben, kann es sehr viel wichtiger sein, das Grundrauschen so gering wie möglich zu halten.

Auch ohne Rauschreduzierung ist die Qualität dieser 20-Sekunden-Aufnahme sehr gut.

16 mm | f5,6 | 20 s | ISO 200

High ISO Rauschreduzierung

Die HIGH ISO RAUSCHREDUZIERUNG wirkt sich nur auf das JPEG aus. Die Kamera kann in drei Stärken das Rauschen aus dem Bild herausrechnen, was sich aber gerade bei starker Einstellung negativ auf die Detailauflösung auswirkt. Es gibt einen zusätzlichen Modus namens MULTI-SHOT-RAUSCHREDUZ.; hierbei nimmt die Kamera vier Aufnahmen in schneller Folge auf und kombiniert diese zu einem Bild mit weniger Rauschen. Für bewegte Motive ist diese Methode natürlich ungeeignet; wenn Sie auch ein Raw speichern, wird sie ohnehin automatisch abgeschaltet und durch den Modus STARK ersetzt. Die Ergebnisse sind zwar besser als bei früheren Canon-Kameras, aber Multi-Shot bleibt trotzdem eine Technik für Amateurkameras, die Sie einfach ignorieren sollten. Fotografieren Sie lieber im Raw-Format, verwenden Sie, wenn möglich, niedrigere ISO-Werte mit Stativ oder Stabilisator, und Sie werden viel bessere Ergebnisse erhalten.

Spiegelverriegelung

Wenn Sie für perfekte Schärfe den Einfluss des Spiegelschlags auf das Bild minimieren wollen, können Sie den Verschluss zeitverzögert nach dem Spiegelhochklappen auslösen. Die Vibrationen, die der Spiegelschlag auf das Gehäuse überträgt, sind dann schon abgeklungen. Diese machen sich ohnehin nur bei mittleren Belichtungszeiten störend bemerkbar; wenn die Zeiten kürzer sind, wird das Bild ohnehin scharf, wenn die Zeiten lang sind, ist der Einfluss der Spiegelschlagphase zu gering. Trotzdem kann sich dann die Spiegelvorauslösung lohnen, weil gerade Lichtquellen im Bild dennoch verwackelt aussehen können. Sie können die Vorauslösezeit in fünf Stufen zwischen 1/8 s und 2 s wählen oder der Kamera vorgeben, dass sie den Verschluss erst beim zweiten Auslösen betätigen soll. Letzteres ist nur richtig sinnvoll, wenn Sie einen Fernauslöser verwenden oder die Betriebsart auf Selbstauslöser gestellt haben, denn sonst verwackeln Sie durch den zweiten Auslöserdruck die Kamera eher mehr, als der Spiegel es täte. Mit dem Selbstauslöser zusammen haben Sie dann auch die Möglichkeit einer zehnsekündigen Vorlaufzeit.

Bei 2 s Vorlaufzeit auf dem Stativ können Sie sogar auf den Kabelauslöser verzichten.

Die 1/8-Sekunden-Option ist praktisch, wenn Sie aus der Hand arbeiten und die Belichtungszeiten länger werden; die 2-Sekunden-Option ist ideal für das Arbeiten vom Stativ aus, wenn das Motiv unbewegt ist. In der Praxis ist die Spiegelvorauslösung oft nicht notwendig, weil zum Beispiel die Zeiten eh kurz genug sind oder der

Bildstabilisator den Spiegelschlag ausgleicht. Zudem ist der Einfluss des Spiegels auf die Gesamtkameramasse natürlich geringer, wenn Sie zusätzlich zur schon recht schweren EOS 5DS den Batteriegriff nutzen und ein schweres Objektiv angeschraubt haben. Bei längeren Brennweiten ohne Bildstabilisator und Belichtungszeiten unter 1/250 s ist die Spiegelvorauslösung hingegen öfter sinnvoll. Wenn Sie die Kamera vom Funkblitz auslösen, ist eine Spiegelverriegelung leider nicht möglich; die optische Auslösung per Fernauslöser oder etwa mit dem Speedlite 320EX funktioniert aber. Wenn Sie direkt in die Sonne fotografieren, brauchen Sie wegen der kurzen Zeiten ohnehin keine Spiegelverriegelung, Sie sollten es aber auch deswegen lassen, weil Sie damit auf Dauer dem Verschlussvorhang schaden können.

Anti-Flacker-Aufnahmen

Bestimmte Lichtquellen wie zum Beispiel Leuchtstoffröhren mit geringer Nachleuchtdauer sehen nur für das menschliche Auge gleichmäßig aus, während zum Beispiel eine Fliege oder eine Digitalkamera ein deutliches Flackern wahrnehmen. Die Leuchtquelle ändert nicht nur die Helligkeit, sondern auch die Farbe, was bei Serienaufnahmen unregelmäßige Ergebnisse und bei Einzelaufnahme oft zu dunkle und farbstichige Aufnahmen ergibt.

Die EOS 5DS warnt vor solchen Situationen mit dem Hinweis Flicker! im Sucher. Wenn Sie die Anti-Flacker-Aufn aktivieren, kann die EOS 5DS diese Effekte auch vermeiden. Im europäischen Stromnetz, das mit 50 Hz getaktet ist, erreicht eine Leuchtstofflampe jede Hundertstelsekunde ihr Leuchtmaximum und ihre beste Farbe. Die EOS 5DS synchronisiert einfach die Verschlussauslösung mit diesem Zeitpunkt, so dass Sie immer das beste Ergebnis erhalten.

» *In den Bildern oben und unten links sehen Sie die Flackerproblematik: Teile des Bildes haben einen orangefarbenen Farbstich und sind zu dunkel. Das Bild unten rechts wurde mit aktivierter Anti-Flacker-Aufn aufgenommen – das Bild hat keine partiellen Farbstiche und ist gleichmäßig belichtet.*

35 mm | f4 | 1/1600 s | ISO 100

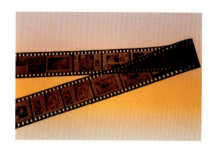

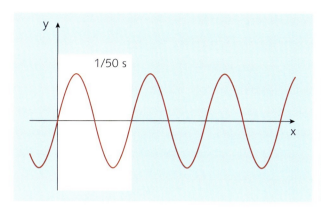 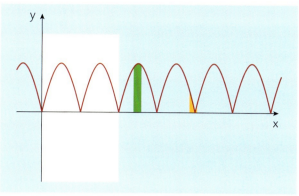

Links: Der Wechselstrom in Europa durchläuft in 1/50 s eine Sinuskurve. Da es zwar negative Spannung, aber kein negatives Licht gibt, entspricht die Helligkeitskurve eher der nächsten Grafik. Rechts: Manche Leuchtmittel setzen den Wechselstrom direkt in Helligkeit um, so dass in 1/50 s das Licht je zweimal sein Maximum und Minimum erreicht. Wenn Sie nun zum Beispiel mit 1/500 s belichten und einmal das Maximum treffen (grün) und einmal das Minimum (gelb), dann zeichnen Sie sehr unterschiedliche Lichtmengen auf. Die EOS 5DS zeichnet mit der Anti-Flacker-Funktion nur noch im optimalen (grünen) Bereich auf, synchronisiert also die Auslösefrequenz mit der Lichtfrequenz.

Der einzige Nachteil ist, dass die Serienbildgeschwindigkeit darunter leiden kann, aber das ist meist das kleinere Übel. Bei Belichtungszeiten länger als 1/50 s benötigen Sie die Funktion nicht, weil dann mindestens zwei ganze Leuchtphasen aufgezeichnet werden und sich der Flackereffekt ausgleicht. Bei kurzen Belichtungszeiten, wie sie zum Beispiel beim Hallensport notwendig sind, kann Ihnen diese Funktion aber viel Arbeit ersparen und die Bildqualität verbessern. Die Funktion lässt sich nicht mit der Spiegelverriegelung kombinieren, da die Kamera das Licht unmittelbar vor der Aufnahme kontrollieren muss. Die Funktion ist beschränkt auf Helligkeitsflackern von 100 oder 120 Hz, entsprechend dem von Stromnetzen mit 50 oder 60 Hz. 60 Hz gibt es in Amerika bis auf ein paar Staaten in Südamerika, die wie der Rest der Welt 50 Hz verwenden. Das heißt aber auch, dass die EOS 5DS anderes Flackern, wie zum Beispiel eine gepulste LED, nicht beheben kann. Allerdings werden Sie das in der Praxis nur sehr selten bemerken, die relevanten Flackerarten sind mit 100 und 120 Hz abgedeckt. Sie sollten die Funktion trotzdem nur bei Bedarf anschalten.

EXKURS
Belichtungsgrundlagen in aller Kürze

Zwischen einer Aufnahme bei hellem Sonnenschein und einer in dunkler Nacht liegt ein Unterschied in der Beleuchtungsstärke von 1:2000000. Der Einstellungsbereich der EOS 5DS geht jedoch weit darüber hinaus, selbst wenn Sie nur die ISO-Werte und Blenden zugrunde legen, mit denen Sie wirklich sinnvoll arbeiten können. In den folgenden Abschnitten rekapituliere ich die drei grundlegenden Anpassungsmöglichkeiten – Belichtungszeit, Blende und ISO-Wert.

Belichtungszeit

In den Automatikmodi reicht bei der Belichtungszeit der Regelungsbereich der EOS 5DS von 30s bis 1/8000s, Sie können aber praktisch unbegrenzt lange belichten, wenn Sie das Modus-Wahlrad auf die Position B (Bulb) stellen (mehr dazu lesen Sie ab Seite 120). Meist wird die Belichtungszeit, die Sie wählen möchten, durch die Bewegung des Motivs oder der Kamera in der Länge begrenzt, denn sonst wären Bewegungsunschärfe oder Verwacklung die Folge. Zu kurze Belichtungszeiten begrenzen aber die Lichtmenge, die auf den Sensor fällt, so dass Sie den ISO-Wert erhöhen müssen oder die Blende weiter öffnen. Während eine offene Blende auch positiv für die Bildwirkung sein kann, verschlechtert ein hoher ISO-Wert die Bildeigenschaften. In der Praxis ist der optimale Belichtungszeitbereich, gerade bei längeren Brennweiten, oft sehr klein: Die Belichtungszeit muss kurz genug sein, um die Bewegung in der gewünschten Weise einzufangen, aber nicht kürzer, um kein Licht für die technische Bildqualität zu verschenken.

«
Die Belichtungszeit ist auch ein Gestaltungsmittel. Durch das Mitziehen der Kamera auf die Ginetta G4 verwischt hier der Hintergrund, und das Bild wirkt dynamisch.
200 mm | f6,3 | 1/40 s | ISO 100 | Mehrfeldmessung | AV

Kehrwertregel für Belichtungszeit

Die Bildqualität steigt zwar, wenn mehr Licht auf den Sensor fällt, aber Sie sollten die Belichtungszeit trotzdem nicht zu lang wählen, wenn Sie aus der Hand fotografieren, weil damit das Risiko des Verwackelns steigt. Eine Faustformel, die sogenannte *Kehrwertregel*, besagt: **Die Verschlusszeit sollte immer kürzer sein als der Kehrwert der Brennweite**.

Beispiel: Bei Aufnahmen aus der Hand mit einer Brennweite von 200 mm sollte die Verschlusszeit also nicht länger als 1/200 s sein, bei 35 mm nicht länger als 1/30 s. Bei Objektiven mit Bildstabilisator können Sie sogar noch etwa drei bis vier Blendenstufen länger aus der freien Hand fotografieren, bei 200 mm also bis hinunter zu 1/30 s oder 1/15 s. Da diese Werte aber für einen normalen 20-mal-30-cm-Abzug gelten, sollten Sie, wenn Sie die volle Schärfe der EOS 5DS ausnutzen wollen, 1–2 Blendenstufen kürzer belichten, wenn Sie aus der Hand fotografieren – bei 50 mm also eher 1/100 s bis 1/200 s. Bei schwachem Licht kann die Bildqualität trotzdem besser sein, wenn Sie eher etwas länger belichten, dafür aber den ISO-Wert nicht so hoch einstellen. Die neuen Bildstabilisatoren arbeiten genau genug für die EOS 5DS, so dass Sie wirklich eine entspannte Reserve für das Fotografieren aus der Hand haben.

≫
Wenn Sie von vorn in ein Zoomobjektiv mit konstanter Offenblende blicken und die Brennweite verändern, werden Sie feststellen, dass die Öffnungsweite bei längerer Brennweite größer erscheint. Sie wird durch die Abbildungseigenschaften des Objektivs vergrößert, die Blendenlamellen werden für die kürzere Brennweite nicht weiter geschlossen.

Oben: 70 mm bei f2,8. Es ergibt sich eine Öffnungsweite von 25 mm (70 mm / 25 mm = 2,8). Unten: 200 mm bei f2,8. Es ergibt sich eine Öffnungsweite von 71,5 mm (200 mm / 71,5 mm = 2,8).

Blende

Mit der Öffnung der Blende steuern Sie natürlich erst einmal die Lichtmenge, die auf den Sensor trifft. Da die Blende aber auch großen Einfluss auf Schärfe und Schärfentiefe des Bildes hat, ist sie zur reinen Belichtungssteuerung nur bedingt geeignet.

Der Blendenwert ergibt sich aus dem Verhältnis der Brennweite zur Öffnungsweite des Objektivs. Aus diesem Grund haben einige Zoomobjektive auch unterschiedliche Anfangsblenden für unterschiedliche Brennweiten: Beim Canon EF 100–400 mm f4,5–5,6 L IS USM II variiert die Anfangsblende je nach Brennweite zum Beispiel zwischen Blende f4,5 und f5,6. Bei vielen Zooms bleibt die Blende allerdings durchgehend gleich, wie etwa beim Canon EF 70–200 mm f2,8L IS II USM. Das funktioniert, ohne dass die Blendenlamellen für die kürzeren Brennweiten weiter geschlossen werden müssen, weil sich die kleinere Durchlassöffnung bei der kürzeren Brennweite allein aus den optischen Eigenschaften des Objektivs ergibt. Denn wichtig für den Blendenwert ist der scheinbare Durchmesser der Öffnung von der Objektivvorderseite gesehen, dieser lässt sich optisch wie mit einer Lupe vergrößern, während der tatsächliche Durchmesser der Blendenöffnung beim Zoomen gleich bleibt.

Bei der EOS 5DS lohnt es sich, die Blende sehr genau zu wählen. Einerseits sehen Sie eher, wenn ein Bereich nicht mehr ganz in der Schärfentiefe liegt, andererseits schlägt auch die Beugungsunschärfe früher zu, weil die Pixel so klein sind (siehe nächster Abschnitt). Auch die Objektivleistung ist nur in einem bestimmten Blendenbereich optimal, der umso kleiner ist, je weniger das Objektiv bereits für die Offenblende an einer hochauflösenden Kamera optimiert wurde. Meist werden Sie zwischen f5,6 und f8 die höchste Schärfeleistung bei einem Objektiv erwarten können, wobei die Bildecken gerade bei älteren Weitwinkelobjektiven auch bei weiterer Abblendung noch schärfer werden. Vergessen Sie aber nicht, dass die gestalterischen Aspekte der Blende meist wichtiger sind als die technisch optimale Schärfeausnutzung.

Rekapitulation: Blendenstufe

Die unterschiedlichen Kontrastverhältnisse, also die unterschiedlichen Helligkeitsstufen, werden in der Fotografie in Blendenstufen angegeben. Der Kontrastumfang zwischen Blende f5,6 und Blende f8 beträgt genau eine Blendenstufe. Die einfallende Lichtmenge wird bei der Verringerung um eine Blendenstufe verdoppelt (kleinere Blendenzahl) und bei Erhöhung um die Hälfte verringert (größere Blendenzahl).

Denselben Effekt auf die Lichtmenge erreichen Sie über die Verschlusszeit: Eine Verdopplung der Verschlusszeit von 1/250s auf 1/125s führt ebenfalls zur Verdopplung der Lichtmenge, so dass der Unterschied auch hier eine Blendenstufe ausmacht.

Der Begriff *Blendenstufe* ist also nicht – wie zu vermuten wäre – an die Blende gekoppelt, sondern beschreibt lediglich die Veränderung der Lichtmenge um den Faktor zwei. Und dies kann, wie eben ausgeführt, auch über die Verschlusszeit erfolgen.

Die Menge an Licht, die auf den Sensor gelangt, wird in der Fotografie mit dem Lichtwert LW (englisch *Exposure Value* = EV) angegeben. Lichtwert 0 beschreibt dabei die Lichtmenge, die bei 1s Belichtungszeit bei Blende f1,0 und ISO 100 eine Normalbelichtung ergibt, beziehungsweise alle Kombinationen, die dieselbe Helligkeit ergäben.

Beugungsunschärfe

Ein weiteres Phänomen, das zu unscharfen Bildern führt, ist die *Beugungsunschärfe*. Verursacht wird sie durch gebeugte (abgelenkte) Lichtstrahlen bei zu kleinen Blendenöffnungen. Die Strahlen treffen dadurch nicht mehr an einem Punkt auf den Sensor, sondern bilden sogenannte *Beugungsscheibchen*.

Diese Beugungsunschärfe ist unvermeidbar und bei weit geöffneter Blende unproblematisch. Je kleiner die Öffnung ist, desto stärker werden die Lichtstrahlen abgelenkt. Gegen diesen durch den Wellencharakter des Lichts bedingten Effekt können Sie nichts tun. Der Effekt macht sich bei der Pixelgröße der EOS 5DS ab ungefähr Blende f9 langsam störend bemerkbar. Bei Blende f16 ist er noch eher moderat, aber ab Blende f22 werden die Bilder sichtbar flau und matschig. Am besten sehen Sie den Effekt, wenn Sie Ihr Objektiv ganz abblenden (höchstmöglichen Blendenwert einstellen) und in eine punktförmige Lichtquelle hineinfotografieren. Dann ergibt sich ein *Blendenstern*; der Punkt strahlt aus und wird sternförmig. In der EOS 5DS können Sie die einstellbaren Blenden begrenzen. UNTER C.FN2: EXPOSURE/DRIVE finden Sie den Punkt EINSTELLUNG BLENDENBEREICH. Dort können Sie die KLEINSTE BLENDE auf 16 begrenzen, um nicht in den Bereich starker Beugungsunschärfe zu geraten. Wenn Sie mit der Blendenautomatik arbeiten, funktioniert die Begrenzung nur, wenn Sie SAFETY SHIFT nicht auf Tv/Av gestellt haben (siehe Seite 133).

Wenn Sie die kleinste Blende in der EOS 5DS begrenzen, können Sie die Beugungsunschärfe vermindern.

Beim Fotografieren direkt in eine punktförmige Lichtquelle hinein entsteht – bedingt durch hohe Blendenwerte und damit eine weit geschlossene Blende – der sogenannte »Blendenstern«.

16 mm | f22 | 1/200 s | ISO 200

Blendensterne als Gestaltungsmittel

Falls Sie Blendensterne bewusst einsetzen möchten: Es gibt einen interessanten Unterschied zwischen Objektiven mit gerader und ungerader Zahl von Blendenlamellen. Ein Objektiv mit einer ungeraden Anzahl von Blendenlamellen erzeugt doppelt so viele Sternenstrahlen wie es Lamellen hat, weil das Licht am »Knick«, an dem zwei Lamellen zusammentreffen, in beide Richtungen gebeugt wird. Das wird es bei geraden Lamellenzahlen natürlich auch, nur hier liegen jeweils zwei Strahlenquellen direkt gegenüber, so dass sie sich überdecken und nicht einzeln sichtbar werden. Ein Objektiv mit sechs Blendenlamellen wird also einen sechszackigen Stern erzeugen, eines mit sieben Lamellen hingegen 14.

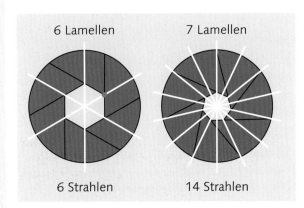

»
Die von den Ecken der Blendenöffnung erzeugten Beugungsstreifen überlagern sich bei gerader Anzahl von Lamellen (links), deshalb werden nur so viele Strahlen wie Lamellen erzeugt. Bei ungerader Anzahl sind die Beugungsstreifen allerdings einzeln sichtbar (rechts), deshalb gibt es doppelt so viele Strahlen wie Lamellen.

Beachten Sie, dass Konverter von Fremdherstellern oder auch die Canon-Extender etwa bei den TSE-Objektiven manchmal die Veränderung des Blendenwertes nicht an die Kamera weitergeben. Ein 2fach-Extender verdoppelt auch den Blendenwert. Wenn im Display dann f16 steht, sind Sie in Wirklichkeit schon bei f32 und deutlich in der Beugungsunschärfe. Sie können das überprüfen, indem Sie das Objektiv mit angesetztem Extender ganz aufblenden; wenn Sie weiterhin auf die anfängliche Offenblende von zum Beispiel f2,8 kommen, müssen Sie selbst immer zwei Blendenstufen hinzurechnen; wenn dort f5,6 steht, macht das der Extender für Sie.

ISO-Wert

Der ISO-Wert beschreibt die Verstärkung der Messwerte des Sensors. Je schwächer das Eingangssignal ist (also je weniger Licht einfällt), desto mehr kann die Kamera das Signal verstärken, ohne dass die Bildinformation in den Lichtern ausfrisst. Das können Sie sich ähnlich wie den Lautstärkeregler beim Radio vorstellen: Wenn nur ein leises Signal hereinkommt, müssen Sie den Lautstärkeregler hochdrehen, damit Sie die Sendung gut hören können. Genau wie bei einer Digitalkamera verstärken Sie damit aber auch das Grundrauschen, weil dieses genauso angehoben wird wie das Signal. Wenn Sie den ISO-Wert um den Faktor zwei erhöhen, können Sie den Blendenwert um den Faktor 1,4 erhöhen (eine Stufe abblenden) oder die Belichtungszeit halbieren und erhalten trotzdem die gleiche Bildhelligkeit. Zu hohe ISO-Werte verschlechtern allerdings die Gesamtqualität des Bildes, es erscheint verrauscht, der nutzbare Helligkeitsumfang schrumpft, und die Schärfe leidet auch etwas.

In der Praxis werden Sie also versuchen, einen guten und zum Motiv passenden Kompromiss aus den drei Werten Belichtungszeit, Blende und ISO-Wert zu finden. Die Verwendung der Funktion Auto ISO, bei der die Kamera innerhalb von Ihnen gesetzter Grenzen den ISO-Wert automatisch bestimmt, kann die Wahl vereinfachen, zumal Sie diese Funktion bei der EOS 5DS perfekt an Ihre Bedürfnisse anpassen können (siehe Abschnitt »Auto ISO« ab Seite 122 in diesem Kapitel). Sie werden nach etwas Erfahrung mit der Kamera schnell einen ISO-Bereich finden, innerhalb dessen Sie sich mit der Bildqualität wohlfühlen.

Interessanterweise bringt eine nachträgliche Verstärkung der Bildhelligkeit ähnliche Resultate. Wenn Sie ein korrekt belichtetes Bild bei ISO 3 200 aufnehmen und dann noch eines zwei Blendenstufen unterbelichtet bei ISO 800 und das letztere im Raw-Konverter wieder um zwei Blenden aufhellen, dann erhalten Sie vergleichbare Bildergebnisse. Das normal belichtete Bild bei höherem ISO-Wert wird in den Schatten allerdings ein wenig besser aussehen, aber grundsätzlich ist die Qualität ähnlich. Andersherum können Sie, wenn Sie das Bild etwas überbelichten, ohne dass dabei die Lichter ausfressen, im Raw-Konverter die Bildhelligkeit reduzieren und damit die Bildqualität erhöhen (siehe »Expose to the Right« auf Seite 136).

⌃
Der maximale Bereich für Auto ISO reicht bei der EOS 5DS von ISO 100 bis 6 400. Letztlich müssen Sie selbst entscheiden, wie viel Bildrauschen Sie akzeptieren möchten und wann Ihnen der ISO-Spielraum wichtiger ist.

⌄
Beim linken Bild hat der Ringblitz nicht gezündet. Rechts habe ich dieselbe Aufnahme um vier Blendenstufen im Raw-Konverter aufgehellt.
100 mm | f11 | 1/200 s | ISO 200 | Ringblitz | Originalaufnahme und eine Aufnahme mit Belichtung +4,00 in Lightroom

Es gibt Kameras, bei denen es praktisch keinen Unterschied macht, ob Sie bei niedrigen ISO-Werten unterbelichten und im Raw-Konverter aufhellen oder ob Sie im gleichen Maße den ISO-Wert bei der Aufnahme anheben. Das ist etwa bei ein paar aktuellen Nikon-DSLRs der Fall. Bei der EOS 5DS ist es besser, den ISO-Wert anzuheben, weil das Rauschen und der Dynamikumfang besser sind, als wenn Sie unterbelichten und in der Bildbearbeitung aufhellen. Allerdings sollten Sie trotzdem nicht vergessen, dass in den Schatten noch einige Reserven schlummern, die Sie in der Nachbearbeitung dunkler Bildteile oder insgesamt unterbelichteter Aufnahmen herausholen können. Die Schatten sind bei der EOS 5DS sogar sauberer als bei der EOS 5D Mark III, obwohl diese mit ihren größeren Pixeln theoretisch Vorteile hätte. Das liegt daran, dass die EOS 5DS mit größeren Pixeln mehr Licht einfangen kann und damit die möglichen Unterschiede zwischen hellen und dunklen Messwerten größer sind. Interessanterweise werden die Schatten in den meisten Raw-Konvertern bei der EOS 5DS dunkler dargestellt als bei anderen Kameras inklusive der EOS 5D Mark III. Bei Tests musste ich den Regler Tiefen in Lightroom auf ca. +30 stellen, um vergleichbare Ergebnisse zu bekommen. Vielleicht werden bei zukünftigen Updates die Profile angepasst; die Information in den Tiefen ist jedenfalls da, sie werden nur standardmäßig zu dunkel dargestellt.

Sie werden sich vielleicht fragen, warum die EOS 5DS nur bis ISO 12 800 einstellbar ist und nicht bis ISO 51 200, wie die EOS 7D Mark II mit ihren etwa gleich großen Pixeln. Der Grund: Die EOS 5DS hat stärkere RGB-Farbfilter, die weniger Licht anderer Farbe durchlassen, aber dadurch eine genauere Farbdifferenzierung ermöglichen. Und sie hat auch einen höheren Dynamikumfang, was bei Canon bislang eine Entweder-oder-Entscheidung mit hohen ISO-Werten ist. Trotzdem ist eine EOS 5DS bei ISO 3 200 besser als eine EOS 7D Mark II, und zwar nicht nur auf Bildebene, sondern auch per Pixel. Hier merkt man, dass die EOS 5DS die neuere der beiden Kameras ist.

Den zusätzlichen ISO-Wert 50 sollten Sie nur verwenden, wenn Sie zum Beispiel lange Belichtungszeiten verwenden möchten und vor allem, wenn der Gesamtkontrast nicht zu hoch ist. Denn weil die EOS 5DS ihre Empfindlichkeit in Wirklichkeit nicht so weit absen-

» Hier sehen Sie die Testaufnahme als ganzes Bild und in der Version mit ISO 12 800. Trotz des sehr hohen ISO-Wertes ist die Qualität noch gut, in den Detailvergrößerungen offenbaren sich aber die Unterschiede (siehe dazu die Ausschnitte auf der rechten Seite).

ken kann, wird im Lichterbereich fast eine Blende an Tonwertumfang abgeschnitten. Die Kamera zeichnet praktisch doppelt so viel Licht auf und rechnet das Bild dann eine Blendenstufe dunkler. Das kann die dadurch bereits ausgefressenen Lichter aber nicht mehr retten.

⌃
Derselbe Bildausschnitt, einmal mit ISO 100 (links), mit ISO 3 200 (Mitte) und mit ISO 12 800 (rechts) aufgenommen. Die Bilder mit dem hohen ISO-Werten sind nicht nur verrauschter, sie zeigen auch weniger Details, weniger Durchzeichnung der Tonwerte und geringere Farbgenauigkeit. Trotzdem ist die Qualität noch erstaunlich gut, wenn man bedenkt, dass im Vergleich zur ersten Aufnahme bei der letzten nur 1/128 des Lichts aufgezeichnet wurde.

⌃
Der Bildausschnitt der ISO-12 800-Aufnahme mit Rauschminderung in Lightroom zeigt eine durchaus verwendungsfähige Qualität.

«
Auch wenn die EOS 5DS nicht für hohe ISO-Werte optimiert wurde, können Sie doch bei sehr schwachem Licht noch gut fotografieren.

24 mm | f1,4 | 2,5 s | ISO 6 400 | Mehrfeldmessung | M

[Exkurs: Belichtungsgrundlagen in aller Kürze]

3.4 Der Weißabgleich

Die Farbe des Sonnenlichts ändert sich im Tagesverlauf abhängig von der Länge des Weges, den das Licht durch die Atmosphäre nehmen muss. Je länger der Weg, desto mehr Blauanteile werden gestreut, und das übrigbleibende Licht erscheint wärmer. Leuchtmittel weichen fast immer vom Tageslicht ab; während Glühlampen nur wärmer wirken, haben Leuchtstoffröhren oft auch einen Grünstich.

Das menschliche Auge kann die unterschiedlichen Farbanteile des Lichts recht gut ausgleichen, so dass Szenen in unterschiedlichem Licht recht farbneutral erscheinen; die EOS 5DS macht das mit dem automatischen Weißabgleich AWB auch recht gut, und doch gibt es Gründe, der Kamera den Weißabgleich vorzugeben.

Farbtemperatur

Für die unterschiedlichen Kalt-/Warm-Anteile im Licht gibt es eine physikalische Einheit, die die Farbtemperatur ausdrückt und die Sie sicher schon kennen: *Kelvin* (K). Um sich diese Einheit besser vor Augen zu führen, ist es am besten, sich ein schwarzes Objekt vorzustellen.

» *Die Farbtemperaturskala geht von Rot zu Blau, deckt also nur das Kalt-Warm-Spektrum der Farben ab.*

»» *Farbtemperaturen für übliche Lichtarten*

Lichtquelle	Farbtemperatur (Kelvin)
klarer blauer Himmel	10 000 bis 20 000
Sonnenlicht bei Dunst/Nebel	9 000
Schatten bei blauem Himmel	8 000
dicht bewölkter Himmel	7 000
leicht bewölkter Himmel	6 200
externe Blitzgeräte	5 500
Sonnenlicht zur Mittagszeit	5 200
Sonnenlicht am Nachmittag/Abend	4 500
Sonnenlicht am Morgen/Abend	3 500
Halogenscheinwerfer	3 200
Sonnenuntergang	3 000
Glühlampe (150 Watt)	2 900
Glühlampe (40 Watt)	2 600
Kerzenlicht	1 900

Wenn Sie es erhitzen, dann fängt es irgendwann an, rötlich zu glühen – ein physikalischer Vorgang, der zum Beispiel bei Holzkohle am Grillabend zu beobachten ist. Eine deutlich stärkere Erhitzung würde dazu führen, dass die Holzkohle gelblich glüht. Bei einer Erhitzung von rund 5 000 Grad Celsius würde die Kohle nahezu weiß leuchten, während bei 10 000 Grad Celsius ein eher bläuliches Leuchten zu beobachten wäre. Die Holzkohle wäre bis dahin wahrscheinlich schon komplett verbrannt, deswegen geht das physikalische Modell von einem idealen schwarzen Körper aus. Mit veränderter Temperatur ändert sich also die Farbe des abgegebenen Lichts, und genau darum bezeichnet man diese Eigenschaft mit dem Begriff *Farbtemperatur*.

Mit Hilfe der Farbtemperatur lässt sich die Farbe des Lichts beschreiben. Eine 60-Watt-Glühlampe hat zum Beispiel eine Farbtemperatur von 2 800 Kelvin, während Sonnenlicht am Nachmittag mit Werten zwischen 4 500 und 5 000 Kelvin strahlt. Eine Übersicht über die möglichen Lichtquellen mit den jeweiligen Kelvin-Werten finden Sie in der Tabelle auf der linken Seite. Es handelt sich allerdings nur um Richtwerte, da die Farbtemperatur gerade bei Tageslicht durch viele Faktoren wie Wetter- und Sonnenstand beeinflusst wird.

Gedanken um den Weißabgleich müssen Sie sich nur machen, wenn Sie im JPEG-Format fotografieren. Bei Aufnahmen im Raw-Format lässt sich die Farbtemperatur wie hier in Canons Digital Photo Professional auch nachträglich ohne jeglichen Qualitätsverlust anpassen.

[Kapitel 3: Belichtung] 155

Automatischer Weißabgleich

Standardmäßig voreingestellt ist der automatische Weißabgleich (AWB = *Automatic White Balance*). Die Kamera analysiert die Farbanteile in den Lichtern, Mitteltönen und Schatten und versucht danach, eine neutrale Darstellung zu erhalten. Wenn eine weiße Fläche aufgrund einer Glühlampenbeleuchtung eher gelblich reflektiert, geht die Kamera einfach davon aus, dass als Lichtquelle Kunstlicht zum Einsatz kommt. Der automatische Weißabgleich stellt dann als Farbtemperatur einen Wert von um die 3 000 Kelvin ein. Bei sehr warmem Licht wird die EOS 5DS versuchen, die Stimmung zu erhalten, und deswegen den Weißabgleich nicht ganz neutral einstellen, sondern etwas gelblich. Der automatische Weißabgleich berücksichtigt nicht nur die Kalt-Warm-Achse der Kelvin-Werte, sondern auch die Farbanteile auf der Grün-Magenta-Achse. So kann auch der Grünstich, der sich bei normalem Leuchtstofflampenlicht ergäbe, ausgefiltert werden.

In der Regel funktioniert das System sehr gut, doch gibt es immer wieder Situationen, in denen sich der automatische Weißabgleich irritieren lässt. Auch bei einem stark farbigen formatfüllenden Motiv

⌃
Die beiden Farbachsen Kalt–Warm und Grün–Magenta sind in Lightroom ganz oben in den Grundeinstellungen zu finden. Mit der Pipette lässt sich ein Bildbereich als Neutralgrau definieren und so der Weißabgleich festlegen.

⌃
Neben dem automatischen Weißabgleich (AWB) stehen für unterschiedliche Lichtsituationen vordefinierte Farbtemperaturen zur Verfügung.

⌄
Links: Der automatische Weißabgleich lässt sich hier vom Gewitterhimmel in die Irre leiten und zieht das Bild zu weit in den Gelbbereich. Rechts: Bei der Einstellung des Weißabgleichs auf Tageslicht *werden die Farben natürlich wiedergegeben.*

120 mm | f2,8 | 1/1000 s | ISO 200 | Weißabgleich: AWB (links) und Tageslicht *(rechts)*

würde der automatische Weißabgleich versuchen, die Farben zu neutralisieren, um Farbstiche zu vermeiden – eigentlich naheliegend, doch in diesem Fall eher unerwünscht.

Der automatische Weißabgleich tendiert ohnehin dazu, die Stimmung aus dem Bild zu nehmen oder starke Farben zurückzunehmen. Tagsüber erhalten Sie mit der Einstellung TAGESLICHT oft ein Ergebnis, das näher an Ihrem Eindruck ist als ein Bild mit der Einstellung AWB. Der automatische Weißabgleich hat aber seine Stärken, wenn Sie unter sehr unterschiedlichen Bedingungen Bilder aufnehmen, immer ein aussagekräftiges Bild in der Rückschau sehen möchten und den Weißabgleich ohnehin in der Raw-Nachbearbeitung festlegen.

Auch beim JPEG liegt der automatische Weißabgleich selten daneben – aber in der Regel gerade dann, wenn sich die Bildfarbe nicht durch die Lichtfarbe ergibt, sondern die Kamera versucht, die Objektfarben zu kompensieren, die sie lieber erhalten sollte.

Wenn Sie ein Canon-Speedlite auf der Kamera haben, teilt dieses der EOS 5DS die Farbtemperatur des eigenen Blitzlichts mit. Die Kamera verwendet diese Information, um in den Modi AWB oder BLITZ den Weißabgleich dementsprechend einzustellen. Die Farbtemperatur variiert nämlich leicht je nach Leuchtdauer. Beim Speedlite 600EX-RT kann der Blitz der Kamera sogar mitteilen, ob eine der beiden mitgelieferten Filterfolien verwendet wird. Die stärkere der beiden lässt den Blitz fast so gelblich wie Glühlampenlicht werden. So können Sie in Kunstlichtumgebungen blitzen, ohne zu unterschiedliche Lichtfarben zu erhalten. Mit einer Filterfolie und manueller Weißabgleichsteuerung bekommen Sie das natürlich auch mit jedem anderen Blitz selbst hin.

Für den Raw-Fotografen ist der eingestellte Weißabgleich zwar theoretisch egal, aber die Praxis zeigt, dass man sich in der Nachbearbeitung von der Vorschau des Bildes oft leiten lässt. AWB mindert oft die Stimmung eines Bildes, und es gelingt einem in der Nachbearbeitung dann nicht immer, diese authentisch wiederherzustellen. Tagsüber ist eine Einstellung auf TAGESLICHT zielführender, manch-

Hier zeigen sich die Stärken des automatischen Weißabgleichs: Obwohl das Laub das Licht grün einfärbt, ergibt sich ein neutraler Gesamteindruck.

420 mm | f4,5 | 1/1250 s | ISO 2 500 | Weißabgleich: AWB

mal ergibt sich ein störender Stich, aber diesen korrigiert man in der Nachbearbeitung eher, als dass man mangelnde Lichtatmosphäre zurückbringt. AWB sollten Sie also lieber nur in sehr wechselhaften Situationen verwenden. Als ich bei Gewitterstimmung die Kamera noch auf AWB stehen hatte, blieb von der Atmosphäre im LCD-Monitor nichts übrig. Ich hätte das Bild auch beim Durchschauen im Raw-Konverter übersehen, weil die dramatische Lichtstimmung einfach weggefiltert war. Selbst wenn Sie nur zwischen TAGESLICHT und KUNSTLICHT umschalten, haben Sie meist eine gute Voransicht für die Raw-Bearbeitung, um die Bildstimmung des Augeneindrucks bewahren zu können. Das menschliche Auge nimmt bei sehr schwachem Licht wärmeres Licht zudem als neutral wahr. Deswegen sollten Sie in der Nachtfotografie, auch wenn kein Kunstlicht vorhanden ist, den Weißabgleich lieber auf KUNSTLICHT stellen, weil der Bildeindruck dann natürlicher und angenehmer ist.

Weißabgleich einstellen

Mit dem manuellen Weißabgleich sind Sie insbesondere bei einer Aufnahmeserie immer auf der sicheren Seite. Fotografieren Sie zum Beispiel ein Gebäude aus der Entfernung, mag der automatische Weißabgleich vielleicht in der Lage sein, die Farben richtig zu beurteilen. Nutzen Sie für weitere Aufnahmen dann jedoch ein Teleobjektiv, um Details aufzunehmen, ist die Situation schon schwieriger.

Wenn nur Flächen einer bestimmten Farbrichtung zur Beurteilung der Farbtemperatur vorhanden sind, führt dies in der Regel zu Fehleinschätzungen. So passiert es, dass mehrere Fotos eines Motivs unterschiedliche Farben zeigen. Diese lassen sich zwar durch nach-

Damit der automatische Weißabgleich korrekt funktioniert, benötigt die Kamera auch farbneutrale Bildanteile oder verschiedene Farben. Ist dies wie im linken Foto nicht der Fall, werden Farben falsch interpretiert. Die Pappe im Hintergrund hat einen warmen Braunton, was im rechten Foto zu sehen ist. Hier funktioniert der Weißabgleich mit Hilfe eines zusätzlichen Blatt Papiers im Bild, so dass nicht nur warme Farben vorhanden sind. Eine Einstellung auf TAGESLICHT statt AWB hätte auch geholfen.

 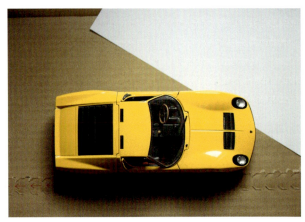

trägliche Bildbearbeitung korrigieren, doch bedeutet dies zumindest beim JPEG eine Menge Arbeit und Qualitätsverlust. Um dies zu vermeiden, sollten Sie den Weißabgleich manuell vornehmen, denn nur so ist die Farbsituation für jedes Foto absolut gleich. Selbst wenn Sie mit Ihrer Einschätzung etwas danebenliegen und ein leichter Farbstich entsteht, können Sie diesen jederzeit nachträglich ohne großen Aufwand für alle Fotos automatisiert entfernen.

Manueller Weißabgleich

Die sechs Profile des Weißabgleichs erlauben oft keine präzise Anpassung an die realen Lichtbedingungen. Nicht immer hat das Tageslicht zum Beispiel eine Farbtemperatur von genau 5 200 Kelvin, und bei einer Abweichung um ein paar Hundert Kelvin ergeben sich bereits Farbstiche. Zudem bekommen Sie eine Farbabweichung in Richtung Magenta oder Grün mit der reinen Farbtemperatur nicht in den Griff. Um das Problem zu lösen, können Sie den Weißabgleich manuell durchführen. Alles, was Sie dazu benötigen, ist eine *Graukarte*. Fotografieren Sie zunächst die Graukarte formatfüllend. Wichtig ist, dass Sie diese Aufnahme in der späteren Fotoumgebung, also unter den realen Lichtbedingungen, machen. Wenn Sie später das Motiv im Sonnenlicht fotografieren möchten, muss die Aufnahme der Graukarte Blattes auch dort erfolgen.

Sofern Sie in der Aufnahmesituation keine Graukarte zur Verfügung haben, können Sie auch eine weiße Hauswand, grauen Beton oder auch die Tür eines weißen Autos fotografieren. Hauptsache, der Bereich ist farbneutral oder soll in der fertigen Aufnahme neutral erscheinen. Da der Autofokus bei diesen Motiven oft keinen Schärfe-

Hier setzte ich den Weißabgleich als Stilmittel ein und stellte ihn trotz Blitzlicht auf Kunstlicht.

100 mm | f11 | 1/160 s | ISO 400 | Weißabgleich: Kunstlicht *| Ringblitz*

punkt findet, sollten Sie manuell scharfstellen. Die aufgenommene Fläche dient der EOS 5DS nun als Referenzfarbe und ermöglicht das präzise Ermitteln der Farbtemperatur. Bei sich ändernden Lichtverhältnissen müssen Sie die Graukarte (oder ein anderes Referenzmotiv) erneut fotografieren und die Farbtemperatur wieder über das Menü neu bestimmen lassen.

Zur Sicherheit sollten Sie den manuellen Weißabgleich nach der Aufnahme wieder auf die Einstellung AWB, also den automatischen Weißabgleich, oder auf Tageslicht umstellen. Ansonsten fotografieren Sie schnell in einer neuen Aufnahmesituation mit den alten Einstellungen des manuellen Weißabgleichs. Je nach Abweichung zur dann vorherrschenden Farbtemperatur sind die Aufnahmen mehr oder minder verloren (beim JPEG oder bei Filmen).

Im Infrarotbereich fotografieren

Mit der EOS 5DS können Sie, genauso wie mit den anderen Canon-DSLRs auch, im Infrarotbereich fotografieren. Dafür benötigen Sie nur einen Infrarotfilter mit einer Sperrgrenze von 720 oder 850 nm (»IR720« oder »IR850« eignen sich als Suchbegriffe), den es bereits für 20 bis 25 € zu kaufen gibt. Sie sollten dann allerdings ein Stativ einsetzen, da die Belichtungszeiten ungefähr um den Faktor 1 000 länger werden. Außerdem sollten Sie den manuellen Weißabgleich verwenden. Wie Sie diesen erstellen, erfahren Sie in der folgenden Schritt-Anleitung.

Schritt für Schritt
Manueller Weißabgleich (Custom WB)

Sie können in der EOS 5DS den Weißabgleich auch aus einem Bild berechnen lassen und ihn dann für weitere Aufnahmen als Standard einstellen. Damit bekommen Sie auch Lichtfarben in den Griff, die über die anderen Methoden nicht korrigierbar wären.

[1] Menü anwählen
Nachdem Sie das Referenzbild erstellt haben, drücken Sie die MENU-Taste und aktivieren mit Hilfe des Hauptwahlrads das Menü SHOOT2 (rot).

[2] Custom WB aufrufen
Scrollen Sie mit dem Schnellwahlrad nach unten, und rufen Sie über die SET-Taste den Eintrag Custom WB auf. Wird die zuvor erstellte Aufnahme nicht direkt am Monitor angezeigt, rufen Sie sie über das Schnellwahlrad auf.

⌃
Sie können ein Referenzbild mit dem Schnellwahlrad und der Set-Taste auswählen.

[3] Referenzbild definieren
Drücken Sie nun die SET-Taste, um den Weißabgleich auf Basis der Referenzaufnahme durchzuführen. Die entsprechende Hinweismeldung bestätigen Sie anschließend mit OK.

Im manuellen Weißabgleich ist der Einstellungsbereich der Kamera größer als in jedem anderen Modus, und so können Sie sogar für Infrarotfotos noch eine neutrale Darstellung erreichen. Das entspricht ungefähr einer Farbtemperatur von 1000 Kelvin (siehe Seite 160). Und selbst wenn die EOS 5DS eine Fehlermeldung anzeigt, dass sie ein Bild nicht für einen Weißabgleich geeignet hält, sollten Sie ruhig ausprobieren, was sie daraus macht, wenn Sie die Warnung ignorieren. Häufig ist das Ergebnis trotzdem sehr brauchbar.

⌃
Wenn Sie ein Bild ausgewählt haben, berechnet die EOS 5DS den Weißabgleich aus den Bilddaten.

[4] Weißabgleich einstellen
Drücken Sie die Schnelleinstellungstaste Q, gehen Sie zum Weißabgleich, und drücken Sie SET; wählen Sie dann den vorletzten Eintrag, MANUELL. Ab der nächsten Aufnahme nimmt die Kamera diese Aufnahme als Referenz für den Weißabgleich. Alternativ drücken Sie WB· und gehen mit dem Schnellwahlrad weiter, bis Sie das Symbol im Sucher oder auf dem oberen Display sehen.

⌃
Der neue Weißabgleich wird erst verwendet, wenn Sie die Kamera auf Manuell einstellen.

BEST PRACTICE
HDR-Fotografie

Die EOS 5DS kann bei niedrigen ISO-Werten 12,4 Blendenstufen an Kontrastumfang abbilden. Für die meisten Szenen reicht das aus, entweder weil der Kontrastumfang des Motivs diesen Wert nicht übersteigt oder weil es überhaupt nicht nachteilig ist, wenn der Kontrastumfang nicht komplett abgebildet wird, weil zum Beispiel ein schwarzer Schatten besser aussehen kann als ein komplett durchgezeichneter, der das Bild weich erscheinen lässt. Es gibt aber immer wieder Fälle, bei denen 12,4 Blendenstufen unzureichend sind, zumal das menschliche Auge deutlich mehr wahrnehmen kann, so dass es fast nie von einer Lichtsituation überfordert ist.

Hier kommt die HDR-Technik ins Spiel. HDR steht für *High Dynamic Range*, englisch für »hoher Kontrastumfang«. Wenn Sie mit einer Belichtung 12,4 Blendenstufen einfangen können, sind es mit zwei um 2 Blendenstufen verschobenen Belichtungen 14,4, mit drei 16,4 usw.

Sie können diese Belichtungen bereits in der Kamera zu einem JPEG verrechnen, was Sie aber eher als Vorschau verstehen sollten, denn natürlich ist es keine wirklich zufriedenstellende Lösung, mehrere 14-Bit-Raw-Bilder zu einem 8-Bit-JPEG zusammenzurechnen: Von den in den Aufnahmen vorhandenen Tonwertabstufungen bleibt so nur ein Bruchteil übrig, weswegen professionelle HDR-Programme oft sogar mit 32-Bit-Dateien arbeiten. Pro Farbkanal wohlgemerkt, so dass für die Farbinformation eines einzigen Pixels insgesamt 96 Bit statt 24 Bit bei JPEG zur Verfügung stehen.

≫
Das linke Bild ist ein unbearbeitetes Raw, bei dem die Wolken volle Durchzeichnung haben. Im rechten HDR-Bild aus Lightroom ist das ebenfalls so, der Gesamtkontrast ist aber dem Augeneindruck vor Ort viel näher.

16 mm | f10 | links: 1/400 s, rechts: 1/1600 s | ISO 100 | Av | rechts: −2 LW

Möglichkeiten zur HDR-Aufnahme

Mit der EOS 5DS haben Sie zwei Möglichkeiten, Bilder für HDR zu belichten. Einmal mit dem HDR-Modus, der drei Aufnahmen mit 1–3 Blenden Unterschied erstellt und diese zu einem JPEG verrechnet, und einmal über die Belichtungsreihe, die bis zu sieben Aufnahmen mit jeweils maximal drei Blendenstufen Unterschied erstellt. Das ergibt eine Reihe von maximal 18 Blendenstufen und einen möglichen Kontrastumfang von über 30 Blendenstufen, da Sie den Kontrastumfang einer Einzelaufnahme von 12,4 Blendenstufen noch hinzuzählen müssen, um den Gesamtumfang zu erhalten. Ich selbst habe noch nie mehr als fünf Bilder mit zwei Blendenstufen benötigt und komme meist mit drei Bildern à zwei Blendestufen Unterschied aus.

Auch wenn ich Ihnen empfehle, mehrere Belichtungen zu erstellen, um diese dann in einem Bildbearbeitungsprogramm zu einem Bild zu verrechnen, ist die HDR-Funktion in der Kamera dennoch sinnvoll, weil Sie die Raw-Dateien der Belichtungsreihe mit abspeichern können. Zudem können Sie die HDR-Funktion auf eine Aufnahme beschränken, so dass Sie anders als bei der Belichtungsreihe diese Funktion nach der Aufnahme nicht wieder händisch rückgängig machen müssen.

Um ein gutes Ergebnis im HDR-Modus der Kamera zu erzielen, sollten Sie Folgendes beachten:

- Stellen Sie den Dynamikbereich von Hand ein, +/–2 EV (LW) wird meist am besten funktionieren.
- Setzen Sie den Effekt auf NATÜRLICH oder STANDARD.
- Den Auto-Bildabgleich sollten Sie nur aktivieren, wenn Sie nicht von Stativ arbeiten, denn der Bildausschnitt wird dadurch etwas kleiner.
- Sie sollten prinzipiell immer alle Quellbilder speichern und im Raw-Modus arbeiten. So ermöglichen Sie eine perfekte Ausarbeitung am Rechner.

⌃
Beim HDR-Modus sollten Sie immer alle Quellbilder speichern, um später noch ein professionelles Ergebnis berechnen zu können.

»
Ein Original-HDR-JPEG aus der 5DS R. Es reicht für viele Fälle aus, trotzdem sollten Sie lieber am Rechner aus den Raw-Dateien ein HDR-Bild erstellen.

16 mm | f8 | 1/100 s, 1/400 s, 1/1600 s | ISO 200

⌃
Während im hellsten Bild die Lichter völlig ausbleichen, sind im dunkelsten die Schatten zugelaufen. Das mittlere Bild hat immer noch sehr dunkle Schatten, die beim starken Aufhellen zu Qualitätsverlusten führen würden.

16 mm | f5,6 | 1/800 s, 1/200 s, 1/50 s | ISO 500 | Av mit +/−2 LW

Wenn Sie den HDR-Modus nicht verwenden, sollten Sie folgende Einstellungen tätigen, um optimale Ausgangsbilder für HDR zu erhalten:
▸ Optimal ist die Verwendung eines Stativs und eines unbewegten Motivs. So können Sie den ISO-Wert niedrig halten und bekommen absolut deckungsgleiche Aufnahmen.
▸ Sollte das nicht möglich sein, verwenden Sie den Serienbildmodus, und achten Sie darauf, dass die längste Belichtung immer noch kurz genug ist, um bei der Fotografie aus der Hand nicht zu verwackeln. Der geringe zeitliche Abstand der Belichtungsvarianten sorgt dann für möglichst ähnliche Bilder. Der Serienbildmodus stoppt bei einer Belichtungsreihe automatisch, sobald die letzte Belichtungsvariante aufgenommen wurde.
▸ Halten Sie die Blende bei den Belichtungen konstant, weil sich sonst unterschiedliche Schärfebereiche ergeben, die nicht übereinanderpassen. Idealerweise verändern Sie nur die Belichtungszeit, und nur wenn das wegen zu langer Zeiten kritisch werden sollte auch den ISO-Wert.
▸ Leichte Abweichungen in den Bildausschnitten lassen sich in der HDR-Software gut ausgleichen, Verwacklungen innerhalb einer Belichtung sollten Sie aber vermeiden. Sie können, wenn sich das Motiv nicht bewegt und die Belichtungszeiten etwas länger werden sollten, zum Beispiel eine Spiegelvorauslösung von 1/8 s mit der Belichtungsreihe verbinden. Ebenso verhindert die Verwendung des Livebild-Modus einen Spiegelschlag.

⌄
Das HDR-Bild aus Lightroom zeichnet den Kontrast gut durch und ergibt ein dem Augeneindruck ähnliches Bild.

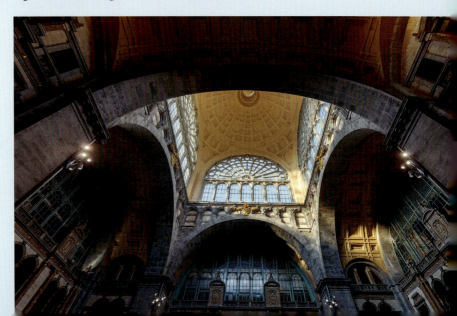

▶ Der Schärfepunkt darf sich zwischen den Aufnahmen nicht verändern. Wenn Sie im One-Shot-Modus arbeiten und den Auslöser während der Reihenaufnahme gedrückt halten, verändert sich der Fokuspunkt nicht. Alternativ fokussieren Sie manuell oder stellen vorher über die AF-ON-Taste scharf, wenn Sie Ihre EOS 5DS so konfiguriert haben.

HDR Software

Um die verschiedenen Belichtungen zu einem Bild zu verrechnen, stehen Ihnen mehrere HDR-Programme zur Verfügung. Die HDR-Funktion in der mitgelieferten Software Digital Photo Professional entspricht weitgehend der in der Kamera, nur dass Sie die Bilder auch als 16-Bit-TIFF abspeichern können und dass Sie ein paar mehr Einstellungsmöglichkeiten zur Verfügung haben. Sie finden die Funktion unter Extras • HDR-Werkzeug starten. Von den verfügbaren HDR-Effekten Natürlich, Standard, gesättigt, Markant, Prägung sind genau wie in der Kamera nur die ersten zwei brauchbar, die anderen passen besser in eine Amateurkamera.

Der Klassiker der HDR-Programme ist Photomatix Pro von HDRsoft. Es kostet gut 80€ und bietet sehr weitgehende Steuerungsmöglichkeiten. Wenn Sie nicht aufpassen, sehen die Bilder leicht etwas unnatürlich aus, trotzdem ist Photomatix immer noch eine gute Wahl für alle, die sich tiefer mit HDR beschäftigen wollen. Wer aber einfach nur den Kontrastumfang seiner Aufnahmen in den Griff bekommen möchte und wer an einem natürlichen Bildergebnis interessiert ist, der wird am einfachsten und besten mit dem HDR-Werkzeug von Lightroom zurechtkommen (siehe den folgenden Abschnitt).

HDR in Lightroom erstellen

Adobe Photoshop Lightroom hat ein sehr übersichtliches und trotzdem mächtiges HDR-Werkzeug. Das Gute an Lightroom ist, dass es eine DNG-Datei erstellt, mit der Sie wie mit einen normalen Raw-Bild weiterarbeiten können. Sie müssen sich nicht einmal Sorgen um die Bearbeitungsreihenfolge machen, weil Sie selbst so etwas wie die Objektivkorrektur oder die Weißpunktanpassung auch noch im HDR-Bild vornehmen können. Der Belichtungsregler eines HDR-Bildes in Lightroom reicht von −10 bis +10 Blendenstufen statt von −5 bis +5 bei einem normalen Raw.

Die HDR-Optionen in Lightroom

Sie erreichen das HDR-Werkzeug, indem Sie die Einzelbilder der Belichtungsreihe markieren und dann Foto • Zusammenfügen von Fotos • HDR aufrufen oder Strg+H (cmd+H auf dem Mac) drücken. Das Tastaturkürzel ruft im Entwickeln-Modul allerdings Photomatix auf, falls Sie das installiert haben.

Es erscheint ein Fenster mit folgenden Einstellungsmöglichkeiten:

- Automatisch ausrichten: Diese Funktion sollten Sie immer aktivieren, wenn die Bilder nicht vom Stativ aus aufgenommen wurden und sich somit im Ausschnitt ganz leicht unterscheiden
- Automatischer Tonwert: Lightroom legt die Belichtungseinstellungen selbsttätig fest. Das ist manchmal etwas hell, meist aber eine gute Basis für die Weiterarbeit.
- Stärke der Geistereffektentfernung: Wenn bewegte Elemente im Bild vorhanden sind, können sie sich im fertigen HDR-Bild halbdurchscheinend überlagern. Mit der Geistereffektentfernung weisen Sie Lightroom an, in solchen Bereichen nur auf eine Teilbelichtung zurückzugreifen. Wenn Sie keine bewegten Elemente im Bild haben, sollten Sie Keine wählen, weil die Bearbeitung dann schneller geht und das Bild nicht beeinflusst wird. Wenn aber zum Beispiel Personen durchs Bild laufen, wählen Sie eine der anderen drei Optionen. Je stärker der Wert, desto größer sind die Bereiche, in denen nur ein Bild verwendet wird. Das hat Vorteile bei der Entfernung, aber auch Nachteile beim Rauschen in den betroffenen Bildbereichen.
- Überlagerung für Geistereffektbeseitigung anzeigen: Wenn Sie hier das Häkchen setzen, werden die betroffenen Bildbereiche halbtransparent rot markiert.
- Wenn Sie nun auf Zusammenfügen klicken, wird aus den Einzelbelichtungen ein DNG erstellt, das die volle Information jedes einzelnen Raw-Fotos enthält und das Sie wie ein einzelnes Raw weiterbearbeiten können. Selbst die Panoramafunktion von Lightroom arbeitet mit den HDR-DNGs zusammen.

3.5 Schwarzweißaufnahmen

Wenn Sie bei der EOS 5DS den Bildstil auf MONOCHROM einstellen, werden bei Raw-Bildern trotzdem die vollen Farbinformationen aufgezeichnet. In der Canon-Software Digital Photo Professional werden dann auch die Raw-Bilder in Schwarzweiß dargestellt, aber Lightroom zum Beispiel ändert das schon bei der Vorschauerstellung in eine Farbdarstellung.

Für hochwertige Schwarzweißbilder benötigen Sie einen hohen Tonwertumfang, der auch nach der Nachbearbeitung keine Abrisse zeigt. Sie sollten also in jedem Fall auch bei Schwarzweißaufnahmen im Raw-Format arbeiten. Und wenn Sie ohnehin später von Farbdateien ausgehend arbeiten, müssen Sie die Kamera nicht auf Schwarzweiß umstellen. Auf die Qualität der späteren Umwandlung hat das keinen Einfluss. Allerdings sind zusätzliche JPEGs (Einstellung RAW+JPEG) nicht verkehrt, weil Sie damit die Bildwirkung in Schwarzweiß gleich während der Aufnahme am Monitor beurteilen können und weil sie die direkte Umwandlung aus der Kamera dokumentieren. Zudem eignen sie sich gut zum Vorsortieren in Lightroom, da sie nicht in Farbvorschauen umgewandelt werden.

Auch bei Schwarzweißfotos sollten Sie im Raw-Format arbeiten; der Bildstil MONOCHROM eignet sich allerdings gut zur Vorschau.

155 mm | f9 | 1/800 s | ISO 200 | Bildstil MONOCHROM, Orangefilter, hoher Kontrast

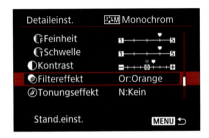

Den Bildstil Monochrom können Sie mit einem Filtereffekt konfigurieren.

Wenn Sie die Schwarzweißbilder gleich während oder nach der Aufnahme am Monitor betrachten wollen, sollten Sie sich aber auch die Mühe machen, sofort eine passende Farbfilterung einzustellen, die dem gewünschten Bildeffekt nahekommt.

Die Wirkung der Filtereffekte

In der analogen Schwarzweißfotografie war die Verwendung von Farbfiltern praktisch Standard, die Wirkung der Filter ist aber auch beim digitalen Einsatz gleich:

Gelb: Dunkelt Blau ab, so dass der Himmel besser durchzeichnet und Wolken stärker sichtbar werden. Hellt Hauttöne etwas auf und auch Laub. Schatten werden ebenfalls etwas dunkler, da sie meist durch den Himmel blau aufgehellt werden. Viele Schwarzweißfotografen verwenden Gelbfilter standardmäßig.

Orange: Wirkt wie ein stärkerer Gelbfilter, nur dass er Laub nicht aufhellt. Sorgt für schöne Kontraste bei blauem Himmel.

Rot: Dunkelt Himmelsblau stark ab, so dass die Wolken kontrastreich vor einem dunklen Hintergrund stehen. Verbessert die Fernsicht etwas, weil der blaue Dunst ausgefiltert wird. Laub erscheint dunkel. Hat bei Porträts den Nachteil, dass bei sehr hellen Hauttönen die Lippen kaum dunkler als die Haut erscheinen.

Grün: Hellt Laub auf, dunkelt braun gebrannte Haut ab. Rot wird sehr dunkel, differenziert Hauttöne manchmal zu stark, so dass Äderchen oder Hautunterschiede viel zu deutlich werden.

In der analogen Fotografie mussten Sie die Belichtung verlängern, wenn Sie einen Filter verwendeten. Bei einem Rotfilter wären das ca. drei Blenden. Das ist bei der EOS 5DS natürlich nicht notwendig, weil sie die Filterwirkung nur ins JPEG-Bild rechnet oder als Metadaten dem Raw-Bild anhängt. Es gibt auch die Möglichkeit, gar keine Filterung zu verwenden, dann werden die Farben unverändert in Helligkeiten umgewandelt.

BEST PRACTICE
Empfehlungen zur Kameraeinstellung

Jeder arbeitet anders, aber wenn Sie Ihre Kameraeinstellungen noch nicht für Ihre Arbeitsweise perfektioniert haben, dann probieren Sie vielleicht einmal die Einstellungen aus, mit denen ich meistens gut auskomme:

Av und Mehrfeldmessung | Wählen Sie die Blende immer bewusst mit der Zeitautomatik Av, und behalten Sie dabei die Zeiten im Auge. Korrigieren Sie die ISO-Werte, oder verwenden Sie Auto ISO, um die Belichtungszeiten im richtigen Bereich zu halten. Und benutzen Sie das Schnellwahlrad für die Belichtungskorrektur. Mit diesen Einstellungen arbeiten Sie schnell und automatikgestützt, aber bewusst. Sie leisten sich nur wenige Fehlschüsse und bekommen Ergebnisse, die Ihren Vorstellungen entsprechen. Die Mehrfeldmessung arbeitet so gut, dass ich selten etwas anderes verwende, und wenn, dann am liebsten die Spotmessung. Auto ISO ist in der EOS 5DS perfekt umgesetzt worden, so dass ich es inzwischen für einen großen Teil meiner Aufnahmen verwende.

Gezielt belichten | Wenn Sie nicht sehr stark vergrößern möchten (und das fängt bei ca. DIN A3 an), wird die Qualität auch bei nur grob getroffener Belichtung voll ausreichen. Wollen Sie aber perfekte Prints haben, sollten Sie mit den ISO-Werten so weit unten bleiben, wie es die Situation erlaubt, und so reichlich belichten, dass die wichtigen Bereiche noch nicht ausfressen. Die EOS 5DS tendiert in den Schatten etwas zum Farbrauschen, so dass es auch von Vorteil ist, wenn Sie die dunklen Bereich nicht allzu sehr aufhellen zu müssen.

Raw – immer | Fotografieren Sie immer im Raw-Format, es sei denn, Sie haben einen wirklich guten Grund, der dagegenspricht. Nur im Raw-Format können Sie während der Aufnahme viele Einstellungen ignorieren (Weißabgleich, Bildstile, automatische Belichtungsoptimierung etc.). Sie erhalten eine bessere Qualität, haben mehr Spielraum und können später Ihre Aufnahmen perfekt ausarbeiten. Adobe Photoshop Lightroom eignet sich gut für die schnelle und hochwertige Nachbearbeitung, manchmal ist Canons Digital Photo Professional aber überlegen, zum Beispiel bei der Objektivkorrektur oder extrem

Unter My Menu können Sie häufig verwendete Funktionen zusammenfassen.

Farbtemperaturen. Capture One von Phase One liefert mit Bildern der EOS 5DS in der Regel sehr schnell eine angenehme Farbigkeit und gute Detailzeichnung. Raw-Konverter können Sie meist kostenlos ausprobieren, ein paar eigene Tests lohnen sich.

AF optimieren | Stellen Sie sich die Kamera so ein, dass Sie schnell den Autofokus anpassen können. Ich habe zum Beispiel die AF-Feldwahl auf den Multi-Controller gelegt und die schnelle Umschaltung zwischen One-Shot AF und AI Servo AF auf die Abblendtaste. Bei meiner Art der Fotografie ist die Schärfe des Einzelbildes fast immer wichtiger als die Vollständigkeit der Serie; wenn ich mehr Sport oder Reportage machen würde, wäre das vielleicht anders. Aber so habe ich den Autofokus auch im AI-Servo-Modus immer auf Schärfepriorität eingestellt, wodurch sich mein Bilderausschuss deutlich verringert.

Die Einstellungen, auf die Sie im Schnelleinstellungsmenü direkt zugreifen können, können Sie frei konfigurieren.

My Menu und Schnelleinstellung verwenden | Je nach Arbeitsweise werden Sie bestimmte Menüfunktionen ständig brauchen. Sehr wichtig sind zum Beispiel die ISO-Empfindlichkeitseinstellungen, wenn Sie Auto ISO anpassen möchten, oder die Blitzeinstellungen. Solche Funktionen sollten Sie unter MY MENU speichern, weil Sie so sehr viel schneller an sie herankommen. Der Schnelleinstellungsbildschirm, den Sie über die Q-Taste erreichen, hat noch eine zweite Seite, auf die Sie mit einem zusätzlichen Druck der INFO.-Taste gelangen. Ihn können Sie völlig frei mit häufig von Ihnen genutzten Funktionen verwenden. Auch wenn Sie normalerweise vielleicht mit der Standardkonfiguration gut auskommen, wird dies spätestens dann nützlich, wenn die Kamera so hoch auf dem Stativ steht, dass Sie Sucher und Display nicht mehr einsehen können.

Stativ einsetzen | Bildstabilisator und hohe ISO-Werte machen das Arbeiten aus der Hand sehr einfach. Wenn das Licht schwächer wird, bekommen Sie mit einem Stativ und niedrigen ISO-Werten allerdings Bilder von höherer Farbkraft, besserem Dynamikumfang und klarerer Schärfe.

«
Ein Trick bei starkem Wind ist, die Vorderseiten eines längeren Teleobjektivs mit einem zweiten Stativ abzustützen, so dass es nicht mehr schwingen kann. Das war hier nötig, weil die Belichtungszeit mit einem starken ND-Filter 20 Sekunden betrug.

» Die automatische Belichtungsmessung funktioniert bei so wenig Licht nicht mehr zuverlässig, mit manueller Belichtungssteuerung ließ sich der Sternenhimmel auf La Palma aber gut einfangen.

24 mm | f1,4 | 30 s | ISO 2'000

Kapitel 4
Objektive für die Canon EOS 5DS/5DS R

Die Anforderungen der EOS 5DS/5DS R **174**

Objektive am Vollformat **180**

Das richtige Objektiv für jede Aufnahmesituation **198**

Nützliches Zubehör für Objektive **218**

Best Practice
- Makrofotografie **210**
- Ein Objektivsystem aufbauen **222**

4 Objektive für die Canon EOS 5DS/5DS R

Die erste Frage, die sich ein potentieller Käufer der EOS 5DS wohl stellt, ist, ob er ihre Auflösung auch wirklich ausnutzen kann, ob seine Objektive in der Lage sind, die nötige Abbildungsleistung zu liefern. Diese Sorgen sind zum großen Teil unbegründet, denn in der Praxis erweisen sich erstaunlich viele Objektive als sehr geeignet, um die hohen Anforderungen der EOS 5DS zu erfüllen. Besonders, wenn Sie sorgfältig arbeiten und verstehen, welche Faktoren die Bildqualität positiv bzw. negativ beeinflussen und wie Sie die negativen Einflüsse vermeiden oder zumindest vermindern können, werden Sie auf eine große Palette an Objektiven von Canon und Fremdherstellern zurückgreifen können.

4.1 Die Anforderungen der EOS 5DS/5DS R

Viele Objektive, die noch für analoge Kameras gebaut wurden, gehen von viel geringeren Qualitätsanforderungen aus, als sie von aktuellen Digitalkameras gestellt werden. Während ein Kleinbilddia in der Praxis ca. 8 Megapixel auflöst, arbeitet die EOS 5DS mit 50,6 Megapixeln. Trotzdem können auch ältere Objektive an der EOS 5DS sehr gute Leistung zeigen. Das Canon EF 135 mm f2,0 L USM von 1996 ist ein gutes Beispiel für ein auch heute noch hervorragendes Objektiv. Oft werden neuere Objektive aber die bessere Wahl sein, weil sie bereits für hohe Auflösungen gerechnet wurden und auch die Fertigungstoleranzen in der Produktion kleiner geworden sind. Die chromatische Aberration, die Verzeichnung und die Vignettierung lassen sich recht gut aus dem Raw herausrechnen, die Bildschärfe und die Lichtstärke müssen aber von Anfang an stimmen.

Abbildungsqualität

Die Pixelgröße einer EOS 5DS ist fast identisch mit der einer EOS 7D Mark II; aber anders als an einer APS-C-Kamera, die die Schwächen eines Vollformat-Objektivs aufgrund des kleineren Bildkreises ausblendet, muss ein Objektiv an der EOS 5DS auch an den Rändern des Vollformatsensors noch gute Ergebnisse liefern. Der Anspruch an die Objektive ist also, die Leistung über einen größeren Bildkreis aufrechtzuerhalten.

Zum Zeitpunkt der Markteinführung der EOS 5DS gibt es keine andere Kamera, die Objektivschwächen so gut sichtbar machen kann wie die EOS 5DS, weil die Sensorauflösung bis dato unübertroffen ist. Allerdings wird auch ein schlechteres Objektiv an der EOS 5DS noch ein besseres Gesamtergebnis erzeugen als zum Beispiel an einer EOS 5D Mark III. Denn die Gesamtleistung von Kamera und Objektiv ist immer auch von der Sensorleistung abhängig – je besser die Sensorleistung, desto besser also auch die Leistung von (schlechteren) Objektiven.

Lichtstärke

Die EOS 5DS wurde für die Verwendung lichtstarker Objektive entworfen. Sie werden die volle Anzahl der 61 Autofokusmessfelder nur mit Objektiven nutzen können, die eine Offenblende von f2,8 oder größer aufweisen (siehe Seite 62). Den schnellsten und genauesten Autofokus werden Sie also mit Objektiven mit Offenblenden bis f2,8 erfahren. In der Praxis werden Sie den Unterschied oft gar nicht bemerken, weil die Schärfentiefe bei kleineren Offenblenden ohnehin größer ist und die Glasmassen, die bei lichtschwächeren Objektiven bewegt werden müssen, kleiner sind und sich oft schneller bewegen lassen. Wenn Sie allerdings einen Zweifach-Extender mit einem f2,8-Teleobjektiv verwenden und so auf f5,6 kommen, dann ist der Unterschied im Ansprechverhalten schon oberhalb der Wahrnehmungsgrenze.

»
Das obere Bild ist der rot markierte Ausschnitt des unteren Bildes. Auch mit dem nur ca. 120 € teuren EF 50 mm f1,8 STM lässt sich also eine hervorragende Schärfe erzielen.

50 mm | f8 | 1/640 s | ISO 200

Liste geeigneter Objektive von Canon und Fremdherstellern

Als Nikon 2012 die D800 mit ihren 36 Megapixeln auf den Markt brachte, umfasste die Objektivempfehlungsliste von Nikon, wenn ich mich recht erinnere, lediglich acht Objektive. Canon hat im Gegensatz dazu fast alle wichtigen Objektive modernisiert, bevor sie die EOS 5DS auf den Markt brachten.

Canon hat zur Markteinführung der EOS 5DS eine Liste veröffentlicht, die alle für die Verwendung an der EOS 5DS empfohlenen Canon-Objektive enthält:

≫
Die neueren L-Objektive wie das EF 35 mm f1,4L USM II sind alle für die EOS 5DS geeignet. (Bild: Canon)

Zoom-Objektive
EF 8–15 mm f4L Fisheye USM
EF 11–24 mm f4L USM
EF 16–35 mm f4L IS USM
EF 24–70 mm f2,8L II USM
EF 24–70 mm f4L IS USM
EF 70–200 mm f2,8L IS II USM
EF 70–200 mm f4L IS USM
EF 70–300 mm f4–5,6L IS USM
EF 100–400 mm f4,5–5,6L IS II USM
EF 200–400 mm f4L IS USM EXTENDER 1.4x

Tele-Festbrennweiten
EF 85 mm f1,2L II USM
EF 85 mm f1,8 USM
TS-E 90 mm f2,8
EF 100 mm f2 USM
EF 100 mm f2,8 Macro USM
EF 100 mm f2,8L Macro IS USM
EF 135 mm f2L USM
EF 200 mm f2L II USM
EF 200 mm f2,8L II USM
EF 300 mm f2,8L IS II USM
EF 400 mm f2,8L IS II USM
EF 400 mm f4 DO IS II USM
EF 500 mm f4L IS II USM
EF 600 mm f4L IS II USM
EF 800 mm f5,6L IS USM

Weitwinkel-Festbrennweiten
TS-E 17 mm f4L
TS-E 24 mm f3,5L II
EF 24 mm f1,4L II USM
EF 24 mm f2,8 IS USM
EF 28 mm f2,8 IS USM
EF 35 mm f2 IS USM
EF 35 mm f1,4L II USM

Standard-Festbrennweiten *
EF 40 mm f2,8 STM
EF 50 mm f1,2L USM
EF 50 mm f1,4 USM
EF 50 mm f1,8 II
EF 50 mm f2,5 Compact Macro

≫
Objektive, die Canon für die Verwendung an der EOS 5DS empfiehlt.

* Bei den Standard-Brennweiten wäre meiner Meinung nach bei Blende f1,8 eher das EF 50 mm f1,8 STM zu nennen, das optisch zwar nur einen Hauch besser ist, aber von der sonstigen technischen Ausführung überlegen ist. Das EF 50 mm f1,4 USM hingegen würde ich zwar weiterverwenden, aber keinesfalls neu anschaffen, weil es einen sehr ungenauen AF besitzt und bei Offenblende nicht wirklich scharf genug für die EOS 5DS ist.

Und selbst wenn Canon in einem Bereich nicht das perfekte Objektiv für die Kamera im Programm hat – ich denke da beispielsweise an die 50-mm-Brennweiten (siehe hierzu den Abschnitt »Normalobjektive« ab Seite 199) –, gibt es von den Fremdherstellern Alternativen, die die das Potential der Kamera voll ausreizen können.

Da Canon hier verständlicherweise keine Fremdhersteller einschließt, lassen Sie mich diese Liste ohne Anspruch auf Vollständigkeit erweitern:

Zoom-Objektive	Standard-Festbrennweiten
Tamron SP 15–30 mm f2,8 Di VC USD	Tamron SP 45 mm f1,8 Di VC USD
Sigma 24–35 mm f2 DG HSM [Art]	Sigma 50 mm f1,4 DG HSM [Art]
Tamron SP 24–70 mm f2,8 Di VC USD	Zeiss Milvus 50 mm f1,4 ZE
Sigma 120–300 mm f2,8 DG OS HSM [Sports]	Zeiss Milvus 50 mm f2 M ZE
Sigma 150–600 mm f5–6,3 DG OS HSM [Sports]	Zeiss Otus 55 mm f1,4 ZE

Weitwinkel-Festbrennweiten	Tele-Festbrennweiten
Zeiss 15 mm f2,8 Distagon T* ZE	Zeiss Otus 85 mm f1,4 ZE
Zeiss 18 mm f3,5 Distagon T* ZE	Zeiss Milvus 85 mm f1,4 ZE
Sigma 20 mm f1,4 DG HSM [Art]	Tamron SP 90 mm f2,8 Di VC USD MACRO
Zeiss Milvus 21 mm f2,8 ZE	Zeiss Milvus 100 mm f2 M ZE
Sigma 24 mm f1,4 DG HSM [Art]	Sigma MAKRO 105 mm f2,8 EX DG OS HSM
Zeiss 25 mm f2 Distagon T* ZE	Zeiss 135 mm f2 Apo Sonnar T* ZE
Sigma 35 mm f1,4 DG HSM [Art]	Sigma MAKRO 150 mm f2,8 EX DG OS HSM
Tamron SP 35 mm f1,8 Di VC USD	Sigma MAKRO 180 mm f2,8 EX DG OS HSM
Zeiss 35 mm f1,4 Distagon T* ZE	
Zeiss Milvus 35 mm f2 ZE	

« *Objektive von Fremdherstellern, die ebenfalls sehr gut an der EOS 5DS arbeiten.*

> **Hinweis**
>
> Als Vollformat bezeichnet man eine Sensorgröße, die dem mit der Ur-Leica eingeführten Kleinbildnegativformat von 36 × 24 mm entspricht. Die Sensoren der kleineren Canon-DSLRs sind ca. 1,6-mal kleiner in der Diagonale (22,3 × 14,9 mm).

Wenn Sie Objektive besitzen, die nicht auf dieser Liste stehen, dann sortieren Sie sie nicht gleich aus, sondern probieren Sie in Ruhe, wie gut sie arbeiten. Erstens gibt es geeignete Objektive, die nicht auf der Liste stehen, zweitens wird bei Abblendung fast jedes Objektiv zumindest im mittleren Bereich gut genug, und drittens macht selbst das schlechteste Objektiv an der EOS EOS 5DS immer noch bessere Bilder als an Ihrer vorigen Kamera.

Ich habe zu Testzwecken eine Zeitungsdoppelseite mit fünf verschieden 50-mm-Objektiven und unterschiedlichen Blendenwerten reproduziert. Während bei offenen Blenden (linke Reihe) die Unterschiede sehr groß waren, war die Bildqualität bei f8 (rechte Reihe) fast ununterscheidbar und sehr gut.

Die Bildausschnitte wurden der äußeren Ecke einer Reproduktion einer Zeitungsdoppelseite entnommen. Sie wurden mit dem EF 50 mm f1,2L USM, dem EF 50 mm f1,4 USM, 50 mm f1,8 Mark I, dem EF 50 mm f1,8 STM und dem Sigma 50 mm f1,4 DG HSM [Art] bei Offenblende und bei f8 aufgenommen (von oben nach unten). Während bei Offenblende (linke Reihe) sich die Bildhelligkeit durch die Vignettierung und auch die Bildschärfe deutlich unterscheiden (das Sigma 50 mm f1,4 und das EF 50 mm f1,8 STM schneiden hier am besten ab), sind die Ergebnisse bei f8 (rechte Reihe) kaum zu unterscheiden.

4.2 Objektive am Vollformat

Wer sich näher mit dem Objektivangebot beschäftigt oder wer viel fotografische Praxis hat, wird feststellen, dass man die Eigenschaften eines Objektivs nicht in eine Zahl pressen kann, sondern dass jedes Objektiv einen Charakter hat, der sich aus einer Vielzahl von Eigenschaften zusammensetzt, von denen manche auch sehr subjektiv sind. Im Folgenden werde ich einige Kriterien beschreiben, die die Auswahl des richtigen Objektivs bestimmen.

Bildwinkel

Der Bildwinkel oder Blickwinkel beschreibt, welchen Winkel ein Objektiv erfassen kann. Je kürzer die Brennweite, desto größer wird der Bildwinkel. Meist werden gleich drei Werte angegeben: horizontaler, vertikaler und diagonaler Bildwinkel. Fisheye-Objektive haben konstruktionsbedingt einen größeren Bildwinkel als Weitwinkelobjektive gleicher Brennweite. Der Bildwinkel wird immer für die Fokussierung auf Unendlich angegeben, da er sich im Nahbereich durch den Auszug des Objektivs normalerweise verengt. Allerdings haben viele Objektive bei minimaler Fokusdistanz eine kürzere Brennweite, was diesen Effekt zumindest zum Teil wieder ausgleicht. Das 100 mm f2,8L IS USM Makro zum Beispiel hat im absoluten Nahbereich nur noch eine Brennweite von ca. 75 mm. Auch bei innenfokussierten Zoomobjektiven gibt es Brennweitenverkürzungen im Nahbereich.

Als Vollformatkamera nutzt die EOS 5DS die Objektive so, wie sie entworfen wurden, ein lichtstarkes 24-mm-Weitwinkel zum Beispiel macht erst an einer Kamera wie der EOS 5DS wirklich Spaß. Das Sigma 24 mm f1,4 DG HSM [Art] können Sie auch an eine APS-C-Kamera anschließen, nur haben Sie dort keine weitwinklige Wirkung mehr. Durch den *Crop-Faktor* wirkt es wie ein 38-mm-Objektiv an der EOS 5DS, also fast ein Standardobjektiv. Während die scheinbare Brennweitenverlängerung im Telebereich durchaus erwünscht ist, stehen Sie im Weitwinkelbereich mit einer APS-C-Kamera also vor einem Problem. Ein Beispiel: Um die gleiche Abbildung zu erhalten, die ein

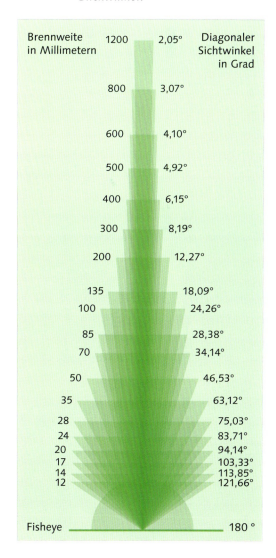

Die Grafik zeigt den Zusammenhang zwischen Brennweite und Blickwinkel.

⌃
Extreme Bildwinkel müssen Sie nicht mit einem extremen Weitwinkel aufnehmen. Hier habe ich vier Aufnahmen aus der Hand geschossen und in Lightroom CC zusammengefügt. Der resultierende Bildwinkel von ca. 180° übertrifft jedes Weitwinkelobjektiv.

Vier Aufnahmen mit 24 mm | f5,6 | Av | 0,5 s–1,6 s | ISO 200

24-mm-f1,4-Objektiv an einer Kamera mit Vollformatsensor erzeugt, müssten Sie bei einer Kamera mit APS-C-Sensor ein 15-mm-Objektiv mit f0,9 verwenden. Das lichtstärkste 15-mm-Objektiv für Canon hat allerdings f2,8, das sind etwas mehr als drei Blendenstufen Unterschied, die Schärfentiefe entspricht also gut der von f4 bei Vollformat. Das bedeutet, dass Sie für Weitwinkelaufnahmen mit einer geringen Schärfentiefe unbedingt eine Kamera mit Vollformatsensor benötigen.

Darüber hinaus wurden die besseren Objektive meist für das Vollformat entworfen, sie entfalten ihre beste Wirkung nur an einem großen Sensor wie dem der EOS 5DS.

⌄
Mit lichtstarken Objektiven erzeugen Sie auch im Weitwinkelbereich noch einen Mittelformat-Look. Solch eine selektive Schärfe lässt sich mit APS-C nicht erreichen.

24 mm | f1,4 | 1/50 s | ISO 200

Rekapitulation: Brennweite

Die *Brennweite* ist der Abstand der Hauptebene einer Linse zu dem Punkt, in dem parallel einfallende Lichtstrahlen gebündelt werden. Etwas anschaulicher ist vielleicht Folgendes: Bei einer Lochkamera ist die Brennweite der Abstand zwischen dem Loch und dem Sensor bzw. Film. Je weiter dieses Loch vom Sensor entfernt ist, desto enger wird der Bildwinkel. Dadurch wird auch der abgebildete Bereich kleiner, und der Abbildungsmaßstab steigt. Das ist das, was bei einer langen Brennweite, meist *Teleobjektiv* genannt, passiert. Bei einer kurzen Brennweite wird der abgebildete Bereich größer und das dadurch Motiv kleiner abgebildet, ein Weitwinkel kann also große Motive auch aus kurzer Entfernung ganz einfangen. »Teleobjektiv« ist genau genommen nur eine bestimmte optische Konstruktion, mit der man Objektive langer Brennweiten kürzer bauen kann, aber da alle Welt »Teleobjektiv« und Objektiv langer Brennweite synonym verwendet, werde ich das in diesem Buch auch tun.

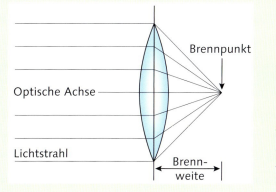

« *Schematische Darstellung zur Brennweite*

Crop-Faktor

Wer von einer kleineren Canon-DSLR aufsteigt, der hatte bisher mit dem sogenannten *Crop-Faktor* zu tun, das bedeutet, dass er die Brennweite mit einem Faktor von 1,6 multiplizieren musste, um die Brennweite zu erhalten, die an einer Vollformat- oder Kleinbild-Kamera denselben Bildwinkel erzielen würde. Ein 50-mm-Objektiv wirkt an einer APS-C-Kamera wie der EOS 7D Mark II also wie ein 80-mm-Objektiv an einer EOS 5DS oder an einer analogen Kleinbildkamera wie der EOS 1V.

» Der Sucher der EOS 5DS kann den Crop-Bereich direkt anzeigen. Hier wurde 1,6FACH und der Modus MASKIERT eingestellt.

24 mm | f9 | 5 s | ISO 200

« Neben dem vollen Bild bietet Ihnen die EOS 5DS weitere Beschnittmöglichkeiten an.

Die EOS 5DS ist in der Lage, auch direkt mit Crop-Faktoren zu fotografieren und diese als Maske im Sucher anzuzeigen. Wirklich beschnitten werden allerdings nur die JPEGs, dem Raw wird lediglich die Information in den Metadaten mitgegeben. Diese wird aber auch in Lightroom direkt in ein beschnittenes Bild umgesetzt, die Beschneidung können Sie allerdings aufheben und haben dann wieder die vollen 50,6 Megapixel. Im Raw-Format bringt dies damit also auch keine Speicherersparnis.

Die EOS 5DS unterstützt dabei nicht nur APS-C (1,6× (AUSSCHNITT)), sondern auch APS-H (1,3× (AUSSCHNITT)), wie Sie es vielleicht von den älteren Profikameras, zum Beispiel der 1D Mark IV, kennen. Zudem steht mit 1:1 (SEITENVERHÄLTNIS) ein Format wie bei einer analogen 6-×-6-Kamera, zum Beispiel der Hasselblad 501 cm, und mit 4:3 ein Format wie zum Beispiel bei einer Pentax 645 zur Verfügung. Darüber hinaus können Sie mit 16:9 direkt für Video, Fernseher oder Monitore arbeiten, weil dieses Seitenverhältnis dort üblich ist. Die Bilddaten der EOS 5DS vertragen den Beschnitt besser als die jeder anderen Kamera, die nicht aus dem aktuellen digitalen Mittelformatsegment stammt. Denn selbst wenn Sie mehr als die Hälfte des Bildes wegschneiden, bleibt immer noch eine Bildgröße wie von der EOS 5D Mark III übrig.

Bei der Darstellung haben Sie zwei Möglichkeiten: MASKIERT und UMRANDET. Ersteres dunkelt den Bereich um den Ausschnitt deutlich ab und lässt ihn durch die LCD-Schicht im Sucher auch unschärfer erscheinen. Das hat den Vorteil, dass Sie sich besser auf das eigentliche Motiv konzentrieren können. UMRANDET hat den Vorteil, dass Sie besser sehen, was außerhalb des Bildrahmens passiert, etwas, was Streetfotografen sehr am optischen Sucher der Leica M schätzen.

APS-C-Objektive an der EOS 5DS/5DS R

Sie fragen sich nun vielleicht, ob Sie APS-C-Objektive weiterverwenden können, wenn die Kamera Sie schon den Beschnitt einstellen lässt. Die Antwort ist ein klares Jain, nämlich nein für alle EF-S-Objektive, weil diese schon mechanisch nicht an die EOS 5DS passen, und selbst wenn Sie das Bajonett ändern würden, dann würde die Hinterlinse so weit in die Kamera ragen, dass sie mit dem Spiegel kollidieren würde. Und ein Ja gibt es für Objektive von Fremdherstellern, weil diese auch ihre APS-C-Objektive für das EF-Bajonett bauen, so dass sie mechanisch passen. Ein Sigma 18–35 mm f1,8 DC HSM [Art] wäre auch an einer EOS 5DS noch gut zu verwenden, allerdings mit eingeschränktem Bildkreis.

Denn auch wenn die Objektive für den kleinen Bildkreis mechanisch an Ihre EOS 5DS passen, bleiben Teile des Bildes außen

Vollformat- und APS-C-Sensor im Vergleich

Vor der EOS 5DS hatten die Vollformat- und APS-C-Kameras von Canon um die 20 Megapixel, was zu deutlich größeren und damit lichtempfindlicheren Pixeln bei Vollformat führte, da sich dieselbe Anzahl an Pixeln auf einem größeren Sensor verteilt. Bei der EOS 5DS ist die Lichtempfindlichkeit durch den technischen Fortschritt trotzdem vergleichbar, aber die Auflösung um den Faktor 2–2,5 höher.

Es gibt aber auch noch einen Unterschied, der für viele Profis noch wichtiger ist: Der größere Sensor führt zu einer geringeren Schärfentiefe; Sie können Ihr Motiv besser vom Hintergrund absetzen und Bilder schaffen, die plastischer und dreidimensionaler wirken. Wenn Sie mit einer APS-C-Kamera bei gleichem Bildwinkel die gleiche Schärfentiefe erreichen wollen, müssen sie 1,6 Stufen weiter aufblenden. Denn Sie benötigen für das gleiche Bild eine 1,6-mal kürzere Brennweite und haben durch das kleinere Format einen kleineren Zerstreuungskreisdurchmesser. Das bedeutet, dass Sie, um das gleiche Bild zu erhalten, das an einer Vollformatkamera durch ein 85-mm-Objektiv bei Blende f2,8 erzeugt wird, an APS-C ungefähr ein 50-mm-Objektiv bei Blende f1,8 verwenden müssen. Sie werden feststellen, dass Sie ein Bild, das im Vollformat bei 85 mm bei Blende f1,4 aufgenommen wurde, gar nicht mit einer APS-C-Kamera erzeugen können, weil Sie dann schon bei Blende f0,87 landen würden und es dieses Objektiv für die Canon nicht gibt. Genauso ist die Bildwirkung eines 24-mm- oder 35-mm-Objektivs bei Blende f1,4 an der EOS 5DS auf einer APS-C-Kamera überhaupt nicht zu erzeugen.

schwarz, weil die Objektive nur für die Verwendung mit kleineren Sensoren gebaut wurden.

Vollformat-Objektive von Fremdherstellern einsetzen

Es gibt allerdings auch alte Fremdhersteller-Objektive für das Vollformat, die sich elektronisch nicht mit neueren Canon-Kameras verstehen – es erscheint dann nur eine ERROR-Meldung im Display. Bei manchen lässt sich das durch ein Firmware-Update beim Objektivhersteller beheben, bei anderen nicht.

Der Bajonettanschluss der Canon EOS 5DS ist nur für EF- und nicht für EF-S-Objektive geeignet. (Bild: Canon)

Wenn Sie auf den Autofokus verzichten und eine elektronische Kommunikation zwischen Objektiv und Kamera, etwa für die Blendensteuerung (Av), nicht nötig ist, dann stehen Ihnen sehr viel mehr Objektive zur Verfügung, die sich über einen einfachen mechanischen Adapter anschließen lassen. Das Gute ist, dass das Canon-EOS-System ein recht kleines Auflagenmaß hat. Damit wird der Abstand zwischen Sensor-Oberfläche und der Außenfläche des Bajonetts beschrieben. Dieser beträgt bei EOS-Kameras 44 mm, so dass Sie zum Beispiel Nikon-Objektive (46,5 mm) oder Objektive vom Typ Olympus OM (46 mm), Leica R (47 mm) oder Contax N (48 mm) mit einem Adapter, der den Unterschied ausgleicht, verwenden können. Wenn das Auflagenmaß des anderen Systems kleiner ist, können Sie entweder nicht mehr auf Unendlich fokussieren, oder Sie müssen ein optisches System in den Adapter einbauen, was das Ganze teurer und optisch deutlich schlechter werden lässt. Natürlich haben auch alle Mittelformatsysteme ein größeres Auflagenmaß, so dass zum Beispiel auch Objektive einer Hasselblad 501 problemlos zu verwenden wären.

Über einen einfachen mechanischen Adapter lassen sich fremde Objektive wie hier ein Nikon AF-S Zoom-Nikkor 14–24 mm f2,8G ED an EOS-Kameras anschließen.

Objektive für das Filmen

Von Canon und Zeiss gibt es Spezialobjektive, die für die Verwendung in professionellen Filmproduktionen gedacht sind, keinen Autofokus unterstützen und deutlich teuer sind als normale EF-Objektive. Da diese nur für eine kleine Minderheit in Frage kommen, werde ich sie hier nicht aufführen.

Zoom oder Festbrennweite?

Zooms und Festbrennweiten haben unterschiedliche Stärken und nehmen Einfluss auf die Art, wie Sie fotografieren. Ein Zoom-Objektiv deckt einen ganzen Brennweitenbereich ab, spart Objektivwechsel, ist schnell und variabel. Ein Zoomobjektiv stellt meist auch nicht mehr einen Qualitätskompromiss dar, wie das früher fast immer der Fall war.

Zooms haben ihre Stärken in der Reportage, beim Reisen mit wenig Gepäck und in Industrieumgebungen oder am Strand, wo bei einem Objektivwechsel wahrscheinlich Fremdkörper in die Kamera gelangen würden. Mit zwei Zooms können Sie zum Beispiel den Bereich von 24 mm bis 200 mm Brennweite, mit einem 2×-Extender sogar 400 mm in hervorragender Qualität abdecken.

Zooms wie hier das EF 16–35 mm f4L IS USM helfen, den Bildausschnitt möglichst genau festzulegen, auch dann, Sie man wenig Bewegungsspielraum am Aufnahmeort haben.

23 mm | f9 | 1,3 s | ISO 640

Ein Zoom verführt Sie allerdings auch dazu, den Bildausschnitt hauptsächlich über den Zoomring festzulegen, dabei ist der Aufnahme-Standpunkt aber fast immer wichtiger als die Brennweite. Mit einer Festbrennweite werden Sie eher bewusst gestalten, und Sie werden feststellen, dass man Brennweiten gar nicht stufenlos zur Verfügung haben muss. Zwischen 35, 50 und 85 mm ist meistens keine Lücke, die man vermisst, schon gar nicht, wenn man die Beschneidungsmöglichkeiten eines 50-Megapixel-Bildes hat. Wenn Sie mit Offenblenden unter f2,8 arbeiten möchten, bleibt fast nur die Wahl einer Festbrennweite. Auch Tilt-Shift-Objektive oder Makros werden nur als Festbrennweiten angeboten. Eine sehr gute Festbrennweite zu bauen, ist auch heute noch einfacher, als ein Zoom in gleicher Qualität zu konstruieren, die Mechanik ist simpler und damit vielleicht auch weniger anfällig. Das Bokeh ist bei einer lichtstarken Festbrennweite meist weicher und schöner als bei den Zooms, wenn es auch Ausnahmen gibt.

Objektivaufbau

Jedes Objektiv besteht aus mehreren äußerst präzise gefertigten Linsen bzw. aus zu Gruppen zusammengefügten einzelnen Linsen, die durch die Anordnung im Objektivgehäuse das optische System bilden. Eine klassische Festbrennweite kommt heute oft schon mit 6 Linsen aus, die dann zum Beispiel in vier Linsengruppen unterteilt sind. Solche Objektive hat man schon Anfang des letzten Jahrhunderts gebaut, durch ihren oft symmetrischen Aufbau gleichen sie ihre Abbildungsfehler recht gut selbst wieder aus. Linsengruppen werden zum Beispiel gebildet, um Abbildungsfehler besser zu korrigieren, weitere Luft-Glas-Übergänge zu vermeiden oder bewegte Elemente besser zusammenzufassen.

Doch geht der Trend auch bei Festbrennweiten zu einem sehr aufwendigen Aufbau, weil man nur so die Objektivfehler so weit auskorrigieren kann, dass sie bereits bei Offenblende und mit hochauflösenden Sensoren wie dem der EOS 5DS nicht mehr stören.

Die zusätzlichen Linsen sind dabei hauptsächlich dafür da, die Abbildungsfehler gegen Null zu bringen, sie sind manchmal aber auch als bewegliches Element für den Bildstabilisator ausgelegt. Um genug Platz im Objektiv zu haben, werden deswegen manche Normalobjektive wie ein Weitwinkelobjektiv in Retrofokusbauweise aufgebaut. Diese erlaubt es, Objektive zu konstruieren, die deutlich länger als ihre Brennweite sind und somit zum Beispiel ausreichend Platz für den Schwingspiegel haben. Der Anspruch an die Mechanik und die Exaktheit der optischen Elemente ist dabei enorm, manche Linsenelemente werden wochenlang langsam abgekühlt, um eine möglichst gleichmäßige Lichtbrechung zu erzielen. Aktuelle High-End-Objektive sind deswegen oft größer, schwerer und teurer als ältere Konstruktionen. Im Verhältnis zu ihrer enorm gestiegenen Leistung sind sie damit trotzdem noch günstig, denn auch im Objektivbau hat es gewaltige Fortschritte gegeben.

Wenn Sie allerdings auf Topleistung in Verbindung mit sehr hoher Lichtstärke verzichten können, werden Sie feststellen, dass Sie auch mit kleinen, leichten und günstigen Objektiven die Auflösung der EOS 5DS ausnutzen können. Ein EF 40 mm f2,8 STM mit seinen sechs Linsen in vier Gruppen wiegt nur 130 g, kostet ca. 180 € und liefert trotzdem eine sehr gute Schärfe. Wenn Sie das EF 50 mm f1,8 STM, das Sie schon für 120 € bekommen, auf f5,6 abblenden, werden Sie nahezu perfekte Schärfe bis in die Ecken erhalten. Ein richtig gutes Zoomobjektiv für die EOS 5DS werden Sie unter 700 € leider nicht finden.

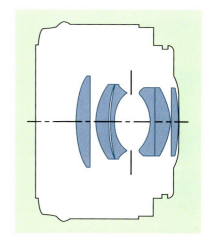

» *Während das EF 50 mm f1,8 II einen klassischen sechslinsigen Aufbau aufweist (oben), ist das Sigma 50 mm f1,4 DG HSM [Art] (unten) mit seinen 13 Linsen in acht Gruppen eine sehr aufwendige und moderne Konstruktion, die bereits bei Offenblende sehr scharf zeichnet. Das Sigma-Objektiv verwendet zudem Gläser mit besonders niedriger Dispersion (blau) und eine asphärische Linse (rot). Niedrige Dispersion führt dazu, dass die Farben sehr ähnlich gebrochen werden und somit die chromatische Aberration sehr viel geringer ist.*

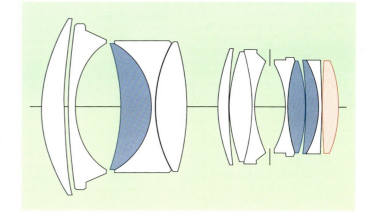

Und schließlich müssen Sie sich zum Glück nicht für alle Ihre Objektive auf Zoom oder Festbrennweite festlegen, je nach Aufgabe wird immer ein Objektivtyp besser geeignet sein, und oft gibt es mehrere gute Alternativen. Bei der Auswahl Ihrer Objektive sollten Sie auch immer das Gewicht bedenken, denn es nützt nichts, die besten Objektive zu Hause liegenzulassen, weil die Fototasche ohnehin schon zu schwer ist.

Ausstattung von Objektiven

Neben Lichtstärke, Objektivbauart und Brennweite unterscheiden sich Objektive natürlich auch in der Ausstattung. Viele dieser Details ergeben in der Praxis wirklich einen Unterschied, deswegen erkläre ich sie hier einzeln:

Autofokus | Die Scharfstellung auf ein Motiv funktioniert dank moderner Technik durch einen im Objektiv verbauten Motor, der die Linsen entsprechend verschiebt. Bei Canon-Objektiven kommen mit dem Bogenmotor und den modernen Varianten Ultraschallmotor (USM) und Steppermotor (STM) drei unterschiedliche Techniken zum Einsatz. Der Bogenmotor ist lauter und auch langsamer als der Ultraschallmotor, dafür sind Objektive mit diesem Motortyp deutlich günstiger als vergleichbare USM-Modelle. Die Ultraschallmotor-Autofokussysteme sind schneller und bieten zudem den Vorteil, dass Sie die Schärfe jederzeit manuell am Objektiv selbst festlegen können. Bei Bogenmotoren müssen Sie dazu vorn am Objektiv auf den manuellen Modus umschalten, da es ansonsten zu Schäden am Autofokussystem kommen kann. Die STM-Technik ist günstiger als USM, bietet trotzdem gute Geschwindigkeit und leisen Betrieb, bei manchen Objektiven fast unhörbar.

Beim USM-Motor gibt es zwei Typen: Einen Ringmotor und einen Kernmotor, der langsamer und lauter als der Ringmotor ist. Im EF 50 mm f1,4 USM ist so ein Kernmotor verbaut. Ein Ringmotor ist zwar meist schneller, aber das bedeutet nicht zwangsläufig, dass auch der AF eines Objektivs damit schnell ist. Beim EF 85 mm f1,2L II USM muss der Autofokus das gesamte Objektiv bis auf die letzte Linse, die direkt am Kameragehäuse liegt, bewegen. Bei einem so lichtstarken Objektiv muss diese Verstellung extrem genau sein, so kann die Bewegung durch den Verstellbereich schon mal zwei Sekunden dauern.

Fokusbegrenzer | Wenn der aktive Fokuspunkt über einem Bereich sitzt, der zu wenig Kontrast aufweist, dann sucht der AF die Schärfe bis zum Nahbereich des Objektivs und wieder zurück bis in den Unendlichbereich. Das kann bei Objektiven mit einem großen Fokusweg lange dauern, und während dieser Zeit

> **Hinweis**
> Während Canon die Technologie USM nennt, bezeichnet zum Beispiel Sigma das System mit HSM (*Hyper Sonic Motor*) und Tamron mit PZD (*PieZo Drive*) oder USD (*Ultrasonic Silent Drive*).

» *Um Zeitverzögerungen zu verringern, falls der Fokus mal danebengeht, können Sie den Suchbereich für die Schärfe bei einigen Objektiven wie hier beim EF 100 mm f2,8L Macro IS USM eingrenzen.*

können Sie weder fotografieren noch die meiste Zeit ein scharfes Sucherbild erkennen. Deswegen besitzen solche Objektive (meist Makros und starke Teles) oft einen Fokusbegrenzer, der den Fokus auf eine Hälfte des Einstellweges beschränken kann. Beim EF 100 mm f2,8L Macro IS USM lassen sich so drei Bereiche wählen: 30–50 cm, 50 cm–∞ und FULL für 30 cm–∞. Im Bereich von 30 bis 50 cm Entfernung muss sich das Objektiv also genauso weit bewegen wie für die Entfernung von 50 cm bis Unendlich. Falls ein Objektiv sich mal weigert, wie gewünscht scharfzustellen, überprüfen Sie zuerst, ob Sie den Fokusbegrenzer vielleicht beim letzten Mal eingeschaltet gelassen haben.

Bildstabilisator | Ein großer Teil der heutigen Objektive wird mit einem Bildstabilisator ausgeliefert, der leichtes Wackeln bei Fotos aus der Hand ausgleicht und so Verwacklungsunschärfe vermeidet. Eine bewegliche Linsengruppe im Inneren des Objektivs und Sensoren, die horizontale und vertikale Bewegungen bzw. Verschwenkungen wahrnehmen, sorgen dafür, dass das Bild sich bei leichten Bewegungen der Kamera gegenüber dem Sensor nicht verschiebt.

Hinweis

Canon-Objektive mit Bildstabilisator tragen die Bezeichnung IS (*Image Stabilizer*), während Sigma die Technologie OS (*Optical Stabilizer*) nennt und Tamron VC (*Vibration Compensation*).

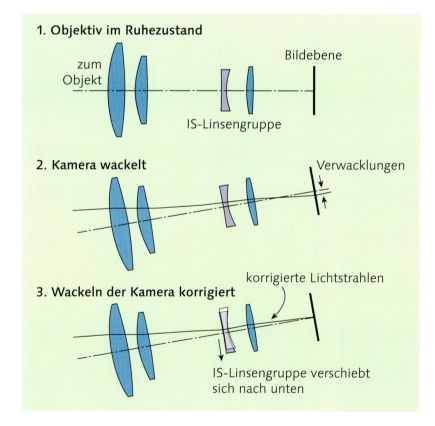

«
In dieser vereinfachten Darstellung sehen Sie das Funktionsprinzip des Bildstabilisators. Die große Leistung ist, nicht nur die Objektivbewegungen extrem fein zu analysieren, sondern die IS-Linsengruppe in Echtzeit zu bewegen, so dass der Zielpunkt des Lichtstrahls konstant bleibt.

Je nach Art des Stabilisators ermöglicht dieser eine bis zu vier Blendenstufen verlängerte Verschlusszeit, der Faktor bleibt auch an einer EOS 5DS gleich, wenngleich es sinnvoll sein kann, die Verschlusszeit um eine Blendenstufe kürzer zu wählen als bei der 1/Brennweite-Regel. Wenn Sie mit einem 200-mm-Objektiv also mit einer Verschlusszeit von ca. 1/250 s ohne Bildstabilisator fotografieren können, können Sie die Verschlusszeit mit Stabilisator auf 1/125 s, 1/60 s, 1/30 s oder sogar bis zu 1/15 s verlängern, wobei die letzte Stufe schon grenzwertig ist. Bei bewegten Motiven ist hier allerdings Vorsicht geboten, da zwar die Verwacklung durch den Fotografen, nicht aber die Bewegung des Motivs ausgeglichen wird. Bei 1/15 s beispielsweise entsteht eine deutlich sichtbare Bewegungsunschärfe. Es empfiehlt sich, bei Belichtungszeiten, die an die Grenzen des Bildstabilisators gehen, mehrere Aufnahmen zu machen; so ist die Wahrscheinlichkeit, dass ein gestochen scharfes Bild dabei ist, höher. Wenn die Verschwenkwege des Stabilisators ganz ausgereizt werden, kann die Schärfe in einer Bildecke durchaus mal sichtbar schlechter sein, als wenn die Bildstabilisator-Linsengruppe ohne Verstellung in der optischen Achse sitzt. Allerdings hätten Sie ohne IS dann ein völlig unbrauchbares Bild erhalten. Ein aktueller Bildstabilisator ist bei einem Objektiv, das Sie für die EOS 5DS anschaffen, ein deutliches Plus, vor allem, wenn Sie nicht gerne mit einem Stativ arbeiten.

Nicht zu vergessen ist, dass der Bildstabilisator im Videobereich sehr nützlich sein kann: Er hilft, Kamerabewegungen zu glätten und Wackler zu vermeiden und sorgt insgesamt für ein ruhigeres Bild.

Hier habe ich dasselbe Motiv einmal ohne und einmal mit Bildstabilisator (IS) aufgenommen, zu sehen ist jeweils ein kleiner Ausschnitt aus dem Bild. Der IS hat im rechten Bild die Schärfe retten können, obwohl die Kamera auf einem Stativ stand, das allerdings im stürmischen Wind nicht für optimale Stabilität sorgen konnte.

400 mm | f10 | 1/13 s | ISO 320

Je nach Objektiv baut Canon bis zu drei verschiedene Modi für die Stabilisierung ein:
- Modus 1: Vibrationen werden in jede Richtung ausgeglichen, der IS ist auch im Sucherbild aktiv, sobald der Auslöser angetippt wird.
- Modus 2: Vibrationen werden nur in horizontale oder vertikale Richtung ausgeglichen, nicht aber in die Schwenkrichtung eines Mitziehers, die das Objektiv erkennt.
- Modus 3: Vibrationen werden in jede Richtung ausgeglichen, der IS ist nur während der Belichtung aktiv, nicht aber im Sucherbild.

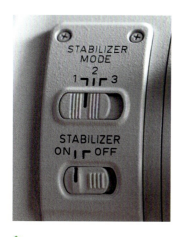

Das EF 300 mm f2,8L IS II USM unterstützt drei verschiedene Stabilisator-Modi.

Auf einem Stativ sollten Sie den Stabilisator normalerweise ausschalten, weil der Bildstabilisator dann eine Unschärfe erzeugen kann. Eine Langzeitbelichtung vom Stativ auf einem im Wind schwankenden Stahlturm oder einer Betonbrücke mit LKW-Verkehr wird mit IS allerdings deutlich besser als ohne. Modernere Versionen des IS sollten erkennen, wenn die Kamera auf dem Stativ steht, so dass Sie ihn ohne negative Effekte (bis auf die Akkulaufzeit) eingeschaltet lassen können. Wenn Sie trotzdem Unschärfen entdecken sollten, ist es einen Versuch wert, den IS auszuschalten. Während ein EF 100 mm f2,8L IS USM die Schärfe gerne einmal verreißt, wenn auf dem Stativ der IS aktiv ist, ist das EF 16–35 mm f4L IS USM meist unkritisch. Beim EF 70–200 mm f2,8L IS II USM ist es meiner Erfahrung nach schwer vorherzusagen, ob der IS auf dem Stativ Vor- oder Nachteile bringt. Sie sollten die Schärfe in einer 1:1-Rückschau häufig überprüfen, am besten legen Sie sich diese Funktion auf die SET-Taste (siehe Seite 43).

Objektivwechsel nur bei deaktiviertem IS

Wenn der IS aktiviert ist, ist die entsprechende Linsengruppe extrem beweglich, so dass sie 200 Mal pro Sekunde auf Bewegungsimpulse reagieren kann; nach ein paar Sekunden ohne Auslöserberührung werden die beweglichen Linsengruppen wieder arretiert. Wenn Sie vorher das Objektiv wechseln, ohne die Kamera auszuschalten oder den IS selbst auszuschalten, bleibt ein Teil des Objektivs beweglich und kann bei Erschütterungen auf Dauer ausschlagen und die Kontakte beschädigen. Deswegen sollten Sie immer warten, bis der IS aus ist, oder die Kamera beim Objektivwechsel ausschalten. So können Sie auch sicher sein, dass das Objektiv auch für längere Strecken im Auto oder im Zug transportfähig ist.

Objektivfehler

Es ist unmöglich, alle Abbildungsfehler zu vermeiden, die sich aus der Objektivkonstruktion ergeben. Viele lassen sich jedoch durch einen aufwendigen Konstruktionsprozess korrigieren, was dann aber zu einem meist deutlich höheren Objektivpreis führt. Ein gutes Objektiv zeichnet sich dadurch aus, dass die Abbildungsfehler gering sind oder nur in bestimmten Brennweiten- und Blendenbereichen auftreten. Es gibt verschiedene Abbildungsfehler, von sich denen einige gut per Software, sogar in der Kamera, korrigieren lassen, andere aber immer im fertigen Bild Spuren hinterlassen werden.

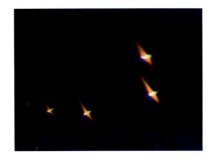

» Detail einer Nachtaufnahme mit dem alten EF 35 mm f1,4L USM bei f1,4. Der Astigmatismus lässt die Straßenlaternen in den Bildecken schweifförmig werden.

Astigmatismus | Schräg einfallende Lichtstrahlen werden nicht punktförmig abgebildet, dadurch bekommen Lichtpunkte zu den Bildecken hin immer stärker einen Schweif, und Bildbereiche sind unschärfer, je weiter sie vom Mittelpunkt entfernt sind. Wenn Sie Astigmatismus einmal bewusst sichtbar machen wollen, setzen Sie eine punktförmige Lichtquelle in die Bildecke und fotografieren bei Offenblende, denn Abblenden vermindert auch diesen Bildfehler deutlich.

Chromatische Aberration (CA) | Dieser Bildfehler, der sogenannte *Farbquerfehler*, entsteht durch die Linsen, die das Licht in die einzelnen Farben wie bei einem Prisma zerlegen. Die einzelnen Spektralfarben erreichen den Sensor dann vor allem am Bildrand nicht genau in einem Punkt. Auf dem Bild sind dadurch meist magenta-grüne Farbsäume an den Konturen zu erkennen, auch blau-gelbe können auftreten. Besonders stark treten chromatische Aberrationen bei Weitwinkelobjektiven am Bildrand auf. Vereinfacht gesagt vergrößert das Objektiv die einzelnen Farbbereiche unterschiedlich stark, so dass das Bild an den äußeren Rändern nicht mehr übereinander passt. Dieser Fehler fällt schnell auf, er lässt sich aber sehr gut in der Nachbearbeitung oder schon in der Kamera korrigieren.

⌃ Chromatische Aberrationen treten insbesondere bei Hell-Dunkel-Kanten in Form von grün-magentafarbenen oder gelb-blauen Farbsäumen auf.

» Chromatische Aberration (Farbfehler) und Vignettierung lassen sich für JPEG und Video bereits in der Kamera entfernen.

192 【Kapitel 4: Objektive für die Canon EOS 5DS/5DS R】

» Wenn in der Kamera keine Korrekturdaten für ein Canon-Objektiv vorhanden sind, können Sie diese mit dem im Lieferumfang der Kamera enthaltenen Programm EOS Utility in die Kamera laden.

Dezentrierung | Wenn eine Bildhälfte deutlich schärfer als die andere ist, spricht man von *Dezentrierung*. Das kann zum Beispiel passieren, wenn ein Objektivteil etwas schräg eingebaut wurde oder sich das Objektiv durch einen Schlag verzogen hat. In jedem Fall ist das ein Fall für den Service oder ein Grund, auf den Kauf zu verzichten.

Farblängsfehler (LoCa) | Die chromatische Aberration hat eine Schwester, die sich nur auf die unscharfen Bildbereiche auswirkt. Dieser Fehler ist auch bei sehr hochwertigen Objektiven festzustellen, neutrale Bereiche gehen dann zum Beispiel vor dem Fokuspunkt ins Magenta, dahinter ins Grün.

Dieser Effekt wird auch *Farbbokeh* oder longitudinale chromatische Aberration (LoCA) genannt, er wird nicht bei jedem Motiv deutlich sichtbar, es kann sein, dass Sie diesen Fehler deswegen bislang übersehen haben.

» Der Farblängsfehler erzeugt Farben in den unscharfen Bildbereichen. Hier habe ich die Sättigung etwas verstärkt, um den Effekt deutlicher sichtbar zu machen. In der Praxis ist er nicht immer störend, verstärkt manchmal sogar die Bildatmosphäre.

Wenn das Licht über Hell-Dunkel-Kanten scheint, ist oft die sphärische Aberration Schuld.

Wenn sich das Bild zur Seitenmitte nach innen wölbt, nennt man die Verzeichnung »kissenförmig« (oben), wölbt es sich nach außen, »tonnenförmig« (unten).

Licht, das gerade auf die Linse fällt (links), sorgt an den Bildecken für keinerlei Abschattungen. Trifft das Licht schräg auf das Objektiv (rechts), sorgt dieses selbst für Schatten, so dass am Bildrand weniger Licht auftrifft.

Sphärische Aberration | Dieser Abbildungsfehler wird durch die abgerundete Oberfläche der Linse verursacht. Lichtstrahlen, die am Rand auf die Linse treffen, werden zu stark abgelenkt, was zu einer leichten Unschärfe führt. In hochwertigen Objektiven werden asphärisch geschliffene Linsen verwendet oder unterschiedliche Linsenarten verbaut, die ihre Abbildungsfehler gegenseitig ausgleichen. Die sphärische Aberration nimmt mit kleineren Blenden ab, meist genügt es, die Blende zwei Stufen zu schließen, damit der Bildfehler nicht mehr sichtbar ist. Die sphärische Aberration führt nicht nur zu leichten Unschärfen bei kleinen Blendenwerten, sie hat auch oft einen negativen Effekt auf das Bokeh; Unschärfekreise haben hellere Ringe an ihren Außenkanten, was den Bildhintergrund sehr unruhig wirken lassen kann.

Verzeichnung | Am einfachsten zu erkennen sind die sogenannten *Verzeichnungen*. Immer dann, wenn eigentlich gerade Linien nicht gerade, sondern gebogen abgebildet werden, handelt es sich um eine Verzeichnung. Ob und wie stark Ihr Objektiv verzeichnet, können Sie leicht feststellen, indem Sie ein rechteckiges Blatt Papier nahezu formatfüllend aufnehmen. Nur wenn die Kanten absolut gerade verlaufen, liegt keine Verzeichnung vor.

Vignettierung | Bei dem Effekt der Vignettierung füllt schräg eintreffendes Licht nicht die gesamte Blendenöffnung, und so fällt die Helligkeit am Bildrand unter Umständen deutlich ab. Die Folge sind dunklere Bildbereiche an den Ecken, die sich aber in der Nachbearbeitung korrigieren lassen. In der Regel können Sie die Vignettierung durch Abblendung um zwei Blendenstufen auf ein nicht mehr störendes Maß verringern. Die Vignettierung lässt sich sowohl in der Kamera als auch im Raw-Konverter recht gut entfernen.

194 [Kapitel 4: Objektive für die Canon EOS 5DS/5DS R]

Beugungsunschärfe | Beugungsunschärfe tritt auch beim besten Objektiv auf, sie ist eine natürliche Folge kleiner Blendenöffnungen. Sie werden sich vielleicht noch an den Versuch »Beugung am Spalt« aus dem Physikunterricht in der Schule erinnern. Die Beugung ist ein grundlegendes physikalisches Phänomen, das sich nicht einfach wegkorrigieren lässt. Ein sehr gutes Objektiv wird meist knapp unterhalb von Blende f8 am schärfsten sein, danach lässt seine Schärfe wieder etwas nach, weil die Beugungsunschärfe der Blende den Qualitätsgewinn der Optik durch Abblenden übersteigt, der negative Effekt des Abblendens wird ab da stärker als der positive. Bis ungefähr Blende f16 ist dieser Effekt nicht besonders stark, noch stärker abzublenden bringt aber sichtbare Verschlechterungen mit sich. Sie müssen bedenken, dass die Leistung eines Objektivs zu den Bildecken hin abnimmt. So kann bei Blende f7,1 die Bildschärfe in der Mitte zwar perfekt sein und jedes weitere Abblenden zumindest zu Beginn nur zu einer leichten Verschlechterung führen. Der Bildeindruck ist bei Blende f11 aber vielleicht trotzdem besser, weil dann die Bildecken ihre beste Schärfe zeigen, während die Schärfe in der Mitte kaum abgenommen hat.

Der linke Bildausschnitt bei Blende f5,6 ist scharf, während im rechten bei f64 eine starke Grundunschärfe zu sehen ist – helle Lichter verwischen zu großen Sternen. Diese Unschärfe wurde ausschließlich durch die zu kleine Blende erzeugt.

Links: 150 mm | f5,6 | 1/8 s | ISO 6 400

Rechts: 150 mm | f64 | 10 s | ISO 6 400

[Kapitel 4: Objektive für die Canon EOS 5DS/5DS R]

Bokeh

Das Wort *Bokeh* ist von dem japanischen Wort für »unscharf« oder »verschwommen« abgeleitet. Mit Bokeh beschreibt man die subjektive Qualität der Abbildung in den unscharfen Bereichen. Für Anfänger klingt das manchmal etwas esoterisch, aber ein gutes Bokeh wird auch von den Objektivherstellern als Produktionsziel festgelegt und ist für viele Profis eine der wichtigsten Objektiveigenschaften überhaupt. Chromatische Aberration, Verzerrung, Vignettierung und leichte Unschärfe lassen sich in der Nachbearbeitung meist ausgleichen, ein schlechtes Bokeh, das den Bildhintergrund unruhig und unansehnlich macht, zerstört ein Bild ohne sinnvolle Rettungsmöglichkeiten.

Bokeh ist subjektiv, und so wird es nicht in den Punktständen von irgendwelchen Objektivtests auftauchen – Sie müssen sich Bilder ansehen, die mit dem Objektiv gemacht wurden, oder eigene Testaufnahmen erstellen, um das Bokeh beurteilen zu können. Objektivhersteller werben oft mit der Zahl der Blendenlamellen für gutes Bokeh, aber diese sorgen nur dafür, dass die Unschärfebereiche annähernd rund bleiben bei Abblendung. Das Bokeh ergibt sich aber aus der gesamten Konstruktion des Objektivs und ist auch unterschiedlich für Bereiche, die vor oder hinter der Schärfe liegen.

»»
Das Sigma 50 mm f1,4 DG HSM [Art] hat ein sehr angenehmes Bokeh, die Unschärfe ist sehr sanft und gleichmäßig.

50 mm | f1,4 | 1/250 s | ISO 200

Canon-Service für professionelle Nutzer

Für seine professionellen Nutzer hat Canon einen eigenen Servicebereich eingerichtet, der zum Beispiel zur schnelleren Reparaturabwicklung berechtigt: Canon Professional Service (CPS). Früher musste man dafür nachweisen, dass man die Fotografie hauptberuflich ausübt, heute steht er jedem zur Verfügung, der eine entsprechende Canon-Ausrüstung besitzt. Wenn Sie neben der EOS 5DS noch eine weitere ein- oder zweistellige Kamera ab der 40D und drei hochwertige Objektive besitzen, können Sie eine Mitgliedschaft beantragen. Da der Service nur Vorteile bietet und nichts kostet, gibt es keinen Grund, dies nicht auch zu tun. Der Informationsbereich für Profis steht ohnehin jedem Internetnutzer offen, Sie finden dort und auf der verlinkten englischen CPS-Seite aktuelle Informationen, gute technische Beschreibungen und Lehrvideos sowie das Canon-Magazin »Profile« als PDF-Download. Weitere Informationen erhalten Sie unter *http://www.canon.de/canon_cps*.

4.3 Das richtige Objektiv für jede Aufnahmesituation

Im Jahr 2014 feierte Canon die 70-millionste EOS-Kamera und 2015 das 110-millionste EF-Objektiv, 2012 den 25. Geburtstag des Systems. Das zeigt einen großen Erfolg und enorme Erfahrung im Objektiv- und Kamerabau, die Produkte aus Vor-AF-Zeiten ab 1936 (Kameras) und 1947 (Objektive) sind hier noch gar nicht mitgerechnet. Was aber auffällt, ist, dass das nur ca. eineinhalb Objektive pro Kamera ergibt. Es kommen natürlich noch Fremdhersteller hinzu, die selbst wenig oder keine Kameras herstellen, dafür aber Objektive für die großen Hersteller wie Canon, Nikon oder Sony. Trotzdem erscheint das wenig, wenn man bedenkt, dass die größte Stärke der digitalen Spiegelreflexkameras ihr Objektivangebot ist, das sie für praktisch jede Situation einsetzbar macht.

Während zu analogen Zeiten meist ein 50-mm-Standardobjektiv zur Kamera mitverkauft wurde, hat heute diese Rolle ein Zoom, das den leichten Weitwinkel- bis zum leichten Telebereich abdeckt. Das liegt hauptsächlich an der deutlich besseren Qualität, die inzwischen bei Zoomobjektiven möglich ist. Wer damals die Fotografie erlernte, muss heute seine Vorurteile gegenüber Zooms erst einmal vergessen, denn manche Zooms sind sogar besser als einige Festbrennweiten, die heute im EF-Programm zu finden sind.

Zooms sind bei Canon auf eine maximale Offenblende von f2,8 beschränkt, lichtstärkere Zooms würden gerade im längeren Brennweitenbereich schnell so groß und teuer, dass sie höchstens noch für eine Kinoproduktion interessant wären. Sigma hat allerdings ein 24–35-mm-Weitwinkelzoom mit f2 herausgebracht, jedoch ist hier der Brennweitenbereich nicht besonders groß. Wenn Sie mit Blende f1,4 oder sogar f1,2 fotografieren möchten, um Ihr Motiv gut vor einem unscharfen Hintergrund freizustellen oder um schwaches Licht bestmöglich zu nutzen, müssen Sie mit Festbrennweiten arbeiten. Und wenn Sie bei Makroobjektiven eine Konstruktion finden müssen, die vom Unendlich-Bereich bis 1:1 hervorragend ist, dann ist das für eine feste Brennweite auch leichter möglich. Die sogenannten *Superteles* waren bis vor einigen Jahren auch alle Festbrennweiten, aber Canon hat seit 2013 ein EF 200–400 mm f4L IS USM im Programm, das sogar einen eingebauten 1,4×-Extender besitzt, den man einfach in den Strahlengang schwenken kann. Überhaupt hat Canon in den letzten Jahren einige neue Objektive vorgestellt, deren Leistungsfähigkeit man früher nicht für möglich gehalten hätte. Deswegen lohnt es sich, auf die Versionsnummern der Objektive zu schauen, die inzwischen in der zweiten oder dritten Generation auf dem Markt sind. Bei manchen frühen Objektiven kann es sinnvoll sein, auf einen Nachfolger zu warten, wenn Sie die Brennweite aktuell noch nicht benötigen, bei anderen sind auch die Vorgängerversion so gut, dass Sie mit einem gebrauchten Objektiv und den 50,6 Megapixeln der EOS 5DS wirklich glücklich werden können.

Die Fremdhersteller erweitern das Angebot der Objektive nicht nur um günstigere Alternativen, sondern auch um neue Möglichkeiten und manchmal sogar bessere Leistung. Es lohnt sich also, auch auf die Produkte einen Blick zu werfen, die nicht von Canon stammen.

Das EF 200-400 mm f4L IS ist ein Beweis dafür, dass auch im High-End-Bereich verstärkt Zooms eingesetzt werden.
(Bild: Canon)

Normalobjektive

Normalobjektive erzeugen einen Perspektiveindruck, der dem des menschlichen Auges weitgehend entspricht. In den verschiedenen Aufnahmeformaten sind sie definiert als Objektive, deren Brennweite der Sensor-/Filmdiagonalen entspricht. Bei Vollformat käme man so auf 42,6 mm, aus historischen Gründen ist aber meist 50 mm die Normalbrennweite. Wer beste Schärfe in Verbindung mit Autofokus sucht, der sollte das Sigma 50 mm f1,4 DG HSM [Art] kaufen, das gibt es für ca. 800 €, und es ist in der Abbildungsleistung fast so gut wie das viermal teurere Zeiss Otus 55 mm f1,4, das keinen AF besitzt. Wenn die beste optische Leistung auch bei Offenblende nicht so entscheidend ist, ist das Canon EF 50 mm f1,8 STM für gut 120 € eine gute Wahl, vor allem, weil es im Gegensatz zum Sigma-Objektiv so klein und leicht ist, dass Sie es auch noch gerne in Ihre Fototasche packen, in der schon zwei schwere Zooms stecken. Das EF 50 mm f1,4 USM ist inzwischen veraltet, und die AF-Genauigkeit entspricht nicht den Anforderungen der EOS 5DS.

Das Sigma 50 mm f1,4 DG HSM [Art] ermöglicht durch seine hohe Schärfe bei Offenblende einen Mittelformat-Look, weil der Schärfeabfall zum Hintergrund selbst weiterer Motiventfernung deutlich wahrnehmbar bleibt.

50 mm | f1,4 | 1/6400 s | ISO 100

⌃
Das Sigma 50 mm f1,4 DG HSM [Art] ist das beste Normalobjektiv mit AF für die EOS 5DS.

⌄
Mit einem Objektiv mit 16 mm Brennweite schräg nach oben fotografiert, ergibt sich ein starker Weitwinkel-Effekt mit stürzenden Linien.

16 mm | f9 | 1/320 s | ISO 200

Das EF 50 mm f1,2L USM besitzt einen eigenen Charme, ist aber bei weitem nicht so scharf wie das Sigma.

Weitwinkelobjektive

Ab 35 mm Brennweite abwärts spricht man an einer Vollformatkamera von *Weitwinkel*. Bei Canon geht die Objektivpalette bis 11 mm Brennweite herunter, was über die lange Seite des Formats einen Bildwinkel von 117° entspricht, bei Sigma bis 12 mm, was 112° ergibt. Das hat den interessanten Effekt, dass Sie an einer 90°-Hausecke beide Fluchtpunkte im Bild haben können. Bei der Verwendung extremer Weitwinkel müssen Sie aber vorsichtig sein, denn ein Motiv kann im Sucher interessant und richtig aussehen, weil Sie bei der Aufnahme an dem Punkt stehen, an dem die Perspektive so ist wie im Sucher. Wenn Sie später nur ein flaches Bild der Szene vor sich haben, kann das Ergebnis aber absurd und misslungen wirken. Die meisten Profis versuchen deswegen, wenn sie den starken Weitwinkeleffekt als Gestaltungsmittel nicht voll ausnutzen wollen, diesen möglichst weit zu minimieren. Das bedeutet, die Brennweite so lang wie möglich und so kurz wie nötig zu halten und ein Motiv möglichst frontal aufzunehmen, um den Weitwinkeleffekt zu verringern.

Wenn Sie ein Weitwinkelobjektiv bei der Aufnahme nach oben kippen, werden die geraden Linien sofort auf einen Fluchtpunkt zustreben, man spricht dann von *stürzenden Linien*. Das führt dazu, dass Gebäude sich nach hinten zu lehnen scheinen oder nach oben schmaler werden. Sie können diesen Effekt in der Bildbearbeitung gut ausgleichen, aber nur um den Preis, dass Sie im Sucher nicht mehr das Bild sehen, das das Ergebnis sein wird. Das schränkt Sie bei der Bildkomposition ein. Für die allermeisten Fotografen wird ein Weitwinkelbereich ab 16 mm ausreichen, wie ihn das hervorragende EF 16–35 mm f4L IS USM liefert. Die Version mit f2,8 ist nicht so empfehlenswert, wird aber vermutlich 2016 in einer neuen und optisch sehr guten Version auf den Markt kommen. Das Tamron SP 15–30 mm f2,8 Di VC USD ist eine Alternative für die, die lieber mit f2,8 arbeiten, wie es zum Beispiel bei der Sternenfotografie von Vorteil ist. Wetterabdichtung, gute optische Leistung und Bildstabilisator sprechen zudem für das Objektiv. Das EF 11–24 mm f4L USM sollten Sie nur dann anschaffen, wenn Sie genau wissen, was Sie mit dieser Brennweite anfangen wollen, denn die sich ergebenden Perspektiven-Effekte (zu viel Nahbereich im Bild, der im Verhältnis zu groß ist, stürzende Linien, extreme Fluchtlinien) sind gestalterisch nur schwer in den Griff zu bekommen. Für den, der es benötigt, ist es aber eine in der optischen Qualität überzeugende Lösung.

Wer eine höhere Lichtstärke benötigt, als sie die Zooms bieten, findet mit den beiden Sigma-Art-Objektiven von 24 und 35 mm Brennweite bei f1,4 optisch und mechanisch sehr gute Produkte zu einem günstigen Preis. Wenn Wetterabdichtung wichtig ist, spielen die Canon-Objektive ihre Vorteile aus. Das neue EF 35 mm f1,4L II USM ist sogar noch ein bisschen besser als das Sigma-Pendant, allerdings auch deutlich teurer.

Das EF 16–35 mm f4L IS USM ist dank hervorragender Schärfe und wirkungsvollem IS ein sehr gutes Universal-Weitwinkelobjektiv an der EOS 5DS.

16 mm | f9 | 1/250 s | ISO 200

Das Canon EF 16–35 mm f4L IS USM ist empfehlenswert für alle, die nicht mehr Lichtstärke benötigen als f4.

TS-E-Objektive

Es gibt aber eine Alternative zu den herkömmlichen Weitwinkelobjektiven: Canon hat mit den 17-mm- und 24-mm-TS-E-Objektiven zwei hervorragende Weitwinkel im Programm, mit denen Sie die Perspektive schon bei der Aufnahme ausgleichen können. Es handelt sich hierbei um sogenannte *Tilt-Shift-Objektive*: Sie können das Objektiv bis zu 12 mm, also eine halbe Sensorhöhe, verschieben (*Shift* genannt), so dass die Kamera gerade ausgerichtet bleiben kann, wenn Sie nach schräg oben fotografieren. Die Gebäudekanten bleiben so parallel, auch Landschaftaufnahmen wirken oft natürlicher als mit nach oben gekipptem Weitwinkel. Bei großen Verstellungen können Sie sich jedoch auf die Belichtungsautomatik nicht mehr verlassen und sollten manuell arbeiten oder die Belichtungsmessung des Livebild-Modus verwenden.

Das TS-E 17 mm ist dabei das stärkste verstellbare Weitwinkel an einer Digitalkamera überhaupt; es gibt Profis, die sich nur deswegen eine Canon-Vollformatkamera gekauft haben. Diese Objektive lassen sich ebenfalls verschwenken (*Tilt*), um die Schärfenebene zu verlagern. Damit können Sie die Schärfentiefe vergrößern, ohne stärker abblenden zu müssen, was aber bei so starken Weitwinkelobjektiven eher selten nötig ist. Beim TS-E 90 mm f2,8 ist die Schärfendehnung allerdings oft sinnvoll, weil Sie sonst schnell in die Beugungsunschärfe kämen, wenn Sie so stark abblenden würden, wie es für ausreichend große Schärfentiefe manchmal nötig wäre. Das TS-E 45 mm f2,8 sollten Sie für die EOS 5DS nicht ins Auge fassen, es ist einfach nicht scharf genug für diese Kamera.

Das TS-E 17 mm f4L ist für die Architekturfotografie hervorragend geeignet. (Bild: Canon)

Hier habe ich das TS-E 17 mm f4L mit einem 2fach-Extender verwendet, um eine Aufnahme ohne stürzende Linien und mit nicht zu starkem Weitwinkeleindruck zu erhalten.

34 mm | f10 | 1/200 s | ISO 200

Oder Sie verwenden die Möglichkeit genau andersherum, indem Sie die Schärfeebene so kippen, das möglichst wenig in der Schärfe liegt. Dadurch ergibt sich ein Miniatureffekt, auch *Tilt-Shift-Effekt* genannt, der große Motive so aussehen lässt, als wären sie ganz klein, weil sie die Schärfentiefe einer Makroaufnahme zu haben scheinen. Es gibt ebenfalls ein 45er-TS-E-Objektiv, das an der EOS 5DS wegen mangelnder Schärfe weniger zu empfehlen ist, und ein 90er, das sehr scharf ist, sich aber nicht ganz so frei verstellen lässt wie die neueren 17er und 24er.

Das TS-E 17 mm habe ich seitwärts verschwenkt, so dass die Schärfenebene fast senkrecht zur Kamera durch den alten Mercedes verlief.

17 mm | f4 | 1 s | ISO 5000

Fisheye-Objektive

Fisheye-Objektive sind extreme Weitwinkelobjektive, die auf die Perspektivkorrektur verzichten, um noch größere Winkel abbilden zu können. So erreichen sie einen extremen Blickwinkel von bis zu 180 Grad, es gibt sogar ein altes Nikon-Objektiv, das 220 Grad abbilden kann. Dieser für das menschliche Sehempfinden ungewöhnliche Winkel lässt sich auf einem Foto nur durch extreme Verzeichnung erzielen, die nach außen hin sichtbar ist.

Warum das bei kleinen Brennweiten so ist, lässt sich leicht erklären: Je stärker ein Weitwinkel ist, desto mehr werden die Randbereiche bei voller Perspektivkorrektur (gerade Linien bleiben überall gerade) in die Breite gezogen. Bei so kurzen Brennweiten hätte das absurde Folgen: Die Bildmitte würde klein erscheinen, und die Randbereiche wären extrem verzerrt. Bei Fisheye-Objektiven verzichtet man auf die Perspektivkorrektur (hier bleiben gerade Linien nur gerade, wenn sie durch den Bildmittelpunkt laufen) und bildet das Motiv nach außen immer kleiner ab. Das hat zur Folge, dass die Mitte vorgewölbt erscheint, so als würden Sie durch einen Türspion blicken. Das tut vielen Aufnahmen nicht gut, und so sind manche Fotografen von Fisheyes schnell frustriert. In der Tat braucht das Objektiv wirklich nicht jeder, und oft werden die Bilder dann am besten, wenn man vom Fisheye-Effekt am wenigsten sieht. Wer aber ex-

Das Canon EF 8–15 mm f4L USM ist ein Spezialist, den nicht jeder Fotograf benötigt.

treme Bildwinkel abbilden muss, der erhält damit eine Lösung, die manchmal durch nichts zu ersetzen ist. Wer ein Fisheye häufiger benötigt, der ist mit dem Canon EF 8–15 mm f4L USM gut bedient, das optisch sehr gut und obendrein das einzige Zoomobjektiv in diesem Bereich ist, so dass Sie von 180°-Kreis bis Vollbild mit 180°-Bilddiagonale jede Möglichkeit haben. Wer ein Fisheye nur gelegentlich einsetzen will, der kommt zum Beispiel mit Objektiven von Samyang deutlich günstiger an ein solches Objektiv; diese bieten allerdings keinen Autofokus. Der Autofokus ist aber ohnehin nicht wichtig, weil Fisheyes eine sehr hohe Schärfentiefe haben und es damit nicht ganz so wichtig ist, den richtigen Fokuspunkt zu 100 Prozent zu treffen. Die Samyang-Objektive werden in Deutschland unter verschiedenen Handelsmarken vertrieben, zum Beispiel Walimex Pro oder Dörr.

«

Oben: Mit 8 mm Brennweite ergibt sich ein Kreis mit 180° Bildwinkel, der von Schwarz umgeben ist. Unten: Bei 15 mm füllt das Bild das Format ganz aus, die Bilddiagonale erstreckt sich immer noch über 180°.

Oben: 8 mm | f5 | 1/1600 s | ISO 200

Unten: 15 mm | f5 | 1/1250 s | ISO 200

Teleobjektive

Die eigentliche Definition einen *Teleobjektivs* ist, dass es eine Konstruktion aufweist, die eine Baulänge kürzer als die Brennweite zulässt. Im Folgenden werde ich das Wort aber wie jeder andere auch für alle Objektive langer Brennweite verwenden. Der Telebereich beginnt bei einer EOS 5DS ungefähr ab 70 mm. Bei Brennweitenbereichen zwischen 70 und 135 mm spricht man von *leichten Teleobjektiven* – diese eignen sich besonders für Porträtfotografen. Viele Fotografen halten 85 mm für ideal, weil sich hier bei der gewünschten Abbildungsgröße der richtige Aufnahmeabstand ergibt und somit die Perspektive sehr natürlich wirkt.

Das EF 70–200 mm f2,8L IS II USM ist eine sehr gute Wahl für die EOS 5DS, für Porträts durch seine Größe allerdings etwas aufdringlich, so dass sich ein 85er zusätzlich lohnt, wenn Sie oft Menschen fotografieren. Das günstige EF 85 mm f1,8 USM ist bereits recht gut; das EF 85 mm f1,2L USM II ist groß, schwer und teuer, aber ansonsten großartig. Es ist davon auszugehen, dass Sigma bald ein 85er f1,4 [Art] auf den Markt bringt, das noch schärfer, aber günstiger sein wird. Das EF 135 mm f2L eignet sich sehr gut für Ganzkörperaufnahmen mit trotzdem noch unscharfem Hintergrund, das EF 200 mm f2,8L II USM ist nicht besser als das EF 70–200 mm f2,8L IS II USM, das obendrein einen sehr guten Bildstabilisator besitzt. Das 100-400 mm f4,5–5,6L IS II USM ist optisch hervorragend und übertrifft bei 400 mm ein EF 70–200 mm f2,8L IS II USM mit 2×-Extender, bis 200 mm könnten Sie aber diese Kombination deutlich lichtstärker einsetzen.

Superteleobjektive

Canon hat eine Reihe von professionellen Teleobjektiven im Programm, die sich vor allem an Sport und Tierfotografen richten. Gemeinsam sind ihnen eine hohe Lichtstärke, exzellente optische Qualität, eher hohes Gewicht und ein Preis über 5000 €. Eine Ausnahme in Sachen Gewicht ist das EF 400 mm f4 DO IS II USM. Durch das beugungsoptische Element kann dieses Objektiv etwas kleiner und leichter gebaut werden, ein EF 300 mm f2,8L IS II USM ist mit 1,4×-Extender allerdings optisch nicht schlechter.

85 mm ist eine ideale Brennweite für Porträts.

85 mm | f1,2 | 1/200 s | ISO 500

Beugungsoptik

Es gibt drei grundsätzliche Methoden, Licht umzulenken: die Brechung, die Beugung und die Spiegelung (oder Refraktion, Diffraktion und Reflektion, wenn Sie die Fremdwörter verwenden möchten). Spiegelung wird im Objektivbau für Spiegelteles verwendet, die meistens im Teleskopeinsatz verwendet werden und generell sehr selten sind. Brechung verwendet praktisch jedes Objektiv, und die Wirkungsweise der Beugung lernen Sie kennen, wenn Sie zu weit abblenden – sie führt dann zu Unschärfe (*Beugungsunschärfe*). Sie kennen vielleicht noch aus der Schule die Beugung am Spalt: Je enger ein Spalt ist, desto mehr wird das Licht hinter ihm gestreut. Canon hat es geschafft, durch sehr präzise und feine Linienraster beugungsoptische Elemente herzustellen, die in ihrer Abbildungsleistung einer Linse ähneln, allerdings eine umgekehrte chromatische Aberration aufweisen (Rot wird hier stärker abgelenkt als Blau).

Beugungsoptische Elemente (DO steht für *Diffractive Optics*) erlauben die Korrektur der chromatischen Aberration bei Teleobjektiven trotz kurzer Baulänge und gewichtsparender Konstruktion. Während das in der ersten Generation noch mit leichten optischen Nachteilen einherging, ist das aktuelle EF 400 mm f4 DO IS II USM anderen Superteles praktisch ebenbürtig.

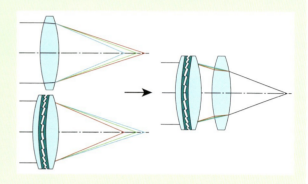

Während eine Linse Rot am geringsten ablenkt und Blau am stärksten, ist es bei einem beugungsoptischen Element genau andersherum. Die Kombination aus Linsen und beugungsoptischem Element erlaubt es, die chromatische Aberration auf sehr geringem Platz sehr wirkungsvoll zu korrigieren.

Objektive mit beugungsoptischen Elementen wie das EF 400 mm f4 DO IS II USM erkennen Sie bei Canon am grünen Ring ❶. (Bild: Canon)

Die aktuellen *Superteles* gehören zur dritten Generation (gekennzeichnet als IS II, zweite Generation mit Image Stabilizer), deren Bildstabilisator ungefähr vier Blendenstufen längere Zeiten erlaubt und die optisch noch einmal verbessert wurden. Sie sind etwas leichter als ihre Vorgänger, kommen etwas weiter in den Nahbereich und haben einen zusätzlichen IS-Modus, der erst während der Aufnahme arbeitet. Manche Fotografen wurden nämlich etwas seekrank durch das korrigierte Sucherbild, weil die optische Wahrnehmung von der körperlichen Bewegung bei normalem IS leicht unterschiedlich ist.

Die hohen Einstiegspreise und die solide Verarbeitung machen diese Objektive auch für Gebrauchtkäufer interessant; die Vorgängergeneration (IS) ist optisch immer noch hervorragend, der Bildstabilisator bringt ungefähr zwei Stufen, und gut erhaltene Objektive kosten nur die Hälfte der Neupreise ihrer Nachfolger. Mit dem Profi-AF der EOS 5DS sind diese Objektive hervorragend zu nutzen; für die meisten Anwender, die Superteles nicht im ständigen Gebrauch haben, wird diese mittlere Generation die interessanteste sein.

Die erste Generation ohne IS ist optisch immer noch sehr gut, allerdings ist die Investitionssicherheit nicht so hoch. Diese Objektive werden auch bei manueller Scharfstellung elektronisch fokussiert; wenn der AF-Motor defekt ist, dann sind die Objektive nicht mehr zu verwenden, da es inzwischen keine Ersatzteile mehr gibt. Ein solches 300 mm f2,8L USM bekommen Sie aber schon für unter 2 000 €, während das aktuelle EF 300 mm f2,8L IS II USM für ca. 6 300 € angeboten wird.

Eine günstige und variable Alternative in diesem Bereich ist auch das Sigma 150–600 mm f5–6,3 DG OS HSM [Sport], das im Handel für ca. 1 700 € zu bekommen ist. Die Schärfe des Objektivs ist gut und der AF schnell.

Es wäre Verschwendung, wenn Sie zu einem Supertele nicht gleich auch ein oder zwei passende Extender kaufen würden. Aus einem 300 mm f2,8 wird mit einem 1,4×-Extender ein 420 mm f4 und mit einem 2×-Extender ein 600 mm f5,6. Die optische Qualität bleibt dabei sehr hoch. Auch von den Extendern (siehe ab Seite 218) gibt es drei Generationen, wobei neuere Extender auch mit älteren Teles bessere Ergebnisse liefern. Denken Sie aber daran, dass zum Beispiel bei einem 500 mm f4 ein 2×-Extender zu einer Offenblende von f8 führt und Sie somit keinen Autofokus mehr an der EOS 5DS nutzen können, ein 1,4er würde aber auch schon zu beachtlichen 700 mm bei f5,6 führen, bei immer noch gutem Autofokus.

Bei den enormen Auflösungsreserven der EOS 5DS reichte hier ein eher kurzes 300-mm-Objektiv mit 1,4×-Extender aus, um den startenden Graureiher einzufangen.

420 mm | f5,6 | 1/1250 s | ISO 500 | Bildausschnitt

Das EF 500 mm f4L IS II USM. (Bild: Canon)

Den Superteles gemein ist es, dass man sie nur kurz aus der Hand verwenden kann und sie dann schnell zu schwer werden, um sie ruhig halten zu können. Sie können sie gut von einem stabilen Dreibeinstativ verwenden, aber das ist für Sportveranstaltungen oder im Wald oft zu unhandlich. Ein Einbeinstativ ist für alle Situationen, in denen das Licht noch hell genug ist, um nicht ohnehin ein Dreibein zu benötigen, die bessere Wahl. Es sollte mindestens Ihre Stehhöhe haben, damit Sie auch noch komfortabel nach oben fotografieren können. Als Stativkopf ist ein sogenannter *Gimbal-Head* die beste Wahl, da er das Objektiv sich um seinen Schwerpunkt bewegen lässt. Das große Gewicht und der starke Hebel führen bei einem normalen Stativkopf schnell dazu, dass es umschlägt, wenn es nicht stark genug arretiert ist, oder dass Sie Kraft aufwenden müssen, damit Kamera und Objektiv nicht wegkippen.

Ein Gimbal-Head lässt die Kamera mit einem Supertele um den Schwerpunkt der Einheit drehen; es gibt kein Wegkippen mehr, die Position lässt sich einfach und leicht verändern.

Makroobjektive

Makroobjektive sind auch als Normal- oder Teleobjektive im Fernbereich bestens geeignet. Dennoch nehmen sie eine Sonderstellung unter den Objektiven ein, da sie über eine deutlich geringere Naheinstellgrenze verfügen. Sie können mit ihnen also sehr nah an das Motiv herantreten und dieses dadurch bis zum Maßstab 1 : 1 oder 1 : 2 auf dem Sensor darstellen.

Die Herstellerangaben zur Naheinstellgrenze in Zentimetern beziehen sich immer auf den Abstand zur Sensorebene, nicht auf den Abstand zum Objektiv. Die Sensorebene liegt im Kamerainneren und ist durch ein Symbol ❶ oben auf der Canon EOS 5DS gekennzeichnet. Wenn man die Länge des Gehäuses einbezieht, ist der Sensor unter Umständen 12 cm von dem vorderem Ende des Objektivs entfernt, so dass Sie bei einer Naheinstellgrenze von 20 cm bis zu 8 cm an das Motiv heranrücken können beziehungsweise müssen.

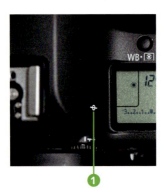

Die Ebene, auf der der Sensor im Kamerainneren liegt, ist mit einem kleinen Symbol ❶ auf der Oberseite der Canon EOS 5DS gekennzeichnet.

Für die EOS 5DS gibt es Makroobjektive von 50 bis 180 mm Brennweite, die meistverkauften liegen um die 100 mm, weil Sie in dem Bereich ein gutes Verhältnis von Motivabstand, Gewicht und Preis erhalten. Das Canon EF 100 mm f2,8L IS USM ist eine sichere Wahl. Das Sigma 105 mm f2,8 EX Makro DG OS HSM ist optisch ebenfalls sehr gut, aber 100 g schwerer und nicht wetterabgedichtet. Das Tamron SP 90 mm f2,8 Di VC USD ist sogar ein wenig leichter als das Canon-Objektiv und bringt eine Abdichtung gegen Feuchtigkeit mit. Wer auf Autofokus verzichten kann, der findet mit dem Zeiss Milvus 100 mm f2 Makro ZE ein exzellentes Objektiv, das sogar noch eine Blende lichtstärker ist als die Konkurrenz. Wenn Sie eine längere Brennweite benötigen, bietet sich das Sigma 180 mm f2,8 EX DG OS HSM Macro an, das optisch das Beste in der Klasse ist, allerdings auch deutlich schwerer als ein 100er.

Mehr zur Makrofotografie mit der EOS 5DS erfahren Sie im folgenden Best-Practice-Abschnitt.

Der Detailreichtum des 50,6-Megapixel-Sensors macht die EOS 5DS zur idealen Makro-Kamera.

100 mm | f11 | 1/200 s | ISO 200 | Ringblitz

BEST PRACTICE
Makrofotografie

Der Makrobereich kann einerseits enorm von der Auflösung der EOS 5DS profitieren, andererseits ist es hier auch besonders schwierig, eine optimale Schärfe zu erreichen. Wenn sich bei einer Landschaftsaufnahme ein Blatt einen Millimeter im Wind bewegt, dann werden Sie das nicht wahrnehmen, in einer Makroaufnahme ist dann das gesamte Bild unscharf. Zudem hängt die Schärfentiefe vom Abbildungsmaßstab ab: Je höher er ist, desto geringer die Schärfentiefe. Sie müssen also stärker abblenden, um bestimmte Motive ganz scharf zu bekommen. Wenige Millimeter in der Tiefe zum Beispiel bei einem Insekt können schon kritisch werden, wenn Sie mehr als drei Millimeter Schärfentiefe im absoluten Nahbereich erreichen wollen, müssen Sie sich durch die notwendige Blende schon leicht in den Bereich der Beugungsunschärfe begeben.

Schärfe im Makrobereich optimieren

Es gibt einige Faktoren, mit denen Sie die Schärfe Ihrer Makroaufnahmen so beeinflussen können, dass Sie die Schärfe der 50,6 Megapixel auch ausnutzen:

1. Wenn Sie draußen arbeiten, ist ein Tag ohne Wind ideal. Leichter Wind sorgt schon für viel Bewegung bei feiner Vegetation. Manchmal können Sie für Windschatten sorgen oder einen Blütenstängel außerhalb des Bildes zwischen zwei Fingern stabilisieren.
2. Wenn die Schärfentiefe im Nahbereich zu gering wird, gehen Sie ein bisschen weiter weg. Die EOS 5DS hat Reserven für den Beschnitt. Sie werden mehr Details bei einer Biene entdecken, die Sie

Das linke Bild ist ein Ausschnitt aus dem rechten Bild. Um bei f9 zumindest den Körper des Insekts scharf darzustellen, vergrößerte ich die Aufnahmeentfernung etwas.

100 mm | f9 | 1/200 s | ISO 4000

im Maßstab 1:3 aufnehmen, als bei einer, die Sie im Maßstab 1:1 fotografieren, zumindest, wenn Sie die gesamte Biene betrachten wollen und nicht nur ein kleines Detail.

3. Ein Blitz hilft, schnelle Bewegungen einzufrieren und bei geschlossenen Blenden und niedrigen ISO-Werten genug Licht zu haben.
4. Wenn das, was Sie aufnehmen wollen, unmöglich in einer Aufnahme scharf zu bekommen ist, dann erstellen Sie mehrere Aufnahmen, die sich im Fokusbereich leicht unterscheiden, und kombinieren Sie diese am Rechner. Das nennt sich *Fokus-Stacking* und wird in diesem Best-Practice-Abschnitt noch anhand eines Praxisbeispiels ausgeführt (siehe ab Seite 215).

Vorsicht beim Abblenden!

Anfänger in der Makrofotografie sind manchmal überrascht, warum ihr hervorragendes Objektiv im Nahbereich nicht richtig scharf ist. Ein 100-mm-L-Makro bei Blende f11 müsste doch eigentlich sehr scharfe Aufnahmen liefern bei 1:1, wenn die Belichtungszeit kurz ist und der Fokus stimmt. Trotzdem sieht das Bild in der Vergrößerung etwas weich aus. Das Objektiv kann aber nichts dafür. Canon-Kameras zeigen anders als Nikon-Modelle immer die eingestellte Blende an; diese bleibt auch bei Fokussierung in den Nahbereich immer gleich, die effektive oder auch wirksame Blende verändert sich aber mit dem Abbildungsmaßstab (β) um einen Verlängerungsfaktor (VF) nach der folgenden Formel:

$$VF = (\beta + 1)^2$$

Bei einem Abbildungsmaßstab von 1:2 ergibt sich so ein Verlängerungsfaktor von 2,25 (1:2 + 1 = $1,5^2$), also gut eine Blende (Faktor 2 ist genau eine Blendenstufe), bei einem Abbildungsmaßstab von 1:1 ein Faktor von 4, also zwei Blenden. Je nach Objektivkonstruktion kann dieser Wert auch leicht abweichen, beim 100 mm f2,8L ergibt sich ein wirksamer Blendenwert bei Offenblende (f2,8) und Maßstab 1:1 von f5,9 (laut Canon-Datenblatt). Bei Blende f11 kommen Sie so auf mindestens f22 und sind damit im Bereich der Beugungsunschärfe, die sich rein physikalisch aus der zu kleinen Blendenöffnung ergibt. Bei Blende f22 ist der Effekt noch moderat, aber ein Makro bei 1:1 und einer eingestellten Blende von f16 wird deutlich unscharf aussehen, weil die entstehenden Beugungsscheibchen bei einer effektiven Blende von f32 schon mehrere Pixel im Durchmesser aufweisen.

Wenn Sie also in den absoluten Nahbereich gehen, blenden Sie nicht zu weit ab, und bedenken Sie, dass die Belichtungszeiten zwei Stufen länger werden als bei Einstellung auf Unendlich – eine Erhöhung des ISO-Wertes kann dann sinnvoll sein. Auch die manchmal geäußerte Kritik, dass der Bildstabilisator im Nahbereich nicht so viel bringe, hat eher physikalische als konstruktive Gründe. Denn im Nahbereich haben Sie effektiv eine geschlossenere Blende und einen engeren Bildwinkel, benötigen also längere Zeiten und verwackeln zudem leichter.

5. Die Schärfentiefe dehnt sich immer nach vorne und hinten parallel zu einer Ebene aus. Normalerweise ist diese Ebene parallel zur Sensorebene, es sei denn, Sie können das Objektiv in der Achse kippen (tilten). Versuchen Sie also schon bei der Motivgestaltung, die Motivebene und die Schärfenebene möglichst gut in Übereinstimmung zu bringen.
6. Bei unbewegten Motiven helfen natürlich wie sonst auch ein Stativ und die Spiegelverriegelung.

Den Fokus bei Makroaufnahmen präzise steuern

Im Makrobereich wird traditionell viel manuell scharfgestellt. Der AF der EOS 5DS ist allerdings auch im Makrobereich sehr gut, wenn Sie ihm von Zeit zu Zeit ein wenig helfen. Wenn der Schärfebereich durchlaufen wird, ist manchmal nur eine unscharfe Fläche zu sehen, und der Fokus braucht länger, um wieder die Schärfe zu finden. Das ist nicht verwunderlich, denn wenn Sie ein altmodisches 100-mm-Makroobjektiv ohne Innenfokussierung verwenden, legt das Objektiv 10 cm Fokusweg zurück, bis es bei 1 : 1 angekommen ist. Die meisten Makroobjektive haben deswegen einen Fokusbegrenzer. Sie können diesen beim EF 100 mm f2,8L IS USM zum Beispiel auf 0,3–0,5 m stellen, damit das Objektiv gar nicht bis Unendlich den Schärfepunkt sucht. Zudem können Sie manuell eingreifen, um der EOS 5DS den ungefähren Schärfebereich vorzugeben. Wenn Sie etwa durch Grashalme fotografieren, dann liegen je nach Entfernungseinstellung unterschiedliche Halme auf der Achse des Fokuspunkts; wenn Sie dann vorfokussieren, landet die Schärfe im gewünschten Bereich. Im absoluten Nahbereich ist manchmal eine Kamerabewegung nach vorn oder hinten viel schneller, als den Fokus am Objektiv zu verändern.

Bei leicht bewegten Motiven funktioniert auch die Nachführmessung im Nahbereich gut, Sie sollten dann aber trotzdem eine Serie aufnehmen, nicht nur, damit der Fokus perfekt sitzt, sondern auch, weil die Bewegungsunschärfe unterschiedlich ist. Bei im Wind schwankenden Blättern oder Halmen ist die Bewegung im Moment des Richtungswechsels am geringsten.

Dieses Bild hat einen Abbildungsmaßstab von ca. 1,5 : 1. Ich stellte ein EF-S 60 mm f2,8 USM mit einem 25-mm-Zwischenring manuell auf den Nahbereich ein und fokussierte über den Motivabstand.

60 mm | f8 | 1/200 s | ISO 250 | Speedlite 430EX III-RT, entfesselt eingesetzt

Wenn Sie mit der Kamera in Bodenperspektive oder halb im Gebüsch arbeiten müssen, hilft die Fokussierung über den Livebild-Modus. Oft ist es noch einfacher, die Kamera auf die gewünschte Entfernung (und damit auf den gewünschten Abbildungsmaßstab) einzustellen und dann so nah an das Motiv heranzugehen, bis es in der Schärfe liegt. Das funktioniert mit dem Sucher genauso gut wie im Livebild-Modus; im absoluten Nahbereich und bei Abbildungsmaßstäben über 1 : 1 kann auch ein Stativ mit einem Makroeinstellschlitten sinnvoll sein, zumal Sie dann auch oft Fokus-Stacking verwenden müssen.

Mit ein bisschen manueller Hilfe schafft der AF erstaunliche Dinge, wie zum Beispiel diese Fliege im Wald einzufangen.

100 mm | f3,2 | 1/3200 s | ISO 400

Blitzen im Makrobereich

Der Reflektor vieler Blitze mit Schwenkreflektor lässt sich wie zum Beispiel auch beim Speedlite 600EX-RT ein wenig herunterklappen, um die Ausleuchtung im Makrobereich zu verbessern. Zudem sollten Sie die Streulichtblende Ihres Makroobjektivs abnehmen, weil sie sonst den Blitz zur Bildunterseite hin deutlich abschattet.

Durch den im Nahbereich deutlich wahrnehmbaren Abstand zwischen Blitz und Objektiv kann das Licht deutliche Schatten werfen. Ein Ringblitz oder Makroblitz ist eine lohnende Anschaffung, wenn Sie oft im Nahbereich blitzen möchten. Blitzen macht gerade im Makrobereich viel Freude, weil Sie das Licht bereits mit kleinen Reflektoren oder Positionsänderungen deutlich verändern können und Sie selbst mit schwachen Blitzen immer genug Licht haben. Zudem sind fast alle Ihre Schärfeprobleme gelöst.

Sehr frei in der Lichtgestaltung sind Sie, wenn Sie den Blitz in die linke Hand nehmen, während Sie mit der rechten Hand fotografieren. Ein E-TTL-Spiralkabel reicht dafür aus, aber wenn das Motiv zusätzlich

Im Makrobereich macht sich die Entfernung des Blitzes vom Objektiv durch ein seitliches Licht bemerkbar.

100 mm | f15 | 1/200 s | ISO 200 | Speedlite 600EX-RT mit Weitwinkelstreuscheibe auf der Kamera

Wenn Sie den Blitz frei mit der Hand positionieren, bekommen Sie oft ein etwas interessanteres Licht.

60 mm | f8 | 1/200 s | ISO 250 | Speedlite 430EX III-RT, entfesselt eingesetzt

von der Sonne beschienen ist, wirft das Kabel manchmal unschöne Schatten, und das Handling ist auch etwas kompliziert. Besser ist es, wenn Sei den Blitz auch im Nahbereich über einen Speedlite-Transmitter ST-E3-RT per Funk steuern. Der 430EX III-RT ist schön klein und leicht und eignet sich somit gut als Handblitz im Makrobereich.

Fokus-Stacking

In diesem Beispiel soll eine Platine eines Raspberry Pi formatfüllend und von vorn bis hinten scharf in der Schrägansicht abgebildet werden. Wenn Sie dies nur durch Abblenden versuchen, erhalten Sie ungefähr ein Ergebnis wie in der Abbildung oben rechts.

Wenn die Schärfentiefe im Nahbereich wie bei diesem Motiv für die gewünschte Aufnahmegröße nicht ausreicht, bleibt Ihnen nur, eine Fokusreihe aufzunehmen und die Bilder mit den unterschiedlichen Schärfebereichen zu einem Bild zusammenzurechnen – das sogenannte *Fokus-Stacking*. Dafür können Sie Spezialsoftware verwenden wie Helicon Focus oder Zerene Stacker, aber Sie können diese Technik auch mit den Hausmitteln von Photoshop durchführen.

Um eine Fokusreihe nun zu erstellen, verstellen Sie den Fokus am Objektiv pro Bild manuell immer um ca. 1,5 cm nach hinten, bis Sie die hintere Ecke Ihres Motivs in der Schärfe haben. Oder Sie setzen die Kamera auf einen Makroschlitten und bewegen sie zwischen den Aufnahmen immer um gut einen cm nach vorn. Bei der Platine funktionierte beides, manchmal ist der Makroschlitten bei komplizierten Motiven oder bestimmten Objektiveigenschaften im Vorteil, weil Sie sehr präzise arbeiten können. Haben Sie nun die Fokusreihe erstellt, können Sie die einzelnen Bilder beispielsweise in Photoshop, wie in der folgenden Schritt-Anleitung gezeigt, zu einem Bild verrechnen.

Die Schärfenzone ist selbst bei starker Abblendung nur ca. 2 cm tief.

100 mm | f11 | 1/200 s | ISO 400 | indirekter Blitz mit fester Leistung

Schritt für Schritt
Fokus-Stacking mit Photoshop

Sie können unter *www.rheinwerk-verlag.de/4007* (weitere Informationen hierzu finden Sie im Kasten auf Seite 94) und unter *http://fotoschule.westbild.de/links* die Datei *Stacking.zip* herunterladen. So können Sie auch ohne selbst erstellte Aufnahmen das Fokus-Stacking ausprobieren. Entpacken Sie die Datei auf Ihre Festplatte, und schon können Sie beginnen.

[1] Bilder öffnen
Öffnen Sie die Einzeldateien so, dass sie gleich in Ebenen übereinandergelegt werden. Wählen Sie dazu Datei • Skripten • Dateien in Stapel laden, und klicken Sie auf Durchsuchen. Wählen Sie den Ordner, in den Sie die Stacking-Bilder entpackt haben. Klicken Sie auf eines der Bilder in der Dateiauswahlbox, und drücken Sie Strg+A bzw. cmd+A auf dem Mac, um alle auszuwählen.

[2] Ebenen ausrichten
Setzen Sie das Häkchen bei Quellbilder nach Möglichkeit automatisch ausrichten ❶ (siehe folgende Seite), damit gleiche Bereiche in den Ebenen so gut wie möglich übereinanderliegen. Klicken Sie dann auf OK.

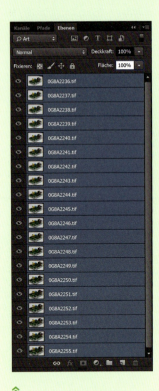

Vor dem Überblenden müssen alle Ebenen ausgewählt sein.

[3] Ebenen anwählen

Blenden Sie über Fenster • Ebenen die Ebenen-Palette ein, falls sie noch nicht zu sehen ist. Klicken Sie auf die oberste Ebene in der Palette, scrollen Sie dann zur untersten, und klicken Sie mit gedrückter ⇧-Taste auf die unterste Ebene, so dass alle gleichzeitig ausgewählt sind.

[4] Ebenen überblenden

Wählen Sie Bearbeiten • Ebenen automatisch überblenden. Klicken Sie auf Bilder stapeln ❷, und setzen Sie das Häkchen vor Nahtlose Töne und Farben ❸. Dadurch passt Photoshop die Übergänge so an, dass keine Helligkeitsunterschiede mehr sichtbar sind. Klicken Sie auf OK.

216 [Best Practice: Makrofotografie]

[5] Bild beschneiden

Da die Ebenen leicht unterschiedlich skaliert werden müssen, ergibt sich ein kleiner Rand, den Sie mit dem Freistellungswerkzeug entfernen können (Taste [C]).

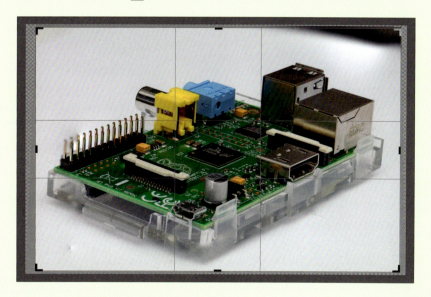

[6] Fehler beseitigen

In die weiße Papierfläche setzt Photoshop manchmal kleine Punkte, die Sie mit dem Reparaturpinsel entfernen können. Die Ebenen sind nun alle mit Ebenenmasken versehen, in denen Sie die Maske noch editieren können, um zum Beispiel den scharfen Bereich über die kleinen Fehler im Bild legen zu können. Das eigentliche Fokus-Stacking ist hier aber schon beendet.

« *Im Endergebnis ist die Platine von vorn bis hinten scharf. Ohne Fokus-Stacking wäre das nur möglich, wenn Sie weiter zurückgehen und die Platine kleiner abbilden, aber dann haben Sie natürlich eine deutlich geringere Gesamtauflösung.*

4.4 Nützliches Zubehör für Objektive

Es ist nicht ganz leicht, zu entscheiden, welches Zubehör Sie tatsächlich brauchen und welches meist ungenutzt in der Fototasche liegt. Im Folgenden gehe ich auf das Zubehör ein, das in meinen Augen sinnvoll ist und das ich selbst sehr viel einsetze.

Konverter | Mit Hilfe von Konvertern – bei Canon heißen sie ja *Extender* – verlängern Sie die Brennweite meist um einen Faktor 1,4 oder 2. Der 2×-Extender von Canon macht beispielsweise aus einem Objektiv mit 200 mm Brennweite ein 400-mm-Teleobjektiv. Die Brennweitenverlängerung hat allerdings auch ihren Preis, und dieser besteht im Absinken der Lichtstärke. Wenn Sie mit Blende f4 fotografieren, sinkt der Blendenwert durch den Einsatz des 2×-Extenders auf Blende f8. Alternativ bietet Canon einen 1,4×-Extender, bei dem der Lichtverlust mit einer Blende nicht so dramatisch ausfällt, allerdings auch die Brennweitenverlängerung nicht so groß ist.

Benötigen Sie nur selten sehr lange Brennweiten, kann zum Beispiel ein 2×-Telekonverter die kostengünstigere Lösung sein und Ihnen in Kombination mit Ihrem 200-mm-Objektiv 400 Brennweite zur Verfügung stellen. (Bild: Canon)

Da die Blendenzahl der Brennweite durch die Objektivöffnung entspricht, steigt sie natürlich um den gleichen Faktor wie die Brennweite. Die Konverter »schlucken« also nicht wirklich so viel Licht, sondern der Blendenwertverlust ergibt sich schon mathematisch aus dem Brennweitengewinn.

Um eine bessere Abbildungsleistung zu gewährleisten, ragen die Canon-Extender etwas ins Objektiv hinein, was sie mechanisch inkompatibel macht mit etlichen Objektiven, deren Linsenaufbau weit nach hinten reicht. Die Extender sind also hauptsächlich mit den weißen Teleobjektiven und Telezooms kompatibel, aber auch mit den schwarzen EF 135 mm f2L USM und EF 200 mm f2,8L II USM.

Mit Hilfe eines Extenders verdoppelte ich die Brennweite für diese Aufnahme. Die Seilbahn von Fuente Dé verschwindet einige Hundert Meter vom Aufnahmestandpunkt in den Wolken.

400 mm | f8 | 1/400 s | ISO 200

An den TS-E-Objektiven lassen sie sich mechanisch auch verwenden, aber die Extender-Verwendung wird elektronisch nicht übermittelt, so dass Sie das in den Exif-Daten später nicht sehen und die Blende im Display nicht angepasst wird.

Auch Firmen wie Sigma oder Kenko bietet entsprechende Konverter an, die mechanisch mit praktisch allen Objektiven kombinierbar sind. Gerade lichtstarke Festbrennweiten reagieren aber oft mit deutlicher Qualitätsverschlechterung auf Konverter oder Zwischenringe. Aus einem 85 mm f1,2L USM II ein 170 mm f2,4 machen zu wollen, ist also keine gute Idee.

Filter | An einer Digitalkamera sind Filter, die die Farbtemperatur anpassen, oder Farbfilter, mit denen Sie einen bestimmten Schwarzweiß-Look erhalten, überflüssig. UV-, Pol- oder ND-Filter sind aber genauso sinnvoll wie zu analogen Zeiten. Ein Infrarotfilter lässt sich heute einfach so verwenden, früher musste man dafür Spezialfilm kaufen.

UV-Filter: Ein UV-Filter ist praktisch wirkungslos; er sperrt UV-Licht aus, aber das tut das Objektiv auch ohne ihn. Trotzdem ist er nicht sinnlos: Viele L-Objektive sind erst dann richtig wetterabgedichtet, wenn ein UV-Filter verwendet wird. Generell kann er helfen, die Frontlinse vor Verkratzung zu schützen, besonders für diejenigen, die Objektivdeckel gerne verlegen oder denen es im Ernstfall zu lange dauert, erst den Deckel zu entfernen. Billige UV-Filter führen zu sichtbaren Unschärfen, und auch die besten verbessern das Bild nicht.

Polfilter: Wenn Licht an nichtmetallischen Oberflächen reflektiert wird, büßt es alle Schwingungsrichtungen außer einer ein; ein Polfilter lässt nur einen sehr engen Bereich dieser Schwingungsrichtungen durch, so dass Sie dieses reflektierte Licht aussperren können. Das führt dazu, dass Sie Reflexionen auf zum Beispiel Glas- oder Wasserflächen minimieren können, aber auch der Himmel oder Laubflächen können dadurch klarer und farbiger erscheinen. An einer EOS 5DS müssen Sie unbedingt einen Zirkular- und keinen Linear-Polfilter verwenden, weil Sie sonst Belichtungsmessung, AF und Sucherbild stark beeinträchtigen. Polfilter sind immer drehbar, damit Sie die Filterwirkung auf eine bestimmte Schwingungsrichtung festlegen können. Profis verwenden diesen Filter meist nur, wenn es wirklich sein muss, da der Look schnell etwas unnatürlich wird und bei Weitwinkelaufnahmen der Himmel winkelabhängig und damit sichtbar ungleichmäßig abgedunkelt wird.

Slim-Filter

Gerade bei Weitwinkelobjektiven kann ein Filter die Vignettierung deutlich erhöhen, weil sein Rand »ins Bild ragt«. Slim-Filter sind flacher gebaut und beschneiden den Strahlengang deutlich weniger, außerdem sind sie etwas leichter.

Adapterringe

Gute Filter sind recht teuer, aber Sie müssen sie nicht für jeden Filterdurchmesser neu kaufen. Wenn Ihre Zooms 77 mm Filterdurchmesser haben und Ihre Festbrennweiten 72 mm, dann reicht ein 72-auf-77-mm-Filteradapter, um die großen Filter auch am kleineren Objektiv zu verwenden.

» *Mit einem ND 3,0 ließen sich hier sogar Sonnenflecken fotografieren. Sie sollten aber bei solchen Aufnahmen trotzdem nicht durch die Kamera schauen, sondern den Livebild-Modus verwenden, um Ihre Augen zu schützen.*

Bildausschnitt aus 600 mm | f13 | 1/4000 s | ISO 100 | ND-Filter 3,0

ND-Filter: ND steht für »Neutral Density« oder »Neutrale Dichte«, das heißt, dieser Filter soll den Lichteinfall verringern, ohne die Farbe zu verändern. In der Praxis sind starke ND- oder auch Graufilter aber meist leicht rötlich, so dass Sie in Raw fotografieren oder zumindest einen manuellen Weißabgleich vornehmen sollten. Ihre Stärke wird logarithmisch angegeben, ein Wert von 0,3 entspricht einer Blende. Ein ND 3,0 dunkelt also 10 Blenden ab, das entspricht einem Faktor von $2^{10} = 1024$. Mit einem ND 3,0 erhalten Sie also eine tausendfach längere Belichtungszeit und können so bei Sonne bei f11 und ISO 100 mit 5 s statt mit 1/200 s Belichtungszeit arbeiten. Das kann reichen, um Personen verschwimmen oder Wasser so komplett verwischen zu lassen, dass sich ein ganz neuer Bildeindruck ergibt.

Verlaufsfilter: Wenn Sie zum Beispiel den Himmel schon während der Aufnahme gegen den Vordergrund abdunkeln möchten, bieten sich Verlaufsfilter an. Diese gehen weich von einem ND-Filter oder Warmtonfilter in einen transparenten Teil über, so dass sie in der Lage sind, eine Bildhälfte ohne sichtbaren Übergang abzudunkeln. Um diesen Übergang dem Bild anpassen zu können, bietet sich ein externer Filterhalter an, der den Filter verschiebbar macht. Meist lassen sich diese Effekte auch gut in der Nachbearbeitung erzielen.

Infrarotfilter: Der Sensor einer Canon EOS hat eine leicht andere spektrale Empfindlichkeit als das menschliche Auge. Um Farbverschiebungen dadurch zu vermeiden, befindet sich vor dem Sensor ein Filter, der Infrarotlicht zum großen Teil aussperrt. Wenn Sie aber einen Filter vor das Objektiv setzen, der alles außer Infrarot sperrt, kommt durch den Filter vor dem Sensor noch genug Infrarotlicht durch, um diesen Spektralbereich für die Bildaufzeichnung zu verwenden. Das führt aber zu deutlich längeren Belichtungszeiten als

« *Die EOS 5DS ist in der Lage, Infrarotaufnahmen zu erstellen, wenn Sie einen Sperrfilter vor das Objektiv setzen und lange Belichtungszeiten oder sehr hohe ISO-Werte verwenden.*

35 mm | f7,1 | 15 s | ISO 200 | IR-Filter 720 nm

üblich, vergleichbar mit einem ND-3,0-Filter. Für die EOS 5DS sind Sperrfilter ideal, die längere Wellenlängen als 720 bis 850 Nanometer (nm) passieren lassen, selbst mit 77 mm Durchmesser bekommen Sie solche Filter schon für gut 30 €. Je höher der Nanometer-Wert, desto länger werden die Belichtungszeiten, und desto extremer wird der Infraroteffekt.

Zwischenringe | Zwischenringe vergrößern den Abstand zwischen Gehäuse und Objektiv. Damit können Sie weiter in den Nahbereich fotografieren, bekommen aber Motive in großer Entfernung nicht mehr scharf. Das Objektiv wird sozusagen »kurzsichtig«. Der Effekt eines Zwischenrings ist umso stärker, je kürzer die Brennweite eines Objektivs ist. So können Sie mit einem 14-mm-Zwischenring und einem 17-mm-Objektiv sogar Objekte scharf fotografieren, die sich direkt auf der Frontlinse befinden. Ein 30-mm-Zwischenring reduziert in Kombination mit einer Festbrennweite von 50 mm die Naheinstellgrenze auf rund 8 cm. Wenn Sie die Kameraautomatik weiterhin nutzen möchten, sollten Sie zu Automatikzwischenringen greifen, da dann die Kamerainformationen auf das Objektiv übertragen werden. Die Scharfstellung auf die Entfernung »Unendlich« ist mit einem Zwischenring nicht möglich, so dass Sie diesen nach der Makroaufnahme wieder entfernen sollten.

Ein Zwischenring verlängert den Auszug eines Objektivs. Hier sorgt er zudem dafür, dass sich das EF-S 60 mm f2,8 Macro USM anschließen lässt, was sonst nur an APS-C-Kameras möglich ist.

Umkehrringe | Der Umkehrring ermöglicht ebenfalls eine starke Vergrößerung Ihrer Aufnahmen, da hier das Objektiv genau umgekehrt und über das Filtergewinde an der Kamera befestigt wird. Mit kurzen Brennweiten bekommen Sie so Abbildungsmaßstäbe hin, die noch größer als bei Makroobjektiven sind. Allerdings haben Sie dann auch einen extrem kurzen Abstand zwischen Objektiv und Motiv.

Balgengerät | Die stärkste Vergrößerung eines Motivs lässt sich durch den Einsatz eines Balgengeräts erreichen. Das Gerät erinnert an eine Ziehharmonika, wobei das eine Ende mit der Canon EOS 5DS und das andere Ende mit dem Objektiv lichtdicht verbunden wird. Durch Ziehen variieren Sie nun den Abstand zwischen Objektiv und Kamera und beeinflussen so den Abbildungsmaßstab. Durch einen weiten Abstand erreichen Sie Abbildungsmaßstäbe, die Vergrößerungen wie bei einem Mikroskop erlauben. An das Balgengerät sollten Sie idealerweise nur Makroobjektive oder Vergrößerungsobjektive aus dem Fotolaborbereich und keine Standardobjektive anschließen.

Das EF-S 24 mm STM wurde hier mit einem Umkehrring an die EOS 5DS R angeschlossen.

BEST PRACTICE
Ein Objektivsystem aufbauen

Wenn ich heute neu anfangen müsste, mir Objektive zu kaufen, würde ich es ähnlich machen wie 1998, als ich in das EOS-System einstieg. Ein Weitwinkelzoom, heute das EF 16–35 mm f4L IS, ein Telezoom, das EF 70–200 mm f2,8L IS II USM (oder die Version mit f4, wenn ich mehr auf das Gewicht oder den Preis achten würde), und dazwischen ein Normalobjektiv, das EF 50 mm f1,8 STM oder Sigma 50 mm f1,4 DG HSM [Art]. Im günstigsten Fall hat man so den Bereich von 16 bis 200 mm in guter Qualität mit ca. 2 000 € abgedeckt. Bei der f2,8-Version des 70–200-mm-Objektivs bringt ein 2fach-Extender für wenige Hundert Euro mehr sogar 400 mm. Danach würde wohl ein 100-mm-Makro meine Wunschliste anführen. Bei größerem Budget wäre das neue EF 24–70 mm f2,8L II USM ein guter Start, den man mit dem 70–200 mm f2,8L IS II nach oben ergänzen könnte. Danach kämen zum Beispiel das 17er-TS-E und die beiden Extender und das 100 mm f2,8L Makro, aber hier kommt es wirklich darauf an, wo Ihre fotografischen Schwerpunkte liegen. Ich will nicht sagen, dass das EF-Programm gar keine Wünsche offenlässt, aber Sie werden mit Sicherheit alles finden, was Sie brauchen, vor allem, wenn Sie die Fremdanbieter einbeziehen.

In den letzten Jahren sind die Objektive immer besser geworden, 2009 hatte man fast das Gefühl, dass die Entwicklung einen Sprung macht. Viele Objektive, auch bei Fremdherstellern, sind in überarbeiteten Versionen erschienen, die mechanisch und optisch deutlich besser sind als ihre Vorgänger. Wenn die Bilder der EOS 5DS nicht Ihren Erwartungen entsprechen, kann es sich lohnen, sie einmal mit neueren Objektiven zu testen. Vergessen Sie aber nie, dass es in der Fotografie nicht um technische Perfektion geht, sondern um die Wirkung der Bilder auf den Betrachter. Manchmal kann die Technik dabei aber helfen.

Der unmittelbare Qualitätszuwachs bei der Bildauflösung bei der EOS 5DS war so groß, dass ich meine anderen Kameras nicht mehr so gerne in die Hand genommen habe, weil der Unterschied einfach zu groß war. Die EOS 5D Mark III habe ich daraufhin verkauft, auch wenn sie bei sehr hohen ISO-Werten vielleicht noch Vorteile hat. Selbst wenn ich die Gesamtauflösung von 50,6 Megapixeln praktisch nie brauche, führt sie doch oft dazu, dass ich ein Bild noch beschneiden und groß drucken kann, das ich früher hätte aussortieren müssen. Heutige Objektive sind so gut, dass man sogar noch höher aufgelöste Sensoren als den der EOS 5DS sinnvoll verwenden kann. Canon hat gerade ein EF 35 mm f1,4L USM II an einen 250-Megapixel-APS-H-Sensor angeschlossen und damit die Beschriftung eines 18 km entfernten Flugzeugs lesen können. APS-H ist 1,3-mal kleiner als Vollformat, das 35er also ein Normalobjektiv für diesen Sensor. Behalten Sie das im Hinterkopf, wenn Ihnen mal wieder jemand etwas von der »Megapixellüge« erzählen möchte. Oder zeigen Sie einfach eine Bilddatei der EOS 5DS, die wird auch jeden Zweifler überzeugen. Die Auflösung ist jetzt schon weit über der des menschlichen Auges, so dass es fast normal wird, auf einem Foto Dinge zu entdecken, die man vor Ort gar nicht gesehen hat. Ich habe mich dabei ertappt, wie ich Fotos von entfernten Tieren aufnahm, um sie dann in der 1:1-Vergrößerung des Kameradisplays besser bestimmen zu können. Dafür benötigte ich nicht einmal ein Teleobjektiv. Auch wenn der 250-Megapixel-Sensor eher eine Speziallösung ist, die Entwicklung eines 120-Megapixel-Sensors für eine Vollformat-DSLR hat Canon im September 2015 offiziell angekündigt.

Trotzdem sollten Sie nicht versuchen, bei jedem Foto die 50,6 Megapixel auch zu nutzen. Oft ist das schöne Bokeh bei Offenblende wichtiger als die bessere Bildschärfe zwei Stufen weiter abgeblendet. Oder die Bewegungsunschärfe macht Ihr Bild viel lebendiger als die eingefrorene Variante, bei der jedes Motivdetail genau zu erkennen ist.

Auch mit einer EOS 5DS dürfen Sie unscharfe Bilder aufnehmen. Manchmal geben diese die Stimmung genauer wieder als perfekt scharfe.

50 mm | f2 | 1,3 s | ISO 100

Kapitel 5
Blitzfotografie

Blitz und Schärfe   227

Das Funkblitzsystem in der Praxis   228

Externe Blitzgeräte im Überblick   251

Best Practice
- Mehrere Funkblitze verwenden   247
- GPS-Daten in Bilder einbetten   257

5 Blitzfotografie

Die EOS 5DS ist eine Kamera, die auf optimale Qualität bei eher niedrigen ISO-Werten optimiert wurde. Kurze Belichtungszeiten und etwas geschlossene Blenden helfen, die Schärfe so hoch zu halten, wie der Sensor sie für optimale Ergebnisse verlangt. Sie kommen so sehr schnell in Belichtungssituationen, in denen Sie eine bessere technische Qualität mit Blitz erhalten können. Wenn Sie den Einsatz von Blitzgeräten wirklich beherrschen, können Sie damit auch eine bessere gestalterische Qualität erzielen.

Canon hat als erster Kamerahersteller die Steuerung externer Blitze auf Funk umgestellt, so dass Sie Blitze ohne direkte Sichtverbindung und in Entfernungen bis zu 30–100 m fernauslösen können. Sie kön-

Blitzreichweite und Leitzahl

Die Reichweite eines Blitzes wird mit der *Leitzahl* (LZ) angegeben. Wenn Sie die Leitzahl durch den Blendenwert teilen, erhalten Sie die Entfernung in Metern, die der Blitz bei ISO 100 ausleuchten kann. Das bedeutet, dass zum Beispiel bei Blende f2,8, ISO 100 und 200 mm Brennweite, bei der das Speedlite EX600-ST eine Leitzahl von 60 hat, die Blitzreichweite bei gut 21 m liegt.

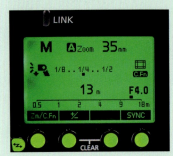

⌃ *Da die EOS 5DS dem Blitz Brennweite, Blende und ISO-Wert mitteilt, kann dieser die Reichweite berechnen und im Display anzeigen.*

Auch das 600EX-RT und das 430 EX III-RT nutzen die Leitzahl, um die Blitzreichweite anzuzeigen. Hier kommt der Blitz bei ISO 400 und 1/4 Leistung auf 13 m bei f4. Der Zoomreflektor ist für 35 mm an APS-C eingestellt.

Canon gibt die Leitzahl immer für den engsten Leuchtwinkel (= längste Brennweite des Zoomreflektors) des jeweiligen Blitzes an. (Ohne weitere Erklärung zur Ermittlung der Leitzahl können Sie diesen Wert also nicht einfach zwischen Blitzgeräten verschiedener Hersteller vergleichen.)

Bei Blende f4 ergibt das also eine Reichweite von 15 m. Für 70 mm Brennweite sinkt der Wert auf 12,5 m, bei 35 mm auf 9 m, bei 24 mm auf 7 m und bei 14 mm auf 3,8 m.

Wenn Sie den ISO-Wert vervierfachen, verdoppeln Sie die Leitzahl und damit die Reichweite des Blitzes. Bei ISO 400 kommen Sie mit 35 mm bei Blende f4 so auf 18 m, bei ISO 1600 auf 36 m.

nen mit Ihrer EOS 5DS bis zu fünf unterschiedliche Blitzgruppen per Funk und mit Belichtungsautomatik und High-Speed-Sync fernsteuern. Ein mächtigeres Blitzsystem bietet zum Zeitpunkt der Einführung der EOS 5DS kein anderer Kamerahersteller.

5.1 Blitz und Schärfe

Um die Gesamtschärfe Ihrer Aufnahmen zu erhöhen, haben Sie, neben einer möglichst exakten Scharfstellung, hauptsächlich drei Möglichkeiten:
1. Etwas abblenden, damit die Objektivschärfe und die Schärfentiefe zunehmen. Der Nachteil dabei ist, dass Sie, um die gleiche Belichtung zu erhalten, die Belichtungszeit erhöhen oder den ISO-Wert erhöhen müssen.
2. Verkürzen Sie die Belichtungszeit, um die Bewegungsunschärfe des Motivs oder das Verwackeln der Kamera zu verringern.
3. ISO-Wert verringern, um das Rauschen zu vermindern, den Kontrast und den Dynamikumfang zu verbessern. Die Detailauflösung nimmt bei höheren ISO-Werten deutlich ab.

Wenn Sie von gleicher Helligkeit ausgehen, werden Sie feststellen, dass Sie von diesen drei Möglichkeiten immer nur ein oder zwei wählen können und bei den anderen eine Verschlechterung in Kauf nehmen müssen. Es gibt allerdings Motive, bei denen das nicht ausreicht. Nehmen Sie zum Beispiel die Makroaufnahme einer Biene. Für die Schärfentiefe benötigen Sie mindestens eine eingestellte Blende von etwa f10, was bei dem Abbildungsmaßstab von etwas unter 1:1 ca. f16 entspricht, als Belichtungszeit mindestens 1/1000 s, weil die Biene beim Blütenstaubsammeln nervös hin und her wedelt. Bei bestem Sonnenschein kommen Sie so schon auf ISO 1 000, bei schwächerem Licht auf weit höhere Werte, die die Bildqualität deutlich beeinträchtigen.

Wenn Sie nun in einer solchen Situation den Blitz hinzunehmen, haben Sie genug Licht, um eine geschlossenere Blende

Gerade im Makrobereich lässt sich die volle Schärfe der EOS 5DS oft nur mit Blitz ausnutzen.

100 mm | f13 | 1/200 s | ISO 100 | Ringblitz | Bildausschnitt

und niedrige ISO-Werte zu wählen. Wenn das Umgebungslicht dann schon sehr dunkel abgebildet wird, können Sie mit 1/200 s arbeiten und die viel kürzere Leuchtdauer des Blitzes ausnutzen, mit der sich Motive »einfrieren« lassen (siehe Seite 242). Oder Sie nutzen die Möglichkeit, auch mit kürzesten Verschlusszeiten zu blitzen, die sogenannte *High-Speed-Synchronisation* (HSS, siehe Seite 233). So erhalten Sie eine Detailauflösung, die Sie ohne Blitz unmöglich erreichen würden.

5.2 Das Funkblitzsystem in der Praxis

Das Canon-Blitzsystem ist von vornherein für den Einsatz entfesselter Blitze optimiert worden, das heißt für den Einsatz von Blitzen, die unabhängig von der Kamera im Raum positioniert werden können und so völlige Freiheit bei der Lichtgestaltung lassen. Früher war diese Möglichkeit durch die Notwendigkeit einer direkten Sichtverbindung (Infrarotsteuerung) zwischen Blitz und Steuergerät auf der Kamera eingeschränkt. Profis verwendeten deswegen gerne Fremdhersteller-Lösungen, die die Steuersignale zwischen Blitz und Kamera per Funk übertrugen. PocketWizard hat mit dem MiniTT1 und dem FlexTT5 eine Kombination von Sender und Transmitter auf den Markt gebracht, die auch ohne 600EX-RT oder 430EX III-RT, also mit allen anderen Blitzen, eine hervorragende Funksteuerung ermöglicht. Inzwischen gibt es eine Vielzahl chinesischer Lösungen, die die E-TTL-Übertragung per Funk ebenfalls beherrschen.

Mehrere Blitze automatisch über die Kamera zu steuern, ist mit Canons Funkblitzen sehr einfach.

50 mm | f8 | 1/200 s | ISO 200 | drei Speedlite 600EX-RT

Mit den Funkblitzen hat Canon aber ein System entworfen, dessen Möglichkeiten noch darüber hinausgehen und dessen Bedienung sehr durchdacht ist. Wenn Sie sich ein Blitzsystem noch ganz neu zusammenstellen können oder wollen, dann wird das Canon-System interessanter sein als eine Fremdherstellerlösung.

Das Blitzmesssystem E-TTL II

Welche Blitzstärke erforderlich ist, um das Motiv gut zu belichten, misst die EOS 5DS mit der sogenannten *E-TTL-II-Methode* vor jeder Aufnahme. E-TTL bedeutet *Evaluative through the Lens* (Belichtungsmessung durch das Objektiv), und die II steht für die Weiterentwicklung dieser Technik.

Wenn Sie den Auslöser herunterdrücken, wird kurz vor der eigentlichen Aufnahme ein Messblitz mit geringer Intensität ausgesendet. Die Kamera kann so die Belichtungssituation des Motivs analysieren und die korrekte Blitzstärke auf dieser Basis bestimmen. Diese Informationen werden an den Blitz weitergeleitet, so dass beim eigentlichen Auslösen eine korrekte Beleuchtung erreicht wird.

Dazu muss der Blitz nicht auf der Kamera sitzen; diese Methode funktioniert auch mit mehreren Blitzen, die nur per Funk- oder Lichtsignal von einem Blitz oder Speedlite-Transmitter auf der Kamera gesteuert werden. Wenn Sie mehrere Blitze in mehreren Gruppen verwenden, dann wird pro Blitzgruppe ein Messblitz ausgelöst und die Blitzleistung der bis zu fünf Gruppen separat geregelt.

Die übermittelte Entfernungseinstellung des Objektivs wird ebenfalls mit in die Blitzleistung eingerechnet, jedenfalls, wenn der Blitz direkt auf der Kamera sitzt. So wird zum Beispiel eine schwarze Katze auf schwarzem Grund nicht hoffnungslos überblitzt, weil die Blitzautomatik über die Entfernung auch die richtige Leistung ausrechnen kann. Die Blitzleistung ist also eine Kombination aus Messblitzauswertung und Entfernungsmessung. Manche Objektive wie zum Beispiel das Canon EF 50 mm f1,4 USM unterstützen allerdings keine Entfernungsmessung, so dass dort nur auf den Messblitz zurückgegriffen wird.

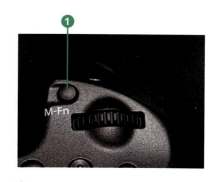

Über die M-Fn-Taste ❶ wird ein Messblitz ausgelöst und die dann ermittelte Blitzstärke gespeichert.

Die Belichtungsmessung erkennt auch beim Blitzen Gesichter und stimmt die Lichtmenge darauf ab.

50 mm | f1,8 | 1/40 s | ISO 1 000 | Speedlite 600EX-RT, Blitzkorrektur +2/3 LW

Durch den neuen Belichtungsmesssensor der EOS 5DS ist die Blitzmessung aber auch schon ohne Entfernungsberücksichtigung deutlich besser als bei den anderen Canon-DSLRs, ausgenommen die 1 DX und die EOS 7D Mark II, die ein ähnliches System verwenden. Wenn Sie zum Beispiel mit einer älteren Canon-DSLR eine Person in einem dunklen Raum blitzen, dann wird der Gesamteindruck oft zu hell; wenn das Gesicht nur klein im Bild erscheint, können die Lichter sogar ausfressen. Die EOS 5DS kann das Gesicht erkennen und die Belichtung anpassen, die Belichtungsmessung ist durch die höhere Auflösung ohnehin feiner und stimmt besser mit dem Augeneindruck überein.

Es kommt aber manchmal vor, dass die Funkblitze zu viel Licht abgeben, was recht häufig daran liegt, dass die Batterien im Sender oder in einem der Empfänger schwach sind und es dadurch zu Fehlübertragungen kommt.

Einfluss auf die Blitzleistung

Sobald Sie einen Vorsatz am Blitz befestigen, der die Lichtcharakteristik verändert, wird er auch die Blitzleistung verändern. Wenn Sie dann noch ein Objektiv mit Entfernungsweitergabe verwenden, wird die Blitzleistung oft zu gering ausfallen, da die Blitzautomatik E-TTL II wegen der verminderten Blitzleistung ein dunkleres Motiv vermutet.

Das bedeutet aber auch, dass die Blitzlichtmessung ganz anders ausfallen kann, wenn Sie das Objektiv wechseln. Ein EF 50 mm f1,8 II wird mit Ringblitzvorsatz heller belichten als ein EF 50 mm f1,8 STM, weil ersteres keine Entfernungsdaten an die Kamera liefert. Die Kamera und der Blitz »wissen« ja nicht, dass eine Softbox oder ein anderer Vorsatz das Licht schluckt. Die Blitzbelichtungskorrektur der EOS 5DS erlaubt Anpassungen um bis zu drei Blendenstufen in jede Richtung, was in der Praxis auch für recht extreme Blitzvorsätze ausreicht.

Blitzbelichtungsmesswert speichern

Die Blitzbelichtungsmessung der EOS 5DS ist meist sehr ausgewogen. Wenn Sie es aber mit schwierigen Motiven zu tun haben, zum Beispiel mit starken Reflexionen, dann können Sie einen unkritischen

Bereich des Motivs oder auch eine Graukarte mit dem mittleren Bereich des Suchers anvisieren und mit der M-Fn-Taste einen Messblitz auslösen. Die anhand der Belichtungsmessung ermittelte Blitzstärke wird dann gespeichert. Die Automatik bewertet zum Ermitteln der Blitzstärke dann ausschließlich die Belichtungssituation in dem kleinen Kreis in der Mitte, der auch für die Spotmessung verwendet wird (siehe Seite 107), und lässt den Rest des Bildes unberücksichtigt. Im Sucher erscheint für einen kurzen Moment die Anzeige FEL (*Flash Exposure Lock*). Schwenken Sie zurück auf den ursprünglichen Bildausschnitt oder nehmen Sie die Graukarte wieder aus dem Bild, und machen Sie anschließend das gewünschte Foto. Der normale Blitz wird nun ausgelöst, und das Motiv wird unabhängig vom Umfeld entsprechend der vorangegangenen Messung korrekt belichtet. Die Speicherung bleibt für 15 Sekunden aktiv, auch wenn Sie mehrere Aufnahmen machen.

Blitzbelichtungskorrektur

Analog zur Dauerlichtmessung lässt sich auch für die Blitzmessung eine Belichtungskorrektur festlegen. Sie können diese an der Kamera oder am Blitz einstellen. Dabei müssen Sie aber Folgendes beachten: Sobald Sie eine Belichtungskorrektur am Blitz gewählt haben, können Sie sie an der Kamera nicht mehr verändern. Andersherum ist das aber kein Problem. Die Belichtungskorrektur im Blitz geht also vor und blockiert, wenn sie nicht auf null steht, die Blitzbelichtungskorrektur in der Kamera.

Über die ⚡-*Taste oder den Schnelleinstellungsbildschirm per* Q-*Taste können Sie die Blitzbelichtungskorrektur nur einstellen, wenn im Blitz selbst nicht schon eine gespeichert ist.*

Die Belichtungskorrekturen für Blitz und Dauerlicht sind völlig unabhängig voneinander, und so können Sie das Verhältnis von Blitz und vorhandenem Licht einfach über zwei Korrekturwerte einstellen. So können Sie zum Beispiel das vorhandene Licht zwei Blenden unterbelichten und den Blitz ganz leicht überbelichten, dann erhalten Sie eine Dämmerungsstimmung mit dem Blitz als eindeutigem Hauptlicht. Oder Sie belichten das vorhandene Licht leicht über und den Blitz etwas unter und erhalten eine helle Stimmung mit aufgehellten Schatten.

Die Blitzmessung geht – wie die Belichtungsmessung auch – von einem Motiv mittlerer Helligkeit aus (siehe dazu auch Seite 131). Wenn Sie hellere Motive fotografieren, empfiehlt sich eine Pluskorrektur. Wenn ein Motiv dunkel ist oder nur einen sehr kleinen Teil des Bildes einnimmt, dann sollten Sie den Blitz etwas unterbelichten. Wenn Sie von einer anderen Canon-DSLR kommen, werden Sie feststellen, dass Sie seltener als vorher korrigieren müssen, weil die Verbesserung der Belichtungsautomatik auch im Blitzbereich zu spüren ist.

> ### Auto ISO und Blitz
>
> Normalerweise stellt die Kamera bei Auto ISO immer ISO 400 ein, sobald ein Blitz verwendet wird. Es gibt allerdings drei Ausnahmen: In der Vollautomatik ist der Bereich von ISO 100 bis 1 600 automatisch nutzbar, und in der Programmautomatik kann Auto ISO den Bereich von ISO 400 bis ISO 1 600 verwenden, allerdings hier nur, sobald Sie den Reflektor des externen Blitzes etwas hoch- oder herunterklappen. Eine Abweichung von ISO 400 werden Sie auch dann manchmal feststellen, wenn Sie SAFETY SHIFT auf ISO-EMPFINDLICHKEIT gestellt und den Blitz nicht auf HSS eingestellt haben.

Beim 600EX-RT werden ein Gelfilterhalter und zwei Filterfolien mitgeliefert; so können Sie auch bei Kunstlicht blitzen, ohne eine zu starke Farbabweichung zwischen Blitzlicht und Kunstlicht zu erhalten. Die schwächere der beiden Filterfolien erzeugt nur leicht wärmeres Licht.

Eine Unterbelichtung des Blitzanteils ist dann sinnvoll, wenn Sie nur die Schatten aufhellen wollen, die sich durch das Dauerlicht, zum Beispiel die Sonne, ergeben. Wenn das Dauerlicht eine deutlich unterschiedliche Farbtemperatur zum tageslichtähnlichen Blitzlicht aufweist, sieht eine solche Aufhellung oft unschön aus. Dem Speedlite 600EX-RT sind zwei Gelfilter beigelegt, die die Farbtemperatur des Blitzes wärmer machen und so eine ähnliche Lichtfarbe wie Kunstlicht erzeugen. Der Blitz überträgt die neue Farbtemperatur an die Kamera, die diese im Weißabgleichmodus AWB oder BLITZ zum Weißabgleich verwendet.

Wenn Sie mehrere Blitze fernsteuern, wirkt die Belichtungskorrektur auf das Gesamtergebnis aller Blitze. So können Sie sehr schnell die Helligkeit anpassen, auch wenn Sie komplizierte Lichtaufbauten mit mehreren Blitzgruppen eingerichtet haben.

Ich habe mir angewöhnt, die Korrektur nur an der Kamera einzustellen – erstens, weil das über den berührungsempfindlichen Bildschirm sehr schnell möglich ist, und zweitens, weil es immer irritiert, wenn eine Funktion in der Kamera blockiert ist.

Blitzbelichtungsreihe | Bei einer Blitzbelichtungsreihe nimmt die Kamera drei Aufnahmen mit unterschiedlicher Blitzleistung hintereinander auf. Bei starker Blitzleistung ist das weniger sinnvoll, weil die

Wiederaufladezeiten des Blitzes die mögliche Arbeitsgeschwindigkeit begrenzen, da die Kamera auf den Blitz wartet. Die Funktion ist aber interessant, wenn Sie im Studio bei Sachaufnahmen Belichtungssicherheit haben möchten oder in einer schlecht vorhersagbaren Situation ein Bild mit korrekter Blitzbelichtung benötigen. Die meisten Fotografen werden allerdings eher selten in eine Situation kommen, in der sie diese Funktion wirklich benötigen.

Synchronzeit

Der Verschluss der Kamera bildet die kürzeren Belichtungszeiten, indem er nur noch einen Schlitz über den Sensor laufen lässt, der umso schmaler wird, je kürzer die Belichtungszeit ist. Die längste Belichtungszeit, die noch ohne Schlitz gebildet wird, bei der der Sensor also komplett freigelegt wird, heißt *Synchronzeit*; bei der EOS 5DS beträgt diese 1/200 s.

Wenn Sie mit einer Studioblitzanlage oder anderen manuellen Blitzen arbeiten, müssen Sie also eine Zeit länger oder gleich der Synchronzeit einstellen, um keine Abschattungen zu erhalten. Wollen Sie bei Sonnenlicht blitzen, kommen Sie so bei 1/200 s und ISO 100 schon ungefähr auf Blende f11, um das Tageslicht nicht überzubelichten. Würden Sie weiter aufblenden, würden die sonnenbeschienenen Bereiche viel zu hell. Die Canon-Speedlites und auch ein paar Fremdblitze beherrschen deswegen die *High-Speed-Synchronisation* (HSS), so dass Sie mit kürzeren Zeiten auch offenere Blenden verwenden können.

Bei 1/500 s ist etwas mehr als das untere Drittel des Bildes bereits ohne Blitzlicht, weil der Verschluss es abschattet. Bei 1/200 s wäre das Blitzlicht auf dem gesamten Bild zu sehen.

100 mm | f10 | 1/500 s | ISO 100 | ein vollmanueller Aufsteckblitz (YN-560 III)

High-Speed-Synchronisation (HSS)

Normalerweise ist die kürzestmögliche Verschlusszeit beim Blitzen auf 1/200 s begrenzt, weil der Verschluss ganz geöffnet sein muss, um den Blitz nicht abzuschatten. Wenn Sie bei Sonnenlicht zum Beispiel für Porträts mit relativ kleinen Blendenwerten arbeiten möchten, ist das noch deutlich zu lang. Alle Geräte der Speedlite-Serie von Canon bis auf das 90EX beherrschen deshalb die *High-Speed-Synchronisation*. Dabei bleibt der Blitz während der gesamten Verschlussöffnungsdauer aktiv und sendet viele Blitze hintereinander aus, die in ihrer Leistung jeweils schwächer sind als ein Blitz im normalen Modus. Dafür sind aber kürzere Verschlusszeiten als 1/200 s möglich. Auch mit 1/8000 s können Sie so mit den Speedlites noch blitzen. Der Leistungsverlust

⌃
Mit offener Blende bei Sonne blitzen, das geht nur mit HSS.

50 mm | f2 | 1/2500 s | ISO 100 | Speedlite 600EX-RT auf der Kamera mit Ringblitzvorsatz und HSS

durch die zahlreichen schwächeren Blitze ist in der Praxis wenig dramatisch, weil Sie die Blende weiter öffnen und so die Blitzreichweite wieder verlängern können.

Wenn Sie nur Speedlites im Einsatz haben, können Sie die Funktion der High-Speed-Synchronisation immer eingeschaltet lassen. Sie sind dann frei in der Verschlusszeitenwahl, haben aber keine Nachteile in der Blitzleistung bei längeren Zeiten. Auch in der Sportfotografie ist dies eine wichtige Funktion, weil die Bewegungen der Sportler während 1/200 s schon verwischen können. Sie würden zwar durch den Blitz eingefroren, aber trotzdem überlagert durch ein etwas bewegungsunscharfes Bild, das durch das vorhandene Licht erzeugt wird. Mit 1/2000 s hingegen ist die Bewegung scharf eingefangen, obendrein ist die Beleuchtungsdauer von Blitz und vorhandenem Licht dann identisch, weil der Blitz während der ganzen Belichtungszeit dauerhaft Licht abgibt. So erhalten Sie keine unterschiedliche Bewegungsunschärfe für den Blitzanteil und das Dauerlicht.

Blitzfunktion Supersync

Manchmal lesen Sie in Beschreibungen von Blitzsystemen auch von Supersync. Das ist nicht zu verwechseln mit High-Speed-Sync. Supersync löst einen langen Blitz (ca. 1/200 s) aus, wenn der Verschluss gerade geöffnet wird. Das geht meist nur, wenn der Blitz auf voller Leistung steht, und selbst dann wird er über die Verschlussdauer dunkler. Supersync ist also bei weitem nicht so flexibel und gleichmäßig wie High-Speed-Sync.

Synchronisation auf den zweiten Verschluss

Normalerweise wird der Blitz ausgelöst, sobald der Verschluss gerade eben offen ist. Sie können die Synchronisation des Blitzes aber auch so legen, dass der Blitz ausgelöst wird, kurz bevor der Verschluss wieder schließt. Das ist vor allem dann wichtig, wenn sich unscharfe Bewegungen und scharfes Blitzbild bei langen Zeiten überlagern. Es sieht meist natürlicher aus, wenn die Bewegungslinien dem Motiv folgen, als

«
Um die Lichtspuren hinter dem Roller aufs Bild zu bekommen, blitzte ich auf den zweiten Verschlussvorhang. So wurde die Bewegung erst zum Ende der Belichtung durch den Blitz »eingefroren«.

50 mm | f8 | 1 s | ISO 1 000 | Blitz auf der Kamera

wenn sie ihm vorauseilen. Bei Comicfiguren erscheinen die Striche, die die Bewegung symbolisieren, ja auch hinter der Figur und nicht davor.

Verwenden Sie den Blitz als Masterblitz, können Sie leider nicht auf den zweiten Verschlussvorhang blitzen. Wenn Sie diese Möglichkeit aber dennoch einmal mit externen Blitzen nutzen wollen, können Sie den Blitz auf der Kamera auf manuell stellen und auf den zweiten Verschlussvorhang auslösen und die externen Blitze per Fotozelle mitblitzen lassen. Es gibt dafür kleine Sensorauslöser, die eine Fotozelle mit einem Blitzschuh verbinden; viele Blitze, wie der Yongnuo YN-560, haben eine Fotozelle schon eingebaut.

≈
Auch beim externen Blitz lässt sich nur auf den 2. Verschlussvorhang synchronisieren, wenn die Masterfunktionen abgeschaltet sind.

Vollmanuelle Blitztechnik

Wenn Sie ganz ohne Blitzautomatik auskommen wollen und können, reichen einfache Blitze wie das Yongnuo YN560 und günstige Funkauslöser und (ab dem YN560-III bereits eingebaute) Funkempfänger auch für komplizierte Lichtaufbauten aus. Sie erhalten damit eine komplett kontrollierte Lichtsituation, weil Sie alle Blitzstärken manuell vorgeben und Ihnen keine Automatik dazwischenfunkt. Außerdem können Sie so günstige Technik verwenden, dass Sie ohne große Kosten mit vielen Blitzen gleichzeitig arbeiten können.

»
Kamerablitze sind leicht, akkubetrieben und sehr portabel. Wenn Sie einmal etwas mehr Leistung benötigen, können Sie zum Beispiel mit einem Dreifachneiger drei Blitze gleichzeitig auf einem Stativ verwenden.

⚞
Für die einfache Fernauslösung hat sich der RF-602 von Yongnuo bewährt.

Funkauslöser | Zur Auslösung eignen sich Funkauslöser wie die Yongnuo RF-602 oder RF-603. Einen Sender und einen Empfänger bekommen Sie schon ab 30 €, weitere Empfänger für gut 20 € pro Stück. Die Reichweite liegt je nach Umfeld zwischen 30 und 100 Metern. Eventuell müssen Sie die Synchronzeit auf 1/160 s verlängern, um schwarze Balken am unteren Bildrand zu vermeiden, weil die Funkübertragung eine minimale Zeitverzögerung erzeugt und der Blitz so ein klein wenig später zündet. Mit einem Verbindungskabel zwischen Empfänger und Kamera können Sie auch die EOS 5DS fernauslösen. Teurer, aber bei Profis sehr beliebt sind die Fernauslöser von PocketWizard, von denen es auch eine Variante mit E-TTL gibt. E-TTL-Auslöser sind aber auch günstiger zu haben: Ein Paar YN-622C von Yongnuo bekommen Sie bereits für ca. 70 €, mit einem Sender, den Sie komfortabel über ein LCD-Display steuern können, zusammen für ca. 100 €.

Wenn Sie ein Speedlite 600EX-RT oder 430EX III-RT haben, können Sie natürlich die eingebaute Funksteuerung verwenden und benötigen keine zusätzlichen Geräte. Der Vorteil der einfachen Methode mit den genannten Alternativprodukten ist, dass Sie einen günstigen Blitz zusammen mit einem Fernauslöser von Fremdherstellern bereits für ca. 100 € neu bekommen, während das 600EX-RT und ein ST-E3-Speedlite-Transmitter zusammen ca. 650 € kosten (mit einem 430EX III-RT immer noch ca. 500 €).

Kamera vom Blitz auslösen | Wenn Sie einfach verschiedene Lichtrichtungen mit dem externen Blitz ausprobieren möchten, können Sie die Kamera auf ein Stativ stellen und mit dem Blitz herumwandern. Die Kamera lässt sich vom 600EX-RT oder 430EX III-RT per Funk fernauslösen; das 320EX kann die Kamera immerhin per Infrarot auslösen, was aber eine direkte Sichtverbindung voraussetzt. Wenn Sie ohnehin einen separaten Funkauslöser besitzen, können Sie auch mit ihm die Kamera auslösen und jeden Blitz verwenden.

Schritt für Schritt
Kamera vom Blitz fernauslösen

[1] Bereiten Sie die Kamera vor
Für die Vorbereitung müssen Sie nicht mehr machen, als die eingeschaltete Kamera auf ein Stativ zu setzen. Stecken Sie anschließend den Speedlite-Transmitter ST-E3-RT in den Blitzschuh, und schalten

Sie ihn ein. Alternativ können Sie auch ein 600EX-RT oder 430EX III-RT verwenden, das Sie in den Modus MASTER/FUNKBETRIEB bringen. Wenn dieses nicht mitblitzen soll, drücken Sie auf den rechten Knopf unter dem Display ❷ für MENU 2 und danach auf den linken unter den Blitzsymbolen ❶, um die Blitzfunktion des Masters auszustellen.

[2] Bereiten Sie den Blitz vor
Schalten Sie den Funkblitz ein, und bringen Sie ihn in den Modus SLAVE/FUNKBETRIEB/ETTL. Drücken Sie einmal auf den linken Knopf, so dass MENU 2 erscheint.

[3] Mit dem Blitz die Kamera auslösen
Nehmen Sie die Position ein, aus der Sie blitzen wollen. Drücken Sie auf den linken Knopf, über dem REL steht (englisch *release* = auslösen). Der Slave-Blitz in Ihrer Hand sendet nun das Auslösesignal über den Speedlite-Transmitter oder den Blitz auf der Kamera an die EOS 5DS. Die Kamera veranlasst nun den Slave in Ihrer Hand, einen Messblitz auszulösen, berechnet die richtige Blitzbelichtung, sendet die Daten per Funk an den Blitz, öffnet den Verschluss und gibt den Blitzbefehl per Funk an den Slave.

Wenn Sie diese Technik auch mit einer älteren Kamera wie zum Beispiel der EOS 7D oder EOS 5D Mark II verwenden möchten, benötigen Sie dazu ein Kabel, das den Transmitter oder den Blitz mit dem Fernauslöseanschluss der Kamera verbindet. Canon hat ein solches Kabel unter der Bezeichnung SR-N3 im Programm.

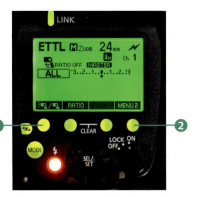

Wenn Sie ein 600EX-RT auf der Kamera haben, die Sie fernsteuern wollen, sollten Sie es als Master ohne Mitblitzfunktion einstellen.

Das Kabel SR-N3 macht auch ältere Kameras über den Speedlite-Transmitter ST-E3-RT oder das 600EX-RT fernauslösetauglich. (Bild: Canon)

Den alten Borgward beleuchtete ich von schräg links mit Blitz. Die Kamera wurde vom Blitz ausgelöst.

24 mm | f7,1 | 1/5 s | ISO 200 | Speedlite 600EX-RT

Wanderblitz | Wenn es dunkel genug ist, dass der Dauerlichtanteil gegenüber dem Blitzlicht auch bei langen Belichtungszeiten nicht zu stark wird, können Sie Ihr Motiv mit einem Blitz mehrfach anblitzen und so auch größere Szenen ausblitzen, wie zum Beispiel eine Schlossruine in der Dämmerung. Mit der EOS 5DS und dem Funkblitzsystem gibt es allerdings einen Trick, wie Sie diese Technik auch bei deutlich hellerem Licht einsetzen können. Gehen Sie dazu so vor, wie in der Schritt-Anleitung »Kamera vom Blitz fernauslösen« ab Seite 236 beschrieben, und stellen Sie die EOS 5DS zusätzlich auf die MEHRFACHBELICHTG. ein, und zwar auf so viele Belichtungen, wie Sie einzelne Blitze auslösen wollen.

In einem konkreten Beispiel soll ein Autowrack mit mehreren Blitzen ausgeleuchtet werden, es stehen aber nur zwei 600EX-RT und ein Speedlite-Transmitter ST-E3-RT zur Verfügung. Bei Dunkelheit könnten Sie den Verschluss öffnen, um das Motiv herumgehen und den Blitz dreimal auslösen und dann den Verschluss wieder schließen. Der Nachteil dieser Methode ist, dass Sie das Umgebungslicht dann nicht so gut nutzen können und während der Aufnahme kaum etwas sehen – das ist in diesem Beispiel durch die kombinierten Kurzzeitbelichtungen nicht der Fall.

Schritt für Schritt
Mehrfachbelichtung mit Blitz

[1] Transmitter und Blitz einstellen
Stellen Sie den Speedlite-Transmitter und den Blitz so ein, wie in der vorangegangenen Anleitung ab Seite 236 beschrieben.

[2] Mehrfachbelichtung konfigurieren
Wählen Sie den Reiter SHOOT3 im Menü. Stellen Sie die Mehrfachbelichtung auf EIN: FKT/STRG und ADDITIV, die Zahl der Belichtungen auf die Zahl der Lichtquellen, die Sie im Bild kombinieren wollen, hier sind es drei. Wenn Sie die Kamera nun mehrfach vom Blitz auslösen, werden die Einzelbilder zu einem Bild zusammengerechnet.

Stellen Sie QUELLBILD. SPEICH auf ALLE BILDER, dann können Sie später die besten Bilder aus mehreren Durchgängen in Photoshop neu kombinieren. Wenn Sie mehr als einen Durchgang machen möchten, wählen Sie bei MEHRF.BEL. FORTS. FORTLAUFEND aus.

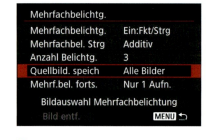

⌃
Im Menü MEHRFACHBELICHTG. sollten Sie einstellen, dass auch die Quellbilder gespeichert werden.

[3] Kamera einstellen

Stellen Sie die Kamera auf M; wählen Sie Belichtungszeit und Blende so, dass das Dauerlichtbild ein bis zwei Blenden dunkler erscheint, um dem Blitzlicht mehr Dynamik zu geben.

[4] Auf das Motiv scharfstellen

Stellen Sie den Fokus am Objektiv auf MF, und fokussieren Sie das Motiv von Hand, damit die Fokussierung auf jeden Fall gleich bleibt. Wenn das schwierig sein sollte, verwenden Sie dazu den Livebild-Modus mit 1:5- oder 1:10-Vergrößerung (siehe Seite 66).

[5] Das Motiv aufnehmen

Gehen Sie nun um das Motiv herum, und drücken Sie mehrfach aus unterschiedlichen Positionen im MENU 2 auf die REL-Taste, um die Kamera auszulösen. Überprüfen Sie das Ergebnis am LCD-Monitor der Kamera, und passen Sie bei einem zweiten Versuch gegebenenfalls Blitzstärke oder Blitzrichtung an.

Mit dem Speedlite 600EX-RT können Sie einfach um das Motiv herumgehen und Blitz und Kamera gleichzeitig auslösen. Die Mehrfachbelichtung erzeugt das fertige Bild sogar als Raw.

29 mm | f10 | 3 × 1/200 s | ISO 200 | Modus ADDITIV | Speedlite 600EX-RT

Mit der Füllmethode Aufhellen ❶ *können Sie die Belichtungen in Photoshop kombinieren.*

Ein optischer Master unterstützt auch High-Speed-Sync.

[6] Mehrfachbelichtung in Photoshop erstellen

Wenn es nicht wichtig ist, dass das endgültige Bild in der Kamera entsteht, können Sie die drei Aufnahmen auch ohne eingeschaltete Mehrfachbelichtung erstellen. In Photoshop kopieren Sie die Einzelbilder dann in Ebenen übereinander und stellen die Füllmethode für die beiden oberen Ebenen auf Aufhellen ❶. Ist das Ergebnis zu hell, dunkeln Sie die Einzelaufnahmen durch Reduzieren der Deckkraft ❷ oder mit Hilfe der Gradationskurve etwas ab. An der Mehrfachbelichtung in der Kamera können Sie kaum noch etwas ändern; wenn Sie Einzelbelichtungen in Photoshop zusammenfügen, können Sie sie einzeln anpassen und auch aus unterschiedlichen Belichtungsvorgängen kombinieren.

Funktionsumfang der verschiedenen Mastersteuerungen

Die Möglichkeiten der drahtlosen Blitzsteuerung sind abhängig von den Mastergeräten, die Sie an Ihrer EOS 5DS verwenden. Die Kameramenüs passen sich dann entsprechend an. Es gibt drei Varianten, die ich im Folgenden erklären werde:

Optischer Masterblitz | Wenn Sie einen Blitz mit optischer Masterfunktion verwenden (90/550/580/600er-Reihe), dann können Sie ebenfalls drei Blitzgruppen separat steuern. Diese lassen sich entweder alle per E-TTL II oder alle manuell regeln. Dass der Master mitblitzt, lässt sich ausschalten; einzige Ausnahme ist das 90EX, dieser blitzt nie mit. High-Speed-Sync ist möglich, ebenso eine Blitzbelichtungsreihe (FEB). Eine Ausnahme bildet auch hier das 90EX: Ihm fehlt dafür die Kraft bzw. das Durchhaltevermögen.

Master mit Funksteuerung | Wenn Sie ein 600EX-RT oder 430EX III-RT als Funkmaster einstellen oder den Speedlite-Transmitter ST-E3-RT verwenden, können Sie fünf Blitzgruppen separat regeln. Jede dieser Blitzgruppen können Sie unabhängig voneinander per E-TTL II, manuell oder per externer Fotozelle steuern. Die Steuerung können Sie über das Kameramenü einstellen, aber auch über den Blitz oder den Speedlite-Transmitter, weil diese über ein großes und übersichtliches Menü verfügen. Während die Reichweite der Blitzfernsteuerung bei optischer Übertragung bei fünf bis sieben Metern liegt und eine Sichtverbindung voraussetzt, ist bei der Übertragung per Funk eine Reichweite von 30 Metern möglich. In der Praxis sind bei guten Bedingungen aber auch etwas mehr als 100 Meter machbar. Die Funkübertragung funktioniert sogar durch Wände hindurch, so dass Sie zum Beispiel vor einem Haus stehen und die einzelnen Räume mit Funkblitzen beleuchten können.

Die High-Speed-Synchronisation ist grundsätzlich möglich, es sei denn, Sie lassen eine Gruppe über die in den Blitz eingebaute Fotozelle steuern (Ext.A), denn dann steuert der Blitz selbst die Blitzleistung, indem er den Blitz einfach abschaltet, sobald die Fotozelle genug Licht bekommen hat. Das kann er jedoch nicht mit Dauerblitzen während des Verschlussablaufs kombinieren, wie es für HSS nötig wäre. Eine weitere sehr praktische Funktion ist, dass Sie die Kamera über Funk vom Blitz auslösen können; lösen Sie zum Beispiel Einzelbelichtungen für eine spätere Montage direkt aus, während Sie mit dem Blitz durch die Szenerie gehen (siehe auch Seite 238).

Zudem können Sie Ihren Blitzen eine vierstellige ID geben, so dass sie auch in einem Sportstadion mit vielen anderen Fotografen nur von Ihnen ausgelöst werden. Es gibt auf dem gesamten Fotomarkt bei Erscheinen der EOS 5DS kein besseres Blitzsystem.

Die Funksteuerung unterstützt fünf einzelne Blitzgruppen.

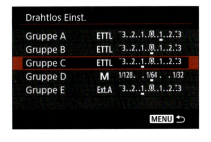

Jede Gruppe Funkblitze lässt sich auch im Steuerungsmodus einzeln einstellen.

Günstige E-TTL-II-Funkauslöser

Es gibt Funkauslöser von Fremdherstellern, die ebenfalls eine TTL-Steuerung ermöglichen. Phottix Odin, Yongnuo YN-622, Pixel King pro E-TTL oder PocketWizard Flex TT5 sind Beispiele für diesen Gerätetyp. Sie können interessant sein, wenn Sie Ihre vorhandenen Blitze funktauglich machen wollen. Die Steuerungsmöglichkeiten sind damit meist nicht so komfortabel und weitgehend wie mit dem neuen Canon-System, aber praxistauglich sind sie trotzdem.

» Mit der Mehrfachblitztechnik lassen sich auch große Motive tagsüber ausleuchten. Wenn mehr Blitzleistung erforderlich sein sollte, können Sie den Abstrahlwinkel des Reflektors verkleinern. So kommt mehr Licht beim Motiv an, allerdings müssen Sie dann häufiger blitzen, um das Motiv komplett mit Blitzlicht zu erfassen.

31 mm | f10 | 1/200 s | ISO 100 | neun Aufnahmen, jeweils vom Speedlite 600EX-RT ausgelöst

Hochgeschwindigkeitsblitz

Wenn Sie die Speedlites von Canon mit voller Leistung abfeuern, wird die Leuchtdauer länger als 1/1000 s. Viele Bewegungen verwischen allerdings auch schon bei 1/1000 s, so dass Sie, wenn Sie extrem schnelle Bewegungen einfrieren möchten, mit der Blitzleistung so weit wie möglich hinuntergehen müssen. Bei einer Blitzleistung von 1/128 beim 430EX II oder beim 600EX-RT sind Leuchtdauern von ca. 1/40000 s möglich.

Es ist dann weniger schwierig, auch sehr schnelle Bewegungen wie das Zerplatzen eines Ballons einzufrieren, sondern mehr das Problem, den richtigen Moment zu erwischen. Sie finden im professionellen Fotohandel aber einige Geräte, die anhand von Geräuschen, Lichtschranken oder anderen Sensoren einen Blitz auslösen können (zum Beispiel Nero Trigger, PatchMaster, Triggertrap). Wenn Sie technisch versiert sind, können Sie so etwas auch selbst bauen, zum Beispiel auf Basis der Arduino-Plattform. Oft reicht allerdings die schnelle Serienbildgeschwindigkeit der EOS 5DS aus; die Blitze sind bei einer solch geringen Leistung von 1/128 ebenfalls schnell genug, um mit der Kamera mithalten zu können, schließlich lassen sie sich bei 1/128 auch als Stroboskop mit bis zu 500 Blitzen/s verwenden.

Der Nero-Trigger löst den Blitz mit Hilfe des Schalldrucks aus, der beim Zerplatzen des Ballons entsteht. Das geht so schnell, dass gleichzeitig das Platzen des Ballons eingefangen wird.

50 mm | f5 | 5 s | ISO 200 | drei externe Blitze, Blitzleistung manuell, ein Blitz über Nero-Trigger akustisch, zwei Blitze über Fotozelle ausgelöst, dunkler Raum

Einstelllicht einsetzen

Studioblitzgeräte sind mit zusätzlichen Glühlampen ausgestattet, die durchgängig leuchten, um die Lichtwirkung des Blitzes abschätzen zu können – das *Einstelllicht*. Kamerablitze besitzen diese Form des Einstelllichts nicht, aber Sie können an der EOS 5DS und anderen Canon-DSLRs die Abblendtaste drücken; dann leuchten die Canon-Speedlites eine Sekunde lang auf, nicht nur das auf der Kamera, sondern auch alle per E-TTL II ferngesteuerten. Falls Sie die Abblendtaste mit einer anderen Funktion belegt haben, müssen Sie dies vorher wieder zurückstellen, sonst leuchtet der Blitz nicht auf.

Falls Sie selbst so ein Wassertropfen-Foto wie auf Seite 246 erstellen möchten, beschreibe ich Ihnen kurz, wie ich dabei vorgegangen bin. Der Schauplatz war mein eigenes Badezimmer: Den Duschkopf habe ich mit einem Stativ, einem Ausleger (Manfrotto Magic Arm) und einer Klemme (Manfrotto Super Clamp) mit der Öffnung nach oben über der Badewanne befestigt. Das Wasser habe ich so weit aufgedreht, dass sich eine ca. 30–40 cm hohe Fontäne ergab und der Wasserstrahl sozusagen in sich selbst zusammenfiel, was für interessante Tropfenformen sorgt. Die Kamera habe ich mit einem 100-mm-Makro und dem Speedlite-Transmitter ST-E3 ausgerüstet und die Blitze damit manuell auf 1/64 der Leistung eingestellt, damit die Leuchtdauer sehr kurz blieb. Die Blitze habe ich mit jeweils

einer Filterfolie des Lee-Musterfächers als Funk-Slaves konfiguriert und auf den Badewannenrand gelegt. Da hier so oder so keine Automatik zum Einsatz kommt, können Sie natürlich auch günstige manuelle Funkauslöser und günstige Blitze verwenden. Für die nötige Schärfe habe ich Blende f10 eingestellt und die Belichtungszeit manuell auf 1/200 s gesetzt. Den ISO-Wert habe ich nach Testaufnahmen auf ISO 800 gestellt, um eine korrekte Belichtung zu erzielen. Die Kamera habe ich dann aus der Hand ausgelöst. Da Sie im Sucher nur Bewegungsunschärfe wahrnehmen, müssen Sie das Bild öfter über den Kameramonitor kontrollieren.

In dieser Aufnahme lassen sich gut die Wasserstrahlen erkennen, die dann in sich zusammenfallen. Eine leichte Änderung des Wasserdrucks ergibt ganz unterschiedliche Bilder.

100 mm | f10 | 1/200 s | ISO 800

Blitzlicht einfärben

Sie können über Filterfolien vor dem Blitz die Farbtemperatur des Blitzlichts ändern oder das Licht kräftig einfärben, die Automatikfunktionen bleiben dabei erhalten. Eine großartige und günstige Quelle für Filterfolien aller Art ist der Musterfächer von Lee-Filter, den Sie online schon für unter 7 € bekommen. Die Folien haben genau die richtige Größe für ein Speedlite. Entweder klemmen Sie sie unter die Weitwinkelstreuscheibe, oder Sie befestigen sie mit etwas Tesafilm vor dem Blitz.

Das Bild zeigt Wassertropfen in der Dusche, die mit Blitzlicht bei 1/200 s »eingefroren« wurden.

100 mm | f10 | 1/200 s | ISO 800 | zwei Speedlite 600EX-RT auf 1/64 Leistung, funkgesteuert, cyan- und orangefarbene Filterfolien

BEST PRACTICE
Mehrere Funkblitze verwenden

Das Funkblitzsystem habe ich schon an der EOS 5D Mark II sehr geschätzt, allerdings ist es an der EOS 5DS noch besser geworden, weil die Belichtungsmessung hier viel feiner arbeitet. Darüber hinaus können Sie die Schärfe der EOS 5DS mit Blitz noch besser nutzen, weil es aufgrund der kurzen Leuchtdauer des Blitzes auch mit niedrigen ISO-Werten keine Bewegungsunschärfe gibt. Zudem können Sie mit wenig Aufwand und Gewicht überall Studiolichtsituationen schaffen, auch wenn die nächste Steckdose in weiter Ferne liegt.

Im Folgenden zeige ich beispielhaft die Verwendung der Funkblitze beim Ausleuchten eines Porträts. Es werden drei Funkblitze und ein Speedlite-Transmitter verwendet, den Sie natürlich auch durch einen weiteren Funkblitz ersetzen können.

Schritt für Schritt
Eine Porträtaufnahme mit drei Blitzen ausleuchten

[1] Blitze vorbereiten
Schalten Sie die Blitze ein. Drücken Sie die ↯-Taste, bis sich alle Blitze im Modus Slave/Funkbetrieb befinden. Vom Einschaltzustand müssen Sie beim 600EX-RT dafür zweimal drücken. Beim 430 EX III-RT drücken Sie einmal auf das ↯-Symbol und können dann mit der Wippe oder dem Einstellrad den Eintrag SLAVE anwählen und mit SEL/SET bestätigen.

[2] Gruppen vergeben
Vergeben Sie nun die Gruppen für die Blitzsteuerung. Der Blitz, der das Hauptlicht über dem Model wird, behält die Gruppe A. Drücken Sie beim zweiten 600EX-RT in MENU 1 die Taste unter GR, um die Gruppe auf B zu setzen. Falls Sie einen 430 EX III-RT verwenden, drücken Sie auf SEL/SET und drehen das Rädchen, bis die Gruppe schwarz hinterlegt ist, ein weiterer Druck auf SEL/SET lässt Sie die Gruppe wählen, die sie dann mit noch einem Druck bestätigen können. Der zweite Blitz wird für die Aufhellung des ersten eingesetzt und später vorn unterhalb des Models positioniert.

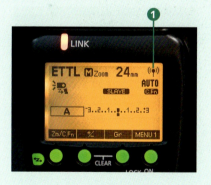

Der 600EX-RT ist als Slave im Modus Funk ❶ eingestellt.

[Best Practice: Mehrere Funkblitze verwenden] 247

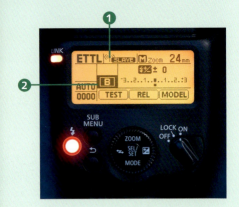

△ Der 430EX III-RT wurde hier als Funk-Slave ❶ in der Gruppe B ❷ eingestellt.

Den dritten Blitz stellen Sie auf Gruppe C, er wird später als Effektlicht schräg hinter dem Model positioniert. Alternativ können Sie Ihn auch verwenden, um den Hintergrund auszuleuchten.

[3] Master einrichten
Wenn Sie einen Speedlite-Transmitter verwenden, ist dieser automatisch Master, weil er ja gar nichts anderes kann. Bei einem Blitz gehen Sie genauso vor wie bei der Slave-Einstellung, nur dass nun MASTER und das Funk-Symbol im Blitz-Display erscheinen müssen; es gibt noch eine zweite Masterfunktion, bei der das ⚡-Symbol erscheint und der Blitz optisch mastern möchte, statt Funk zu verwenden. Das wollen Sie in diesem Fall aber nicht.

[4] Leistung der Blitzgruppen steuern
Drücken Sie die MODE-Taste, bis oben links im Display GR erscheint. In diesem Modus können Sie mehrere Blitzgruppen am einfachsten und übersichtlichsten steuern. Dass Sie alles richtig gemacht haben, sehen Sie auch daran, dass die LINK-Leuchte nun an allen Blitzen grün leuchtet und dass in der Gruppenansicht hinter den Gruppen A, B und C nun ein Blitzsymbol ❸ erscheint.

△ Die Blitzeinstellungen können Sie auch im Kameramenü vornehmen.

» Die einzelnen Blitzgruppen haben unterschiedliche Korrekturwerte erhalten, um eine ausgewogene Lichtstimmung zu erzeugen.

[5] Das Hauptlicht positionieren

Den ersten Blitz versehen Sie mit einer kleinen Softbox, einem kleinen Schirm oder wie hier einem RoundFlash-Dish und stellen ihn auf ein Stativ. Hier habe ich ein Galgenstativ verwendet, aber wenn der Blitz nah an der Kamera ist, reicht auch ein normales Stativ oder sogar ein einfaches In-der-Hand-Halten aus. Der Reflektor sollte nicht zu groß sein, damit Sie noch entspannt darunter hindurch fotografieren können.

[6] Das Aufhelllicht platzieren

Den zweiten Blitz stellen Sie auf ein kleines Stativ direkt unter die Kamera und versehen ihn mit einem ähnlichen Reflektor. Das weichere Licht vermeidet Doppelschatten und ist insgesamt porträttauglicher. Die Reflektoren der beiden Blitze wurden in diesem Fall auf 24 mm gestellt, damit sie die Lichtformer weich ausleuchten.

[7] Das Effektlicht ausrichten

Den dritten Blitz positionieren Sie schräg oben hinter dem Model, so dass die Haare ein Effektlicht erhalten und sich das Model besser vom Hintergrund abhebt. Hier habe ich ihn einfach auf eine Lampe gelegt, um nicht noch ein Stativ aufbauen zu müssen; ein Schrank in der richtigen Höhe könnte diese Aufgabe auch gut erledigen. Den Zoomreflektor des dritten Blitzes habe ich auf 80 mm gestellt, damit er nicht zu weit streut.

[8] Blitzstärke anpassen

Wenn Sie beim Speedlite-Transmitter oder dem 600EX-RT im Gr-Modus die Taste Gr in Menu 1 drücken, können Sie mit dem Einstellrad die einzelnen Gruppen auswählen. Mit einem weiteren Druck auf die gleiche Taste, nun zum Beispiel mit B+/– beschriftet, oder auf SEL/SET schalten Sie auf die Belichtungskorrektur der jeweiligen Gruppe um, die Sie mit dem Einstellrädchen anpassen und mit einem weiteren Druck auf eine der beiden Tasten bestätigen.

Das obere Hauptlicht ist eine gute Blende heller als das untere Aufhelllicht eingestellt. Das Effektlicht beleuchtet in dieser Aufnahme das Gesicht des Models; normalerweise befindet sich die Kamera aber in der Mitte hinter den beiden im Bild sichtbaren Blitzen.

» *Auch der 430EX III-RT kann im Gruppenmodus mastern. Wenn Sie einen Blitz als reinen Master ohne Blitzfunktion verwenden wollen, müssen Sie das Mitblitzen ausschalten* ❹.

[Best Practice: Mehrere Funkblitze verwenden]

Tipp

Sie können die einzelnen Blitze vom Speedlite-Transmitter aus ausschalten, um die Bildwirkung der verbleibenden besser beurteilen zu können. In der Gruppeneinstellung ist die linke Taste mit ON/OFF beschriftet, mit ihr schalten Sie einzelne Gruppe an oder aus.

Hinweis

Die Fernsteuerung funktioniert nicht nur mit der E-TTL-Automatik, sondern auch mit manueller Blitzleistungseinstellung. Das ist manchmal praktischer, weil Sie sich so besser an das optimale Ergebnis herantasten können, ohne dass Ihnen die Automatik dazwischenfunkt.

In diesem Beispiel habe ich die einzelnen Gruppen so eingestellt:
A: Hauptlicht über dem Model: +2/3 LW
B: Aufhellung von unten: –2/3 LW
C: Akzentlicht von schräg oben hinten: –1 1/3 LW

Wenn Sie das Blitzlicht insgesamt etwas heller oder dunkler einstellen möchten, müssen Sie dafür nicht die einzelnen Blitze steuern, denn die Blitzbelichtungskorrektur können Sie weiterhin an der Kamera verwenden, und sie wirkt sich dann auf alle Blitzgruppen gleichzeitig aus. Denken Sie daran, dass Sie, wenn sie in einem Blitz die Akkus wechseln, die Einstellung auf den Slave-Betrieb erneut vornehmen müssen.

» *Das Licht in der fertigen Aufnahme ist weich, aber doch noch akzentuiert. Durch die komplett automatische Blitzsteuerung können Sie abblenden, ohne die Lichtsteuerung anpassen zu müssen.*

85 mm | f1,6 | 1/200 s | ISO 200 | drei Speedlite 600EX-RT mit E-TTL-Funksteuerung, entfesselt eingesetzt

5.3 Externe Blitzgeräte im Überblick

Es gibt neben Canon-Blitzen zahlreiche Geräte anderer Hersteller, die ebenfalls mit Ihrer EOS 5DS zusammenarbeiten. Im Folgenden finden Sie eine Übersicht über aktuelle Blitzgeräte von Canon und Fremdherstellern, die an der EOS 5DS am interessantesten sind. Wenn Sie viel mit externen Blitzen arbeiten, sollten Sie überlegen, ob Sie gleich auf die neue Funktechnik von Canon setzen. Diese wird im Moment vom Speedlite 600EX-RT, dem Speedlite 430EX III-RT und dem Speedlite-Transmitter ST-E3-RT unterstützt.

Akkus und Batterien

Die meisten Akkus verlieren ihre Leistung auch bei Nichtgebrauch recht schnell, Batterien hingegen erzeugen viel Müll und laden den Blitz nur langsam auf. Seit ein paar Jahren gibt es Nickel-Metallhydrid-Akkus mit geringer Selbstentladung (LSD-NiMH), die leistungsfähig, schnell und langzeitstabil sind. Damit sind sie die ideale Stromversorgung für Ihren Blitz. Im Handel finden Sie sie zum Beispiel unter den Markennamen Sanyo eneloop, Kodak pre-charged, Panasonic Infinium, Tensai Ni-MH Ready to Use oder Ansmann maxE.

Canon selbst hat eine Warnung herausgegeben, dass Sie die Blitze und Batteriepacks keinesfalls mit Lithium-Batterien betreiben sollten, weil diese zu heiß werden können. Wenn man bedenkt, dass ein Blitz alle paar Sekunden ca. 120 J (früher Wattsekunden) abgeben kann, verwundert die Wärmeentwicklung nicht.

Speedlite 430EX III-RT

Das 430EX III-RT bietet alles, was ein Blitz bieten muss. Alle wichtigen Parameter wie Kurzzeitsynchronisation oder Blitzen auf den zweiten Verschlussvorhang lassen sich auch direkt am Gerät selbst einstellen, und dank der hohen Leitzahl hellt es auch bei hellem Sonnenlicht schattige Bereiche gut auf. Der Brennweitenbereich des Zoomreflektors reicht von 14 mm bis 105 mm. Im Gegensatz zu seinem Vorgänger, dem 430EX II, eignet er sich auch für den Masterbetrieb, und zwar sowohl optisch als auch per Funk. Das Infrarot-Hilfslicht des Blitzes schaltet sich nur ein, wenn Sie das mittlere AF-Feld der Kamera verwenden.

≫
Das 430EX III-RT ist ein idealer Einstieg in das Funkblitzsystem von Canon. (Bild: Canon)

Das 430EX III-RT wird sogar im Firmware-Menü der Kamera angezeigt, so dass es theoretisch möglich ist, die Firmware des Blitzes über die Kamera zu aktualisieren. Wer einen guten Universalblitz kaufen will und auf die eine Blende mehr Leistung beim 600EX-RT verzichten kann, für den ist das 430EX III-RT eine echte Kaufempfehlung.

Leitzahl	Slave-Funktion	Stromversorgung	Gewicht	Preis
43	ja	4 × AA	295 g	ca. 270 €

Speedlite 600EX-RT

Das aktuelle Topgerät der Speedlite-Reihe markiert einen deutlichen Technikwandel. Es ist nicht einfach nur eine etwas verbesserte Version des Vorgängers 580EX II, sondern eine echte Neuheit, deswegen hat eine Entscheidung für das 600EX-RT auch etwas Grundlegendes. Mit dem 600er ist E-TTL II über Funk möglich. Wer viel mit externen Blitzen arbeitet, weiß, dass das ein sehr großer Vorteil gegenüber der optischen Steuerung ist, die eben häufig auch mal nicht funktioniert, wenn zum Beispiel der Blitz ungünstig steht oder ein Lichtformer ihn abschattet.

Das Auslösen der Kamera über den Blitz eröffnet tatsächlich neue kreative Möglichkeiten, vor allem, weil es gegenüber dem 320EX oder 270EX II, die das nur über Infrarot können, praktisch uneingeschränkt funktioniert. Die Funktion des *Linked Shootings*, bei der mehrere Kameras gleichzeitig über Funk ausgelöst werden, ist jedoch weniger interessant, weil der Zeitabstand zwischen den »gleichzeitigen« Auslösungen bei einer halben Sekunde liegen kann. Ein Motiv wirklich gleichzeitig aus mehreren Perspektiven einzufangen, ist so leider nicht möglich.

Neben der Funktechnologie wurde der 600er auch in sehr vielen Details gegenüber dem Vorgänger 580EX II verbessert: Es wird ein Gelfilterhalter mit zwei Warmfiltern mitgeliefert, und die Farbtemperatur des Filters wird an die Kamera für den Weißabgleich übertragen (bei AWB und Blitz). Der Zoomreflektor reicht nun von 20 bis 200 mm, mit Streuscheibe bis 14 mm. Das Display ist deutlich größer und informativer, und die Custom-Funktionen sind nun auch ohne Handbuch verständlich dargestellt. Sogar der Blitzschuh wurde überarbeitet. Beim Befestigen machen die Kontakte nun eine leicht

⤊
Wen Preis und Gewicht nicht stören, der erwirbt mit dem 600EX-RT einen nahezu perfekten Blitz. (Bild: Canon)

Hinweis

Es gibt auch eine Version ohne »RT« (*Radio Transmission*) im Namen, die Sie höchstens dann kaufen sollten, wenn Sie in einer Umgebung arbeiten, in der Funk im 2,4-GHz-Band verboten ist. Ansonsten bringen Sie sich um den Hauptvorteil und einen Teil des Wiederverkaufswertes.

kreisende Bewegung, um eventuelle Verschmutzungen zu entfernen. Der 600er ist ein wirklich professioneller Kamerablitz – wer auf die eine Blende mehr Leistung verzichten kann, wird allerdings auch mit dem 430EX III-RT glücklich.

> ### Chinesische Nachbauten
>
> Yongnuo hat den Speedlite-Transmitter ST-E3-RT und das 600EX-RT recht ähnlich nachgebaut, die Produkte tragen sogar denselben Namen. Der Blitz ist deutlich billiger als das Original, die Funkauslösung funktioniert größtenteils auch im Mischbetrieb mit den Canon-Originalen (das 430EX III-RT lässt sich nicht von Yongnuos auslösen, andersherum funktioniert es aber). Auch können Sie mit dem Yongnuo YN600EX-RT die Kamera nicht fernauslösen, und die Qualität kommt nicht ganz an die Canon-Geräte heran.
>
> Zudem müssen Sie aufpassen, dass Sie bei einem Fachhändler kaufen und nicht bei irgendeinem eBay-Anbieter, weil Sie sonst weder eine richtige Rechnung noch echte Garantie erhalten. Das Preis-Leistungs-Verhältnis ist aber gerade für Hobbyanwender interessant, weil sie so recht günstig fast den ganzen Funktionsumfang der Canon-Funkblitzsteuerung verwenden können.

Leitzahl	Slave-Funktion	Stromversorgung	Gewicht	Preis
60	ja	4 × AA	425 g	ca. 450 €

Canon hat für den Makrobereich noch zwei weitere Blitze im Angebot: einen Ringblitz für schattenfreie Ausleuchtung (Macro Ring Lite MR-14EX) und einen Doppel-Blitz (Macro Twin Lite MT-24EX). Beide werden vorn am Objektiv befestigt und erlauben so flexibel und präzise ausgeleuchtete Nahaufnahmen. Das MR-14EX II besitzt eine Leitzahl von 14, eingebaute Fokussierleuchten, und seine beiden Seiten lassen sich gemeinsam oder einzeln zünden. Er kostet ca. 570 €. Das MT-24EX besteht aus zwei einzeln steuerbaren Blitzen, die vorn am Objektiv befestigt werden. Seine Leitzahl beträgt 24, und er ist für ca. 870 € zu bekommen.

Speedlite-Transmitter ST-E3-RT

Der ca. 300 € teure Speedlite-Transmitter ST-E3-RT arbeitet ausschließlich über Funk. Die Funksteuerung hat eine höhere Reichweite von in der Praxis oft über 100 m (angegeben sind 30 m) und funktioniert auch ohne Sichtverbindung.

Der ST-E3-RT ist im Prinzip ein 600EX-RT ohne Blitzfunktion und Infrarot-Hilfslicht, das heißt, Sie können mit ihm die Funkblitze genauso gut steuern wie mit einem 600EX-RT. Ein 430EX III-RT kann das auch, das 600er ist aber in der Displaydarstellung mit dem ST-E3-RT identisch. Allerdings ist der ST-E3-RT deutlich leichter, und in den meisten Fällen, wenn Sie das Licht über externe Blitze steuern möchten, wollen Sie eine der Lichtquellen nicht genau auf der Kamera haben. Das fehlende Infrarot-Hilfslicht werden Sie an der EOS 5DS eher nicht vermissen, weil der Autofokus auch bei schwachem Licht nur selten nicht sofort einen Fokuspunkt findet. Wenn Sie auch mit älteren oder einfacheren Kameras arbeiten, kann es leichter sein, ein 600EX-RT oder 430EX III-RT als Master einzusetzen, weil es die Kamera beim Fokussieren unterstützen kann. Im Gegensatz zum alten optischen Speedlite-Transmitter arbeitet der neue übrigens mit zwei Standard-Mignon-Batterien (AA), die Sie auch für die Blitze benötigen.

Wem das geringe Gewicht nicht so wichtig ist, der sollte überlegen, ob er sich für das gleiche Geld nicht einen EX430 III-RT holt, der dann immerhin mitblitzen kann und Hilfslicht für den AF bietet.

Die Einstellungen lassen sich auch am ST-E3-RT sehr übersichtlich und einfach vornehmen.

Yongnuo YN-560 IV

Stellvertretend für alle günstigen Blitze ohne Automatik soll hier der Yongnuo YN-560 IV vorgestellt werden. Anders als sein Namensbestandteil »560« vermuten ließe, erreicht er mit einer Leitzahl von 58 ungefähr die Blitzleistung eines 600EX-RT, kommt aber an dessen Funktionsreichtum nicht heran. Diesen Blitz können Sie nur manuell einstellen; die einzige Automatik ist eine Fotozelle, die ihn mitblitzen lässt, wenn die anderen Blitze auch losgehen. Außerdem piept er – wie Studioblitzanlagen –, wenn er wieder voll aufgeladen ist.

Mit Hilfe des integrierten Funkempfängers können Sie den Blitz über einen rund 20 € teuren Funkfernauslöser aus einer Entfernung von bis zu 100 Metern auslösen. Viel interessanter ist es aber, den Funkauslöser YN560-TX zu erwerben, der für ca. 45 € fünf Gruppen mit Leistungssteuerung über ein LCD-Display steuern kann. Diesen

» Mit dem Yongnuo YN560TX (links) können Sie die YN-560 der Version III und IV komfortabel fernsteuern.

Funkauslöser hat die Version IV des Blitzes auch schon eingebaut, aber oft ist es angenehmer zu arbeiten, wenn Sie nur einen leichten Sender und keinen kompletten Blitz auf der Kamera haben. Den Blitz bekommen Sie neu schon für ca. 65 €, was ihn zu einer vernünftigen Lösung für alle Einsatzfälle macht, bei denen Sie ohnehin keine Automatik einsetzen, sondern einfach nur Blitze benötigen, die eine bestimmte, einstellbare Lichtmenge abgeben. Die manuelle Leistungssteuerung ist in der Praxis keine so große Einschränkung für externe Blitze, anders sieht es mit der mangelnden HSS-Unterstützung aus, die ihn draußen bei Tageslicht dem 600EX-RT deutlich unterlegen sein lässt.

Leitzahl	Slave-Funktion	Stromversorgung	Gewicht	Preis
ca. 58	ja, kein TTL	4 × AA	260 g	ca. 65 €

Nissin-MF-18-Ringblitz

Der Nissin-Ringblitz richtet sich hauptsächlich an Makrofotografen und ist vom Leistungsumfang vergleichbar mit dem doppelt so teuren Canon MR-14EX. Der Blitz unterstützt die E-TTL-Automatik der Kamera, die Kurzzeitsynchronisation und das Blitzen auf den zweiten Verschlussvorhang. Sie können ihn zwar nicht über den Kamerabildschirm steuern, er bietet aber ein übersichtliches Farbdisplay am Gerät selbst. Die beiden Blitzhälften können Sie separat einstellen, um auch ein gerichteteres Licht mit Aufhellung erzeugen zu können.

[Kapitel 5: Blitzfotografie] 255

» *Der Nissin MF-18 unterstützt auch HSS. Bild: Nissin*

Adapterringe für 52-, 58-, 62-, 67-, 72- und 77-mm-Filtergewinde, mit denen Sie den Blitz direkt vorn am Objektiv befestigen, sind im Lieferumfang enthalten. Sie können den Blitz sogar als Master für andere Canon-Blitze verwenden, wenn Sie zum Beispiel den Hintergrund einer Makroaufnahme separat ausleuchten wollen. Das Einstelllicht aus vier LEDs wird an das Beleuchtungsverhältnis der Blitzhälften angepasst, die gedimmte Seite flimmert dabei allerdings ein wenig.

Leitzahl	Slave-Funktion	Stromversorgung	Gewicht	Preis
16	nein/Master	4 × AA	446 g	ca. 260 €

Sie finden auch bei Herstellern wie Metz oder Sigma gute E-TTL-Blitzgeräte wie zum Beispiel den Metz mecablitz 64 AF-1 digital oder den Sigma EF-610 DG SUPER. Auch Canon hat noch weitere Speedlites im Programm, die sich allerdings eher an Amateure richten und an einer EOS 5DS nicht so viel Sinn ergeben. Wenn Sie allerdings neu einsteigen und auch extern blitzen möchten, sollten Sie gleich auf die Funktechnik setzen, d.h. ein Canon Speedlite 430EX III-RT oder 600EX-RT bevorzugen. Im Makrobereich werden Sie einen Makro- oder Ringblitz schätzen lernen, weil Sie sonst kaum die Auflösungsreserven der EOS 5DS werden nutzen können. Wenn Sie einen Blitz nur für den Betrieb auf der Kamera kaufen möchten, ist die Funksteuerung natürlich unwichtig, Sie sollten aber darauf achten, dass der Blitz High-Speed-Sync (HSS) unterstützt, weil Sie sonst auf Belichtungszeiten länger als 1/200 s festgelegt sind. Das bedeutet, dass Sie bei Tageslicht die Blende immer stark schließen müssen, um den Dauerlichtanteil nicht überzubelichten.

« *Schattenfreie Ausleuchtung und hohe Schärfe im Makrobereich durch genügend Licht gehören zu den Vorteilen des Ringblitzes.*

100 mm | f11 | 1/160 s | ISO 400 | Ringblitz | Bildausschnitt

BEST PRACTICE
GPS-Daten in Bilder einbetten

Die EOS 5DS hat keinen eingebauten GPS-Empfänger, allerdings ist es selbst bei Kameras mit eingebauten GPS oft praktischer, die GPS-Informationen mit dem Smartphone aufzuzeichnen und mit den Bildern zu verrechnen, denn dabei wird der Kameraakku deutlich weniger belastet, als wenn die Kamera im Hintergrund immer GPS-Positionen speichert. Wohl kaum einer wird bei dem Koordinatenpaar 48°38'8.99"N, 1°30'40.48"W gleich sagen können: »Da war ich auch schon mal.« Bei »Mont Saint Michel« ist dies aber kein Problem, vor allem lässt sich eine solche Bezeichnung auch außerhalb einer Kartendarstellung gut suchen. Deswegen zeige ich Ihnen in diesem Abschnitt auch, wie Sie GPS-Daten automatisch in Klartext-Beschreibungen umwandeln.

Grundlagen

GPS steht für *Global Positioning System* und ist eine satellitengestützte Methode zur weltweiten Ortsbestimmung. Circa dreißig Satelliten senden ständig ihre Position und die Uhrzeit der Signalaussendung. Durch die Unterschiede der Signallaufzeiten lässt sich auf wenige Meter genau die eigene Position ermitteln. Für eine genaue Positionsermittlung reichen vier Satelliten; es würden sogar drei ausreichen, wenn die Uhr im Empfänger Atomuhr-Genauigkeit hätte. So aber muss ein vierter Satellit helfen, die genaue Uhrzeit zu kalibrieren, um die Laufzeitunterschiede der Funksignale exakt auswerten zu können.

Warum gibt es so viele Satelliten, wo doch vier ausreichen, um die Position zu bestimmen? Da die Satelliten um die Erde kreisen, befindet sich eine bestimmte Zahl immer auf der anderen Seite der Erde, und die Sendeleistung reicht nicht bis zu einem üblichen GPS-Empfänger. Sie benötigen also ein zumindest beinahe freies Sichtfeld zu vier der Satelliten.

In Deutschland oder gröber gesagt auf der Nordhalbkugel werden Sie immer die meisten Satelliten am Südhimmel finden. Wenn Sie also an ein Südfenster gehen, werden Sie viel wahrscheinlicher ein gutes Signal empfangen können als an einem Nordfenster.

Geodaten in Bildern speichern

Sie können zur GPS-Aufzeichnung, die direkt während der Aufnahme in die Exif-Daten der Bilder geschrieben wird, das Canon-GP-E2-GPS-Gerät verwenden, das Sie einfach auf den Blitzschuh stecken. Dieses externe GPS-Gerät zeichnet den Längen- und Breitengrad sowie die Höhe auf, während der eingebaute Digitalkompasses auch die Aufnahmerichtung erfasst. Anwendungen, die Geodaten auswerten, werden mit GPS-Informationen versehene Bilder ohne weiteres Zutun auf Karten beispielsweise im KARTE-Modul von Photoshop Lightroom positionieren. Falls Sie auf die Kompassfunktion verzichten können, lohnen sich die ca. 280 € für dieses Gerät eher nicht, weil Sie den Rest auch kostenfrei mit Ihrem Smartphone erledigen können.

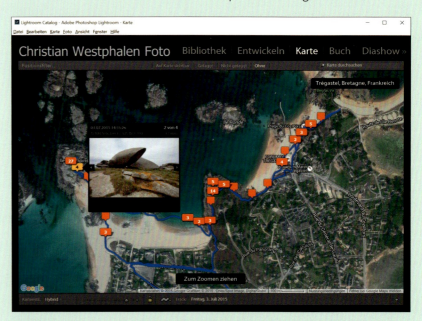

» *Adobe Photoshop Lightroom CC zeigt ein Bild mit GPS-Daten automatisch am richtigen Ort an.*

GPX-Tracks mit dem Smartphone aufzeichnen

Ein Smartphone kann die Ortsinformationen kontinuierlich aufzeichnen, so dass Sie damit später Ihren Weg auf einer Karte anzeigen lassen oder die Bilder einer anderen Kamera mit diesen Ortsinformationen synchronisieren können. So können Sie auch in Bilder einer Kamera ohne GPS die Koordinaten hineinschreiben. In dem aufgezeichneten Track steht, wo Sie wann waren, in den Bildern, wann sie aufgenommen wurden. Deswegen ist es sehr wichtig, dass Sie die Uhrzeit in Ihrer EOS 5DS genau eingestellt haben. Sie können zwar später noch Korrekturwerte für die Zeitzuordnung verwenden, aber dies ist umständlich und unnötig, wenn Sie die Zeit gleich richtig einstellen.

Die meisten Smartphones haben heute ebenfalls GPS eingebaut und können entweder von zu Hause aus oder mit einer Software GPS-Tracks aufzeichnen, beispielsweise das kostenlose My Tracks von Google für Android. MotionX GPS auf dem iPhone hat den Vorteil, dass Sie sich auch Katenmaterial für den Offlinebetrieb herunterladen können. Wenn Sie in den App Stores nach »GPX track« suchen, werden Sie eine Vielzahl von Programmen finden, die Tracks aufzeichnen und Ihnen per Mail zuschicken können. Smartphones sind zudem in der Lage, an Orten mit schlechtem Empfang in der Nähe liegende WLAN-Basisstationen zur Positionsermittlung hinzuzuziehen und so in den engen Straßenschluchten von Städten eine genauere Positionsbestimmung durchzuführen, als es ein GPS-Gerät allein könnte.

Auf langen Reisen ist zudem das Aufladen des Smartphone-Akkus wesentlich leichter, da er in der Kfz-Halterung oder an einem USB-Adapter für den Zigarettenanzünder aufgeladen werden kann. Zudem geben die Smartphones gleich standardkonforme KMZ- oder GPX-Daten aus, die sich ohne vorherige Konvertierung in Lightroom oder GeoSetter verwenden lassen.

Eine Trackaufzeichnung in Saint-Malo, hier mit MotionX GPS auf dem iPhone erstellt

GPS Tracks in Lightroom verwenden

Die GPS-Tracks lassen sich aus der GPS-Tracker-App per Mail versenden. Am besten speichern Sie sie im selben Ordner wie die entsprechenden Bilddaten, so dass sie auch beim Backup zusammen gesichert werden.

Im Karte-Modul von Lightroom können Sie Tracks laden und mit Ihren Bildern verrechnen. Rufen Sie dazu das Karte-Modul auf und dort den Menüpunkt Karte • Tracklog • Tracklog laden.

Lightroom zeigt die Metadaten der Ortsinformation dann im Klartext im IPTC-Bereich an. Dass das im Gegensatz zu den anderen Metadaten kursiv dargestellt wird, lässt schon vermuten, dass Lightroom damit etwas anders umgeht. Sie müssen bei Lightroom CC folgende Einstellungen vornehmen, damit die Metadaten auch in den endgültigen Bilddateien zu finden sind:

Alle neuen Metadaten landen bei Lightroom erstmal in der Katalogdatenbank; wenn Sie sie auch in den Dateien selbst haben wollen, so dass auch andere Programme sie direkt lesen können oder sie beim Export ins Internet als Schlagwörter übernommen werden können, müssen Sie sie im Bibliothek-Modul über Metadaten • Metadaten in Dateien speichern sichern.

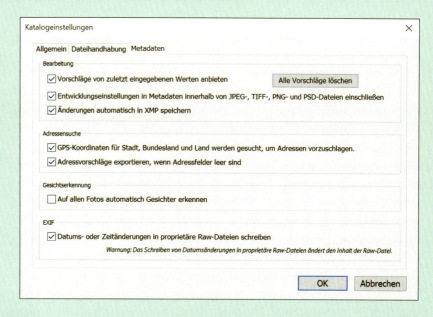

» Aktivieren Sie die beiden Häkchen unter Adresssuche in der Registerkarte Metadaten in den Katalogeinstellungen von Lightroom.

Wenn Sie ein Bild als Datei aus Lightroom sichern, dann sind die Metadaten im Bild und werden nach dem Laden in Photoshop angezeigt. Wenn Sie das Bild direkt an Photoshop über Foto • Bearbeiten in • In Adobe Photoshop CC 2015 bearbeiten senden, dann werden die Metadaten nicht mittransportiert. Die Implementation ist also noch nicht ganz ausgereift, es bleibt zu hoffen, dass Adobe das bei den nächsten Updates behebt.

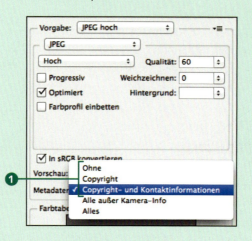

« Die oberen drei Optionen ❶ im Photoshop-Dialog Für Web speichern sichern die Exif-Daten und damit die GPS-Informationen nicht mit.

GPS-Informationen bewusst speichern

Es gibt Situationen, in denen Sie die GPS-Informationen vielleicht lieber nicht mit veröffentlichen wollen. Militärangehörigen im Ausland ist das ohnehin untersagt, aber das kann auch für jeden anderen einmal wichtig sein, dass nicht jeder den Aufnahmeort auslesen kann. Wenn GPS bei der Aufnahme aktiv war, schreibt die Kamera diese Information standardkonform in die Exif-Daten. Diese bleiben normalerweise auch bei der Weiterverarbeitung in der Bilddatei erhalten. In Photoshop, aber auch in Lightroom oder Photoshop Elements können Sie im Dialog FÜR WEB EXPORTIEREN (Photoshop/Photoshop Elements) bzw. EXPORTIEREN (Lightroom) unter METADATEN nur die Copyright-Informationen abspeichern, ohne dass Kameradaten und damit die GPS-Koordinaten mit veröffentlicht werden.

Wenn Sie Urlaubsbilder in sozialen Netzwerken wie Facebook veröffentlichen, sollten Sie sich überlegen, ob Sie das nicht lieber nach dem Urlaub tun, oder aber den Kreis der Adressaten zumindest einschränken, indem Sie die Bilder nur für eine Gruppe enger Freunde sichtbar machen. Diebesbanden nutzen solche Informationen, um einen guten Zeitpunkt zum Ausräumen der Wohnung zu finden. Das gilt aber natürlich nicht nur für Bilder (mit oder ohne GPS-Informationen), sondern für alle Postings, aus denen Ihr Aufenthaltsort ersichtlich wird.

Automatische Verschlagwortung

Nicht jeder verwendet Lightroom für die Verwaltung seiner Raw-Dateien. Auch wenn Bilder aus unterschiedlichen Workflows stammen, bietet sich folgende Methode an, um sicherzustellen, dass alle Bilder eine Ortsbeschreibung im Klartext erhalten: Mit dem kostenlosen Programm GeoSetter (herunterladbar für Windows unter *www.geosetter.de*) können Sie den Dienst GeoNames verwenden (*www.geonames.org*), um die Koordinaten automatisch um aussagekräftige Ortsbeschreibungen zu ergänzen. Sie können also eine ganze Urlaubsreise mit den Koordinaten der Bilder versehen und auch alle Bilder automatisch mit Ortsbeschreibungen im Klartext versehen lassen, so dass sie auch über eine Stichwortsuche auffindbar sind.

Schritt für Schritt
Automatische Ortsverschlagwortung

Um diese Anleitung ausführen zu können, benötigen Sie Bilder mit GPS-Informationen, einen Rechner mit Windows und eine bestehende Internetverbindung.

[1] GeoSetter installieren
Laden Sie unter *www.geosetter.de* die Freeware GeoSetter herunter, und installieren Sie sie. Sie läuft ab Windows XP. Auf einem Mac (mit Intel-Prozessor) können Sie mit einer Virtualisierungssoftware wie Parallels Desktop oder in einer Dual-Boot-Umgebung Windows installieren und ebenfalls dieses Programm verwenden.

[2] Einstellungen aufrufen
Öffnen Sie GeoSetter, und rufen Sie Datei • Einstellungen auf. Klicken Sie auf den Reiter Internet ❶ und unter GeoNames auf Hier registrieren ❷.

» *In den Einstellungen von GeoSetter können Sie sich direkt bei www.geonames.org registrieren.*

[3] Bei GeoNames registrieren
Geben Sie auf der erscheinenden Webseite unter create a new user account Benutzername, E-Mail-Adresse und Passwort an.

[4] E-Mail bestätigen
Schauen Sie in Ihren Maileingang, und klicken Sie auf den Bestätigungslink in der Mail von *www.geonames.org*. Rufen Sie *www.geonames.org/manageaccount* auf, und klicken Sie unter Free Web services auf Click here to enable.

[5] Einstellungen abschließen
Tragen Sie Ihren Benutzernamen bei GeoNames bei GeoSetter unter Datei • Einstellungen • Internet ein.

[6] Bilderordner öffnen
Öffnen Sie unter BILDER • VERZEICHNIS einen Ordner mit Bildern, die GPS-Informationen enthalten.

[7] Alle Bilderdaten bearbeiten
Markieren Sie die Bilder alle mit `Strg`+`A`. Klicken Sie auf eines mit der rechten Maustaste, und wählen Sie aus dem Kontextmenü GEO-SETTER • BILDERDATEN BEARBEITEN.

[8] Naheste Ortsbeschreibung verwenden
Klicken Sie in dem erscheinenden Fenster unter ORT auf ALLE ONLINE ABFRAGEN. Im nächsten Fenster klicken Sie auf IMMER NAHESTE AUSWÄHLEN, damit die Ortsinformation des Ortes verwendet wird, der dem Aufnahmestandpunkt am nächsten liegt. Warten Sie, bis der Vorgang abgeschlossen ist, und klicken Sie auf OK.

Tipp
Adobe Photoshop Lightroom 6/CC beherrscht die umgekehrte Geokodierung im Prinzip zwar auch, aber leider wurde die Funktion nur »halb implementiert«. Sie sehen die Ortsinformationen eines Bildes in grauer Schrift, aber sie werden nicht automatisch mit exportiert, wenn Sie die Datei in Photoshop zum Weiterbearbeiten exportieren. Wenn Sie allerdings das Bild erst auf die Festplatte exportieren und dann in Photoshop laden, sind die Ortsbezeichnungen vorhanden. Es bleibt zu hoffen, dass Lightroom diese Funktion bald überall unterstützt.

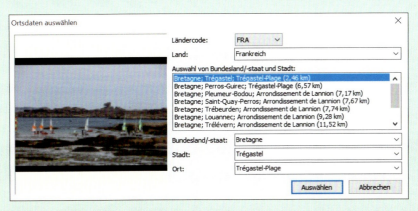

Zu den GPS-Positionen findet GeoSetter unterschiedliche Ortsinformationen. Standardmäßig sollten Sie die Option IMMER NAHESTE AUSWÄHLEN verwenden.

[9] Metadaten in Dateien schreiben
Wenn Sie GeoSetter beenden, beantworten Sie die Frage, ob die Daten in die Dateien geschrieben werden sollen, mit JA. Diese Schlagwörter werden dann in die IPTC-Metadaten geschrieben und lassen sich zum Beispiel in Lightroom editieren.

Wenn Sie die Funktion zum zweiten Mal verwenden, benötigen Sie nur noch die Schritte 6 bis 9.

Testgrafik zur AF-Feinabstimmung

Index

A

AA-Filter → Tiefpassfilter
Abbildungsfehler 192
Abbildungsqualität (Objektiv) 174
Aberration
   chromatische 192
   sphärische 194
Adobe RGB 36
AEB (Auto Exposure Bracketing) →
Belichtungsreihe
AE-Lock-Taste 76
AF-Bereich erweit.: Umgebg ... 71
AF-Bereich erweitern 71
AF-Feinabstimmung 92, 93
   Testgrafik 94
AF-Feinabstimmung (Schritt
für Schritt) 94
AF-Feld-Nachführung
(Parameter) 83
AF-Hilfslicht 86
AF-Messfelder 61
   einschränken 74
   speichern 74
AF-Messfelder speichern
(Schritt für Schritt) 75
AF-Messfeldwahl 69
AF-ON-Taste 65, 85
AI Focus AF 69
AI Servo AF 68, 133
   AF-Feld-Nachführung 83
   AI Servo Reaktion 82
   anpassen 82
   Nachführ Beschl/Verzög 82
   Standardeinstellungen 77
AI Servo Priorität 83
AI Servo Reaktion (Parameter) 82
Akku 251

Alle C.Fn löschen (Individual-
funktionen C.Fn4) 44
ALL-I/IPB 110
Antialiasing-Filter → Tiefpassfilter
Anti-Flacker-Aufnahmen 144
App
   DSLR Controller 48
   qDSLR Dashboard 48
APS-C-Objektiv 183
APS-C-Sensor
   Vergleich mit Vollformat-
   sensor 183
Astigmatismus 192
Auflösung (Video) 110
Aufnahmemenü SHOOT 36
   Auslöser ohne Karte be-
   tätigen 36
   Belichtungssimulation 37
   Bildqualität 36
   Farbraum 36
   Spiegelverriegelung 37
   Tonwert Priorität 36
Augenmuschel 123
Auslöser ohne Karte betätigen
(Aufnahmemenü SHOOT) 36
Autofokus
   AF-Bereich erweitern 71
   AF-Feld-Nachführung 83
   AI Focus AF 69
   AI Servo AF 68
   AI Servo Priorität 83
   AI Servo Reaktion 82
   Automatische Wahl 73
   Autom. Wahl: 61 AF-Messf. . 73
   Bedienung optimieren 170
   Bereich erweitern 71
   Betriebsart 67

Case 1 (Vielseitige Mehr-
zweckeinstellung) 77
Case 2 (Motive weiter verfol-
gen, Hindernisse ignorieren) ... 78
Case 3 (Motive sofort fokussieren,
die in AF-Felder eintreten) 78
Case 4 (Für Motive, die schnell
beschleunigen o. verzögern) ... 79
Case 5 (Für unstete Motive,
die sich schnell bewegen) 80
Case 6 (Für unstete Motive, mit
Geschwindigkeitsänderungen) 80
Doppel-Kreuzsensor 62
Einzelfeld-AF 69
Erweiterte Messfelder nutzen 70
Feinabstimmung 92, 93
Flächen ohne Muster 89
Frontfokus/Backfokus 92
Gesichtserkennung 66
Hilfslicht 86
Infrarot-Hilfslicht 86
iTR-AF-System 63
konfigurieren 77
Kontrastmessung 65
Kreuzsensor 61
Linearsensor 61
Livebild-Modus 97
Man.: AF-Messfeldwahl
in Zone 72
Manuelle Wahl: Spot-AF 70
Messfelder 61
Messfelder einschränken 74
Messfeld speichern 74
Messfeldwahl 69
Modus 67
Nachführ Beschl/Verzög 82
Objektiv 188

One-Shot AF 67
optische Einflüsse 90
Phasendetektions-
methode 59
Problemsituationen 87
Spot-AF 70, 80
Umgebung erweitern 71
Zonenmessung 72
Auto ISO 116, 122, 151, 232
Auto Lighting Optimizer →
Belichtungsoptimierung
Automatische Belichtungs-
optimierung 139
Automatische Ortsverschlag-
wortung (Schritt für Schritt) ... 261
Automatischer Weißabgleich 156
Automatische Verschlag-
wortung 261
Autom. Drehen (Einstellungs-
menü SET UP) 33
Autom. Wahl: 61 AF-Messf. ... 73
A+ (Vollautomatik-Modus) ... 115
Av (Zeitautomatik) 117
AWB (Automatic White
Balance) → Weißabgleich

B

Backfokus 92
Bajonettanschluss → Kamera-
bajonett
Balgengerät 221
Bayer-Muster 20, 21
B (Bulb) 120
Belichtung 169
  Expose to the Right 136
  Grundlagen 146
Belichtungskorrektur 131, 231
Belichtungsmesser 131
Belichtungsmesssensor 59, 63, 105
Belichtungsmessung
  Blitz 229
  Lichtmessung 131
  Livebild-Modus 109
  Mehrfeldmessung 105

mittenbetonte Integral-
messung 108
Objektmessung 131
Selektivmessung 106
Spotmessung 107
Überbelichtungswarnung 138
Belichtungsoptimierung 139
Belichtungsreihe 134
Belichtungssimulation (Auf-
nahmemenü SHOOT) 37
Belichtungszeit der 5DS/5DS R 146
Belichtungszeit (Video) 110
Beugungsoptik (DO) 206
Beugungsscheibchen 149
Beugungsunschärfe 54, 133,
.... 149, 195, 211
Bildgröße
  Schärfe 58
Bildschärfe 52
Bildstabilisator 122, 147, 41
  Funktionsprinzip 189
Bildstil (Video) 111
Bildwinkel 180
Blende 147
  kritische 55
Blendenautomatik Tv 116
Blendenlamelle 150
Blendenstern 149, 150
Blendenstufe 148
Blendenvorwahl 117
Blitz
  Auto ISO 232
  Belichtungsmessung 229
  Belichtungsreihe 232
  Belichtungsspeicherung
  (FEL) 230
  Blitzbelichtungskorrektur 231
  entfesselter 228
  E-TTL II 229
  Filterfolie 232, 245
  Fremdhersteller 251, 256
  Funkauslöser 236
  Funkauslöser (Fremd-
  hersteller) 241

Funkblitzsystem 247
Funksteuerung 228
High-Speed-Synchronisation
(HSS) 233, 244
in der Makrofotografie 213
Leitzahl 226
Master mit Funksteuerung ... 240
Messblitz 229
optischer Masterblitz 240
Reichweite 226
Ringblitz 253, 255
Speedlites 251
Synchronisation auf den
zweiten Verschluss 234
Synchronzeit 233
Wanderblitz 238
Blitzbelichtungsreihe 232
Blitzfotografie 225, 226
Blitzsynchronzeit 233
Bokeh 196
Bracketing-Sequenz (Individ-
ualfunktionen C.Fn1) 38
Brennweite 181
Bulb (B) 120

C

Canon Professional Service
(CPS) 196
Capture One 25
C (Individual-Speicherung) ... 123
Copyright-Informationen (Ein-
stellungsmenü SET UP) 35
Crop-Faktor 181
Custom-Steuerung 132
Custom-Steuerung (Individual-
funktionen C.Fn3) 39
  AE-Speicherung 40
  AF-Stopp 40
  Auf gesp. AF-Messf. schalten 42
  Aufn.funktion registr./auf-
  rufen 41
  Aufn. gespeich. AF-Funkt.
  schalten 41

*Entsperren bei gedrückter
Taste* 42
FE-Speicherung 40
Hauptwahlrad 43
Messung Start 40
Messung und AF Start 40
Movie-Servo-AF unterbrechen 42
Multi-Controller 44
ONE SHOT ↔ AI SERVO 40
One-Touch Bildqualität 41
*One-Touch Bildqualität
(halten)* 42
Schärfentiefe-Kontrolle 41
Schnellwahlrad 43
SET-Taste 43
Start Bildstabilisierung 41
Umschalten: Betr.AF/WB 42
*Zwisch. Ausschn./Seitenv.
umsch.* 43

D

Dateiname 32
Datum 33
Dezentrierung 193
Digital Photo Professional
(DPP) 25, 165, 169
Doppel-Kreuzsensoren 62
Dunkelbild 142
DXO Elite Pro 25
Dynamikumfang 15, 130, 227

E

Einstelllicht 244
Einstellung Blendenbereich
(Individualfunktionen C.Fn2) ... 39
Einstellungsmenü SET UP 32
  Autom. Drehen 33
  Copyright-Informationen 35
  Dateiname 32
  Datum/Zeit/Zone 33
  Info Akkuladung 34
  Karte formatieren 33
  Schnelleinstellung anpassen ... 35

  Sensorreinigung 34
  Sucheranzeige 33
  Videosystem 34
Einzelfeld-AF 69, 70
Entfesseltes Blitzen 228
E-TTL II 229
EV → Exposure Value
Expose to the Right 136
Exposure Value (EV) 148
Extender 218
Eye-Fi-Karte 48

F

Farblängsfehler (LoCa) 193
Farbraum (Aufnahmemenü
SHOOT) 36
Farbtemperatur 154
Feinabstimmung
  Objektiv 92
FEL (Flash Exposure Lock) 231
Fernauslöser 120
Festbrennweite 185
Filter 219
  Infrarotfilter 220
  ND-Filter 220
  Polfilter 219
  UV-Filter 219
  Verlaufsfilter 220
Filterfolie 245
Fisheye-Objektiv 203
Fokusbegrenzer 188, 212
Fokussieren
  manuelles 98
  mit dem Autofokus 59
Fokus-Stacking 214
  mit Photoshop 215
Formatieren
  Speicherkarte 33
Fremdobjektive einsetzen 184
Frontfokus 92
Funkauslöser (E-TTL II) 241
Funkblitzsystem 228, 247
Funktechnik (Blitz) 251

G

Gelfilterhalter 232
Geokodierung
  umgekehrte 263
GeoSetter (Software) 261
Geschwindigkeit der 5DS/
5DS R 117
Gesichtserkennung 66
GP-E2 (GPS-Empfänger) 258
GPS 257
GPS-Tracks
  aufzeichnen 258
  *automatische Verschlag-
  wortung* 261
  ein Smartphone verwenden 259
  in Lightroom anzeigen 259
Graukarte 159
Grundlagen
  Belichtung 146

H

Hauptwahlrad 43
HDR 134, 162
HDR-Fotografie 162
  Belichtungsreihe 163
  *Einstellungen für Belichtungs-
  reihen* 164
  *HDR-Bild in Lightroom
  erstellen* 165
  HDR-Modus 163
  Software 165
HDR-Modus 141, 163
HDR-Software 165
Helicon Focus 214
Helligkeitshistogramm 135
High ISO Rauschreduzierung 143
High-Speed-Synchronisation
(HSS) 233, 244
Histogramm 135
  Helligkeitshistogramm 135
  RGB-Histogramm 135
Hyperfokale Entfernung 56
  Berechnung 56

I

Individualfunktionen 38
Individualfunktionen C.Fn1
   Bracketing-Sequenz 38
   Safety Shift 39
Individualfunktionen C.Fn2
   Einstellung Blendenbereich ... 39
Individualfunktionen C.Fn3
   Custom-Steuerung 39
Individualfunktionen C.Fn4
   Alle C.Fn löschen 44
Individual-Speicherung C 123
Industrieanlagen 130
Info Akkuladung (Einstellungs-
menü SET UP) 34
Infrarotfilter 220
Infrarot-Hilfslicht 86
Intervall-Timer 120
ISO-Wert 150
   bei der 5DS/5DS R 152
iTR-AF-System 63

J

JPEG 137

K

Kabelauslöser 120
Kamera vom Blitz fernauslösen
(Schritt für Schritt) 236
Karte formatieren (Einstellungs-
menü SET UP) 33
Kehrwertregel 122, 147
Kelvin (K) 154
Konfiguration, erste 32
   Auslöser ohne Karte bestä-
   tigen 36
   Autom. Drehen 33
   Belichtungssimul. 37
   Bracketing-Sequenz 38
   Copyright-Informationen 35
   Custom-Steuerung 39
   Dateiname 32

Datum/Zeit/Zone 33
Einstellung Blendenbereich ... 39
Farbraum 36
Info Akkuladung 34
Karte formatieren 33
Raw-Bildbearbeitung 47
Safety Shift 39
Schnelleinstellung anpassen ... 35
Sensorreinigung 34
Spiegelverriegelung 37
Sucheranzeige 33
Tonwert Priorität 36
Überbelichtungswarnung 47
Vergrößerung 47
Videosystem 34
Kontrastmessung 65
Kontrastumfang 162
Konverter 218
Kreuzsensor 61
Kurzzeitsynchronisation → High-
Speed-Synchronisation (HSS)

L

Langzeitb.-Timer 120
LCD-Monitor 32
Leitzahl 226
Lichtmessung 131
Lichtstärke 175
Lichtwert (LW) 148
Lightroom 25
   GPS-Daten anzeigen 258
   GPS-Tracks anzeigen 259
   Vorschauen speichern 27
Linearsensor 61
Livebild-Modus 65, 97
   Belichtungsmessung 109
   Manueller Fokus 99
   mit Gesichtserkennung 66
   Schärfe kontrollieren 66
LW → Lichtwert

M

Macro Ring Lite MR-14EX 253
Macro Twin Lite MT-24EX 253
Makrofotografie 210
   Beugungsunschärfe 211
   Blitz 213
   Fokusbegrenzer 212
   Fokus-Stacking 214
   präzise fokussieren 212
   Schärfe im Nahbereich 211
   Schärfe optimieren 210
Makroobjektiv 208
   Fokusbegrenzer 212
Man.: AF-Messfeldwahl in
Zone 72
Manuelle Belichtung M 118
Manueller Weißabgleich
(Schritt für Schritt) 161
Manuelle Wahl: Spot-AF 70
Manuell fokussieren 98
   im Livebild-Modus 99
Masterblitz
   mit Funksteuerung 240
   optischer 240
Mehrfachbelichtung 140
   Optionen 141
Mehrfachbelichtung mit Blitz
(Schritt für Schritt) 238
Mehrfeldmessung ... 104, 105, 133
Messblitz 229
Messfelder 61
Messwertspeicherung 132
Mikrofon (Video) 111
Miniatureffekt 203
Mittenbetonte Integral-
messung 104, 108
Mitziehen der Kamera 146
M (Manuelle Belichtung) 118
Moiré 20
Moirés in Lightroom entfernen
(Schritt für Schritt) 24
Mond 125

Mondaufnahmen
    Unschärfe 126
MTF-Kurve 52
Multi-Controller 44
Multi-Shot-Rauschreduz. 143
My Menu 45, 170
My Menu konfigurieren (Schritt für Schritt) 45

N

Nachbearbeitung 137
Nachführ Beschl/Verzög (Parameter) 82
Nachtfotografie 125
    Herausforderungen 125
    Industrieanlagen 130
    Mond 125
    Sterne 126
NAS-Speicher 29
ND-Filter 220
Nissin-MF-18-Ringblitz 255
Normalobjektiv 199
NTSC 34
Nyquist-Grenze 53

O

Objektiv 173, 174, 184
    Abbildungsfehler 192
    Abbildungsqualität 174
    Anforderungen 174
    Astigmatismus 192
    Aufbau 186
    Autofokus 188
    Balgengerät 221
    Beugungsunschärfe 195
    Bildstabilisator 189
    Bildwinkel 180
    Blendenlamelle 150
    Blendenstern 150
    Bokeh 196
    Brennweite 181
    chromatische Aberration 192
    Crop-Faktor 181
    Dezentrierung 193
    Extender 218
    Farblängsfehler (LoCa) 193
    Feinabstimmung 92
    Festbrennweite 185
    Filter 219
    Firmware-Update 92
    Fisheye-Objektiv 203
    Fokusbegrenzer 188
    geeignetes 176
    justieren 93, 97
    Konverter 218
    Lichtstärke 175
    Linienmuster 53
    Makro-Objektiv 208
    Naheinstellgrenze 208
    Normalobjektiv 199
    sphärische Aberration 194
    Steppermotor 98
    Superteleobjektiv 205
    Tele 204
    Testmuster 53
    Tilt und Shift 202
    TS-E-Objektiv 202
    Ultraschallmotor (USM) 98, 188
    Umkehrring 221
    Verzeichnung 194
    Vignettierung 194
    von Canon 176
    von Fremdherstellern ... 176, 184
    Weitwinkel 200
    Zoom 185
    Zubehör 218
    Zwischenring 221
Objektivfehler 54, 192
    Astigmatismus 192
    chromatische Aberration 192
    Dezentrierung 193
    Farblängsfehler 193
    sphärische Aberration 194
    Verzeichnung 194
    Vignettierung 194
Objektivskala 99
Objektivsystem aufbauen 222
Objektmessung 131
Okularabdeckung 123
One-Shot AF 67

P

PAL 34
Phasen-AF-System 59
Phasendetektionsmethode 59
Phocus 26
Photomatix Pro 165
PocketWizard 228
Polfilter 219
Porträtaufnahme mit drei Blitzen ausleuchten (Schritt für Schritt) 245
Programmautomatik P 115
Pufferspeicher 117

Q

qDSLR Dashboard 48

R

Rauschen 138
Rauschreduzierung bei Langzeitbelichtung 121, 142
Raw 137, 167, 169
Raw-Bildbearbeitung (Wiedergabemenü PLAY) 47
Raw-Dateien 27
Raw-Konverter 25
    Capture One 25
    Digital Photo Professional 25
    DXO Elite Pro 25
    Lightroom 25
    Phocus 26
    Raw Therapee 26
    Vergleich 31
Raw Therapee 26
RGB-Histogramm 135
Ringblitz 253, 255
Rolling-Shutter-Effekt 113

S

Safety Shift 133
   Modus ISO 116
Safety Shift (Individualfunktionen C.Fn1) 39
Schärfe 52
   Bildgröße 58
   Linienmuster 53
   Testmuster 53
Schärfentiefe 56, 57, 212
   maximale 57
   Zerstreuungskreis 57
Schärfentiefe-Prüftaste 84
Schärfeoptimierung 100
Schärfezone 56
Schnelleinstellung 170
Schnelleinstellung anpassen
(Einstellungsmenü SET UP) 35
Schnellwahlrad 43
Schreibgeschwindigkeit 117
Schritt für Schritt
   AF-Feinabstimmung 94
   AF-Messfelder speichern 75
   automatische Ortsverschlagwortung 261
   Eine Porträtaufnahme mit drei Blitzen ausleuchten 247
   Kamera vom Blitz fernauslösen 236
   Manueller Weißabgleich 161
   Mehrfachbelichtung mit Blitz 238
   Moirés in Lightroom entfernen 24
   My Menu konfigurieren 45
Schwarzweißaufnahmen 167
   Filterwirkung 168
   Raw 167
Selektivmessung 104, 106
Sensorreinigung (Einstellungsmenü SET UP) 34
SET-Taste 43
Speedlite
   430EX III-RT 251
   600EX-RT 251, 252

Speedlite-Transmitter
ST-E3-RT 236, 251, 254
Speicherkarte
   formatieren 33
Sphärische Aberration 194
Spiegelverriegelung 120
Spiegelverriegelung (Aufnahmemenü SHOOT) 37
Spiegelvorauslösung → Spiegelverriegelung
Spot-AF 70, 80
Spotmessung 104, 107
sRGB 36
SSD 27
Stativ 91, 208
Sterne 126
Sternenspuren 126
Sucherabdeckung (AF-Sensoren) 61
Sucheranzeige (Einstellungsmenü SET UP) 33
Sunny 16 119
Superteleobjektiv 205
Synchronisation
   auf den zweiten Verschluss ... 234
Synchronzeit 233
Systemblitze
   Fremdhersteller 249, 256
   Speedlites 251

T

Teleobjektiv 204
Tiefpassaufhebungsfilter ... 20, 22
   Funktionsweise 21
   Nachteile 20
   Vorteile 20
Tiefpassfilter 20
   Funktionsweise 20
   Nachteile 21
   Vorteile 21
Tilt-Shift-Effekt 203
Tilt-und-Shift-Objektiv 202
Tonwert Priorität (Aufnahmemenü SHOOT) 36

Tonwert Priorität (D+) 36, 139
TS-E-Objektiv 202
   Belichtungsmessung 119
Tv (Blendenautomatik) 116

U

Überbelichtungswarnung 136, 138
Überbelichtungswarnung
(Wiedergabemenü PLAY) 47
UDMA-7 116
Uhrzeit 33
Umkehrring 221
Unschärfe 87
   Beugungsunschärfe 54, 149
   Bewegungsunschärfe 190
   Falsches Scharfstellen 87
   Flächen ohne Muster 89
   Frontfokus/Backfokus 92
   Optische Einflüsse 90
   Verwacklungsunschärfe ... 91, 189
Unschärfe
   Schärfeoptimierung 100
UV-Filter 219

V

Vergrößerung 47
Vergrößerung (Wiedergabemenü PLAY) 47
Verlaufsfilter 220
Verwacklungsunschärfe 91
Verzeichnung (Objektiv) 194
Video 110
   Anfängerfehler 112
   Auflösung und ALL-I/IPB 110
   Belichtungszeit 110
   Bildstil 111
   Mikrofon 111
   Zeitrafferaufnahmen 113
Videosystem (Einstellungsmenü SET UP) 34
Vielseitige Mehrzweckeinstellung (Case1) 77

Vignettierung (Objektiv) 194
Vollformatsensor
   Vergleich mit APS-C-Sensor   183

W

Wanderblitz 238
Weißabgleich 154
   automatischer 156
   manuell einstellen 158, 159
   Raw 155
Weitwinkelobjektiv 200
Wiedergabemenü PLAY 46
   Raw-Bildbearbeitung 47

Überbelichtungswarnung 47
Vergrößerung 47
Wireless File Transmitter 48
WLAN 48
   Eye-Fi-Karte 48
   Wireless File Transmitter 48
   WLAN-Router 48

Y

Yongnuo YN-560 IV 254
Yongnuo YN600EX-RT 253

Z

Zeitautomatik Av 117
Zeitrafferaufnahmen
   Video 113
Zeitvorwahl 116
Zeitzone 33
Zerene Stacker 214
Zerstreuungskreis 57
Zoomobjektiv 185
Zwischenring 221

Wir hoffen, dass Sie Freude an diesem Buch haben und sich Ihre Erwartungen erfüllen. Bitte teilen Sie uns doch Ihre Meinung mit. Eine E-Mail mit Ihrem Lob oder Tadel senden Sie direkt an die Lektorin des Buches: *julia.ehinger@rheinwerk-verlag.de*. Im Falle einer Reklamation steht Ihnen gerne unser Leserservice zur Verfügung: *service@rheinwerk-verlag.de*. Informationen über Rezensions- und Schulungsexemplare erhalten Sie von: *ralf.kaulisch@rheinwerk-verlag.de*.

Informationen zum Verlag und weitere Kontaktmöglichkeiten finden Sie auf unserer Verlagswebsite *www.rheinwerk-verlag.de*. Dort können Sie sich auch umfassend und aus erster Hand über unser aktuelles Verlagsprogramm informieren und alle unsere Bücher versandkostenfrei bestellen.

An diesem Buch haben viele mitgewirkt, insbesondere:

Lektorat Julia Ehinger
Korrektorat Petra Biedermann, Reken
Herstellung Maxi Beithe
Layout Vera Brauner
Einbandgestaltung Eva Schmücker
Coverfotos Canon
Satz Markus Miller, München
Druck Firmengruppe Appl, Wemding

Dieses Buch wurde gesetzt aus der Linotype Syntax (9,75 pt/14,25 pt) in Adobe InDesign CC 2015. Gedruckt wurde es auf matt gestrichenem Bilderdruckpapier (115 g/m²).
Bibliografische Information der Deutschen Nationalbibliothek:
Die Deutsche Nationalbibliothek verzeichnet diese Publikation in der Deutschen Nationalbibliografie; detaillierte bibliografische Daten sind im Internet über http://dnb.d-nb.de abrufbar.

ISBN 978-3-8362-3953-0
© Rheinwerk Verlag GmbH, Bonn 2016
1. Auflage 2016

Das vorliegende Werk ist in all seinen Teilen urheberrechtlich geschützt. Alle Rechte vorbehalten, insbesondere das Recht der Übersetzung, des Vortrags, der Reproduktion, der Vervielfältigung auf fotomechanischem oder anderen Wegen und der Speicherung in elektronischen Medien.

Ungeachtet der Sorgfalt, die auf die Erstellung von Text, Abbildungen und Programmen verwendet wurde, können weder Verlag noch Autor, Herausgeber oder Übersetzer für mögliche Fehler und deren Folgen eine juristische Verantwortung oder irgendeine Haftung übernehmen.

Die in diesem Werk wiedergegebenen Gebrauchsnamen, Handelsnamen, Warenbezeichnungen usw. können auch ohne besondere Kennzeichnung Marken sein und als solche den gesetzlichen Bestimmungen unterliegen.

Wie hat Ihnen dieses Buch gefallen?
Bitte teilen Sie uns mit, ob Sie zufrieden waren,
und bewerten Sie das Buch auf:
www.rheinwerk-verlag.de/feedback

Ausführliche Informationen zu unserem aktuellen
Programm samt Leseproben finden Sie ebenfalls
auf unserer Website. Besuchen Sie uns!

www.rheinwerk-verlag.de